国际电气工程先进技术译丛

电力系统储能

（原书第 2 版）

［美］ A. G. Ter-Gazarian　著

周京华　陈亚爱　孟永庆　译

机械工业出版社

本书主要讨论储能技术在电力系统中的具体应用，详细介绍了各种储能技术的基本原理、具体示例以及储能对电力系统的影响，并对各种储能技术的特点进行了分析，重点关注了可再生能源与储能之间的关系。

本书适合从事电力系统储能技术研究的科研工作人员或企业研发人员阅读，也可作为新能源科学与工程及相关专业的高年级本科生、研究生和教师的参考用书。

图书在版编目（CIP）数据

电力系统储能：第 2 版/（美）特-加拉雷（Ter-Gazarian, A. G.）著；周京华，陈亚爱，孟永庆译．—北京：机械工业出版社，2015.3（2025.5 重印）

（国际电气工程先进技术译丛）

书名原文：Energy storage for power systems，2nd edition

ISBN 978-7-111-49405-8

Ⅰ．①电… Ⅱ．①特… ②周… ③陈… ④孟… Ⅲ．①电力系统-储能 Ⅳ．①TM7

中国版本图书馆 CIP 数据核字（2015）第 034934 号

机械工业出版社（北京市百万庄大街 22 号 邮政编码 100037）
策划编辑：江婧婧 责任编辑：江婧婧
责任校对：张晓蓉 封面设计：马精明
责任印制：刘 媛
北京富资园科技发展有限公司印刷
2025 年 5 月第 1 版第 9 次印刷
169mm×239mm · 14.25 印张 · 272 千字
标准书号：ISBN 978-7-111-49405-8
定价：68.00 元

凡购本书，如有缺页、倒页、脱页，由本社发行部调换

电话服务 网络服务
服务咨询热线：010-88361066 机 工 官 网：www.cmpbook.com
读者购书热线：010-68326294 机 工 官 博：weibo.com/cmp1952
010-88379203 金 书 网：www.golden-book.com
封面无防伪标均为盗版 教育服务网：www.cmpedu.com

译 者 序

风力发电、太阳能发电自身固有的间歇性问题是新能源发展的瓶颈。随着新能源发电规模的逐渐扩大，其对电力系统的影响也越来越大。用电低谷将多余的能量储存起来，用电高峰期再释放出来，是解决新能源发电功率间歇性问题的关键。因此，大规模储能技术的研究就变得越来越重要。

本书主要讨论了各种储能技术，详细论述了各种储能方法的基本概念、工作原理和应用。全书共分为三部分。第一部分为储能应用，主要包括电力系统的发展趋势、作为电力系统结构单元的储能装置、储能技术的应用。第二部分为储能技术，主要包括热能储存、飞轮储能、抽水蓄能、压缩空气储能、氢气与其他合成燃料储能、电化学储能、电容器储能、超导磁储能、电力系统自身储能以及储能系统选择注意事项。第三部分为电力系统储能注意事项，主要包括储能系统集成、储能对电力系统瞬态的影响、电力系统储能优化机制、储能与可再生能源。

本书适合从事电力系统储能技术研究的科研工作人员或企业研发人员阅读，也可作为新能源科学与工程及相关专业的高年级本科生、研究生和教师的参考用书。

全书共有 17 章，其中原书前言、致谢、引言、第 1～6 章由北方工业大学的周京华翻译，第 7～11 章由北方工业大学的陈亚爱翻译，第 12～17 章及结论由西安交通大学的孟永庆翻译。全书由周京华统稿。

本书的翻译及出版得到了 2014 年北京市自然科学基金项目的资助。

由于时间仓促加之经验不足，书中译文难免存在不妥之处，请读者谅解，并提出宝贵意见与建议。

译 者

2015 年 4 月

原 书 前 言

20世纪五六十年代，电力行业发生了诸多变化。20世纪50年代以来，电力行业先后连续建设了一批核电站、燃煤发电厂、燃油发电厂和燃气联合循环发电厂。不同规模与发电量的传统发电厂向用户提供连续、可靠、廉价的电力。这些发电厂在集中管理与控制的电力市场中运营，通过高压电网保证规模输送效率，并确保资源使用的安全性。

自20世纪90年代以来，电力行业又发生了新的变化。这些变化起因于电力供应自由化、对发电的环境影响的关注、对现有和新建热电厂实行相关排放控制，以及最近将可再生能源开发列为国家目标。无法断定在接下来的50年中随着经济、政治和技术的发展会不会给电力行业带来根本性变化。但是有一种变化是可以预料到的，尤其是考虑到可再生能源发电的增长所带来的变化，那就是储能的发展和应用。

不能单独考虑电能的供应，必须同时考虑双重电力和能量供应要求。可再生能源的主要缺陷在于尽管可以在一年内提供一定量的电能，但大多数可再生能源是间歇性的（用"多变"表述更合适），另外一些是随机性的，这样就无法按需提供电能。因此，它们对供电安全的贡献有限。如果可再生能源大规模使用，电力输出的这种变化可能会给电力系统带来问题。在利用可再生能源发电满足供电系统需求时必须对随机间歇性供电与供电安全性之间的相互影响进行更为详细的研究。注意供电安全需要的是电力输送的连续性而不是能量的连续性。而且，可再生能源发电的特征是针对具体系统而定的，并取决于系统的自然地理情况和位置。

供电的变化性可以同时具有短期和长期的性质，其中短期变化性与储能的使用关系更为密切。对于长期变化性的情况，即间歇发电对变化性没有影响或影响很小时（例如，当大型反气旋天气系统覆盖大部分风力发电场时，这种没有影响或影响很小的情况会持续几天），供电安全可能取决于与当前峰值需求有关的传统发电厂的装机容量裕量。

从短期看，电力输出的日常变化在一定程度上可以通过现有传统发电厂来补偿，但是这样会产生额外的成本。产生这些成本的因素包括频繁循环的低效率欠载运行及快速负荷增加，这会对发电设备造成损坏，从而需要耗费更多的维护成本。另外，也可以采用大量快速反应发电厂，例如开式循环燃油（燃气）轮机或柴油发电机以及其他同样经济效益低下并会产生污染的方案。在这些情况下，使用储能装置从技术和经济角度来说都是值得考虑的，特别是风力发电具有很高渗透率的情况。例如，风能可以提供大量电力，但不一定具备满足峰值需求的能力，这就会大大增加系统成本。

关于更高效发电和用电的储能应用存在于 Ter-Gazarian 博士在本书中提到的包括化学、生物、电化学、电气、机械和热力在内的各种可选择方案中。新兴的潜在颠覆性技术正在不断涌现，为储能提供可选择的未来解决方案，以此来满足从小规模消费者到电力系统规模储能的各个不同层面的市场需求。

除了已经在发电和能量传输中成为主流储能形式的化学燃料（包括氢）以外，目前最主要的储能形式包括：

● 蓄电池：大约从 21 世纪头 10 年中期开始，就已经研究出了较新的蓄电池技术。这些技术目前可以提供重要的公共电网的载荷平衡能力，随着锂电池技术在电动汽车上的应用，在接下来的 10 年中，随着锂电池性能的明显提高，电动和混合动力汽车将会大量被消费者所使用。

● 电网储能：电网储能也被称为汽车—电网储能系统。在该系统中，并入能量网的现代化电动汽车可以在需要时将储存在蓄电池中的电能释放回电网中。

● 燃料电池：电动装置可以通过燃料电池供电，但是在所有潜在市场中，供氢成了重要的问题。燃料电池具有应用潜力的 3 个市场被分类为固定应用、汽车应用和便携应用。固定电力市场包括小功率家用设施；商用住宅、医院和酒店使用的中等功率设施；以及在兆瓦级工厂使用的大功率设施。旨在满足运输用途的主要技术已经出现，即低温固体聚合物燃料电池（Solid Polymer Fuel Cell，简称 SPFC），特别是质子交换膜燃料电池（Proton Exchange Membrane Fuel Cell，简称 PEMFC）。便携式电力市场包括电力需求在几毫瓦到数百瓦的设备，从电子产品、笔记本式计算机到军用设备。

● 可再生燃料电池：这一项发展也是建立在燃料电池技术基础之上，但是也可以被分类为蓄电池，因为其充电量受到化学成分数量的限制。

● 太阳能光伏：作为可再生能源，与化石燃料发电相比，太阳能光伏有很多优点。太阳能光伏的突出优点是低碳，而且由于在当地发电，不需要通过国家电网输送，从而减少相关的输送损失。高成本仍然是太阳能光伏发展的主要障碍，但是如果科学家可以制造出可靠、低成本的光伏电池即廉价的有机光伏产品，就可以为满足日益增长的能源需求和减少碳排放做出重要贡献。

● 大型太阳能发电厂：通过绝缘的容器存储利用太阳能光线加热的热熔盐，这些液体将用于产生供送到汽轮机用于发电的蒸汽。最近西班牙和美国取得了一些进展，可能会在以色列、埃及、法国、澳大利亚、阿尔及利亚和南非进一步安装。

●抽水蓄能：抽水蓄能是世界上最大的公共电网储能方式。

●海洋能：目前正在考虑选择不同的水闸或潮汐泻湖，尤其是在英国塞汶河口。

●压缩空气：这些方案使用泵将可再生能源产生的压缩空气送到地下洞穴或地下蓄水层中，以便在电力需求达到峰值时，可以释放这些压缩空气来供给使用天然气的燃气轮机。几年来，全球范围内只有两个项目：一个项目在阿拉巴马州；另一个在德国。美国目前有新设施在建。

●风袋：这是压缩空气储能的一种变形。目前英国正在开发一种柔性风袋，用于以海底压缩空气的形式储存风机中的多余能量。

●地下储热：目前正在开展一些项目来调研如何使用地质构造储存位于地质构造附近的发电厂产生的大量热能。与此同时，此举旨在对"砾石层"局部储能进行调研，并将其作为较小规模储热的一种方式。热能将以水的形式储存并通过泵送到用水的住宅或公司，其运行方式与集中供热系统的运行方式相似。

●热能储存：从 20 世纪 80 年代以来人们就开始利用热能储存来满足空调需求。其工作原理是利用非峰值电力制冰，然后在峰值时段利用，从而通过冰储存以实现制冷。2009 年，已经在 35 个国家的 3300 多栋建筑中使用。

●飞轮：最近利用一个 20MW 飞轮储能厂作为应急备用电源，同时为系统频率调节提供辅助，即保证供电质量。供电质量是一个很重要的问题。

世界人口每 35 年翻一番，对能源的需求增长则更为快速，每年约增长 5%，也就是每 14 年翻一番，这也导致了对碳氢资源的需求的增长。这种情况下，除了环境因素外，可持续能源的开发对于长期发展是非常重要的。尽管不确定性大大增加，但是如果假设可以提供足够的电能（MW 级），则关键的问题在于在考虑到系统中存在大量可变输出可再生资源以及智能电网随时间变化的需求快速增长的前提下持续保证供电和需求的平衡。可再生资源将发挥重要作用，但是使用可提供容量支持从而提高可再生资源和输电设施的价值的储能设施也将具有重要意义。

M. A. Laughton

2010 年 12 月 22 日

致　　谢

　　这本书的编写离不开 D. T. Swift-Hook 博士的鼓励。与 D. T. Swift-Hook 博士进行的深入探讨，对第 17 章的编写起到了很大的帮助。该章内容基于 D. T. Swift-Hook 博士在该领域所做的工作。作者还希望表达对妻子 Olga Ter-Gazarian 的感谢，感谢她在初稿录入过程中的耐心和细致工作。此外，还要感谢 Kathy Abbott 女士在访问伦敦期间的热情接待和帮助。

引　言

能量转换：从一次能源到消费者

社会文明离不开能源。与远古时代相比，技术进步和发展都与能源的使用量有关。这一点可以通过图 I-1 来帮助理解。能量消耗从第二次世界大战后开始剧增。在过去的五十年中，消耗的能量超过总能量（900000～950000TWh）的 2/3，这些能源中有 90%

不是可再生能源。这并不足为奇，因此，最近的几十年中，一次能源已经成为人们的关注点：能源需求在不断增长，但是传统能源有限，且分布不均衡。

能量出现的形式有多种，取决于从一种形式转换为另一种形式的相互作用的性质。主要存在四种相互作用：重力作用、弱核作用、电磁作用和强核作用，它们与重子、轻子

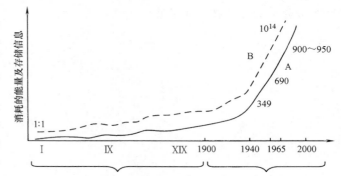

图 I-1　从史前到现代人类消耗的能量
（A，10^6GW）及存储信息（B，bit）

和光子等宇宙成分之间的相互作用会产生大量不同形式的能量。能量的主要形式是势能、动能、电能、质量和辐射。常见的各种能量形式列于表 I-1 中。

表 I-1　能量的物质形式

类型	形式	势能	数量	是否可以储存	示例
重力	高度	重力势能，g_h	质量，m	可以储存	大坝
动能	速率，v	$v/2$	质量，m	可以储存	飞轮、子弹
空间	压力	压力，P	体积，V	可以储存	压缩气体
热能	热量	温度，t	熵，S	可以储存	热水
化学能	电子电荷	化学电位，G	摩尔数，n	可以储存	化学蓄电池
电荷	电子电荷	电压，U	电荷	可以储存	电容器
电介质		电场，E	电介质极化，P	不可储存	极化
磁能	电子自旋	磁场，H	磁化强度，M	不可储存	磁化
电磁能	运动电荷	自感电压，Ldl/dt	电流	可以储存	电磁线圈
弱核能	质量变化		质量	不可储存	发光漆
强核能	质量变化		质量	不可储存	核反应堆、星星
辐射	光子			不可储存	

图 I-2 和图 I-3 中的全球能源分布图表明实际上几乎所有的能源都通过一种方式或其他方式与太阳相关。在靠近赤道的位置，外层大气中，地球接收到的太阳能约为每平

图 I-2　人工和自然能量流对比

1—太阳辐射 100%　（$E = 7.5 \times 10^{14}$ MWh/年）　2—电力装置 0.01%　3—潮汐能 0.05%
4—风能 0.035%　5—蒸发 0.0005%　6—飓风 0.04%　7—发电站 0.0015%
8—飞机 0.0002%　9—直接反射 30%

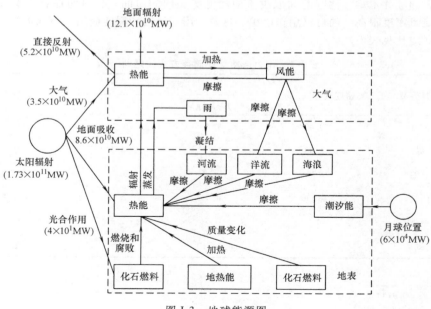

图 I-3　地球能源图

方米每秒 1360J，即 1.36kW/m²。在海平面上的能量约为 1kW/m²，刚刚超过每平方码⊖ 1 马力⊜。

但是，我们并非直接消耗太阳能，我们所使用的大部分能源都是以不同形式储存的太阳能。

自然能源储存介质包括有机燃料（木材、煤、油）、水蒸发和风。风是太阳能几个季度累积的结果，河流蒸发是太阳能几年累积的结果，而有机燃料则是太阳能数十亿年累积的结果。

在能量从一种形式转换成另一种形式的过程中，有时储存机制可以储存能量以便日后使用，其储存率并不取决于初始转化率。在能量转换过程中的双重去耦具有深远的意义，因为这恰好是大自然允许我们聚集能量并在能量生成后的某个时间消耗这些能量。

一般而言，一次能源的能量流动并不恒定，而是取决于季节、一天中的时间和气候条件。能源需求同样也不均衡，取决于相同的情况，但是往往是相反的。因此，需要在能源和消费者之间存在某种协调者，而这个协调者就是储能。储能以某种方式在所有自然和人为过程中发挥着作用。

储能是物理过程中的一个必要部分，如果不储能，所有的事件将会同时发生。储能是能源管理中的一项关键技术。

从历史上讲，人们曾采用打木桩或筑坝的形式为水车提供工作压头来解决储能问题。此后，更浓缩的燃料储能形式，即煤，成为最重要的储能方式。现在我们通常将油箱作为最便捷的储能方式。基于油的燃料使用简单、容易获得且价格相对较低。从技术层面讲，储油并不难，储存时间取决于油箱龙头关闭的时间。长时间储存不会发生损失，且能量密度很高。油可以用作电源、热源，用于运输和固定应用。不同类型的自然储能方式对比见表 I-2。

表 I-2 作为自然能源储存方式的燃料

燃料类型	密度/(10^3kg/m³)	能量密度		沸点/℃
		10^7J/kg	10^{10}J/m	
木材	0.48	1.5	0.72	无
煤	1.54	2.93	4.5	无
石油	0.786	4.12	3.24	127
丙烷	0.536	4.7	2.52	−42.2
甲烷	4.2	0.5	2.1	−161.3
铀		8.2×10^3		无

⊖ 1 码 = 0.9144m。

⊜ 1 马力 = 735.499W。

　　包括发电行业在内的所有一次燃料和能量生产行业都大量利用储能作为在一次燃料初步提取和随后向消费者输送过程中对系统进行有效管理的方式。一次燃料库存用于防备生产中断从而确保能源安全，保证向客户提供能量的价格稳定，并使得近乎恒定的一次能源生产率与变化的载荷需求相匹配。库存实例包括煤堆、油罐区和储藏在地下洞穴中的压缩天然气。储能也用于最大限度提高主要配送系统，即煤场、车库和气罐（包括储气管道）的效率。

　　可再生能源受到了广泛关注。但是，绝大部分可再生能源不能像燃料一样提供恒定的能量供应，也无法直接进行储存，因此需要二次储能系统或在具备足够储能能力的传统发电厂的电力系统中使用。

　　电力系统是能源生产者和消费者之间最灵活、最方便的载体。电力系统有一些特别的属性，其中包括：

- 机械能至电能的转换装置强健、高效并易于控制。
- 输电线路效率很高，并可以长距离以经济可靠的方式输送电能。
- 绝大部分发达国家都有广泛分布且相互连通的电力系统。因此，原则上讲，很容易将间歇性的能源并入电网。
- 以电能形式提供从间歇性能源获取的能量是经济有利的，因为与固态或液态燃料相比，产生每千瓦时电能需要的成本更低。这是因为可再生能量是一种"高品位"能量，而在燃料向电能的转化过程中，卡诺循环会导致能量的低效转换。

　　电力作为一种能源载体的主要不足就是不能大量储存。随着电力系统的发展和设备容量的不断增加，储能问题也变得越来越重要。

　　可以通过在电力系统中使用中间设备来改善这一缺陷，中间设备可以将发电和用电过程部分或完全分离。我们称之为"二次能源储存"。

　　二次能源储存（Secondary Energy Storage，SES）是一种专门用于接收电力系统中产生的能量的装置，可以将能量转换为一种适合储存的形式，并保持一段时间，然后将等量的能量送回电力系统中，转换为消费者需要的形式。

　　一条略为简化的规则表明，储热节约能源，储电节约资本投资。由于在全球范围内能源行业因为一次能源和资本投资而面临资源危机，这为研究低品位和高品位能源储存提供了一个契机。

　　使用储存在化学蓄电池中的电能进行大规模供电并非一个新概念：这些是本世纪初很多电力设施的必要部分。1890年，蓄电池最早在宾夕法尼亚州德国镇投入使用。那时，电力系统主要为直流（DC）系统，并相互独立运行。蓄电池用于在直流发电机不运行时满足峰值电能需求并提供应急电能。随着直流电力系统的发展，蓄电池的使用越来越广泛，但是与直流电力系统竞争的交流电力系统的发展改变了这一趋势。由于设备和系统设计的发展提高了交流系统的可靠性，其得到了广泛认可，蓄电池的使用也就此中断。

　　随着工业化程度的加深以及能量转化的增加，高效储能和能量回收的需求也同样增长。近年来，化石燃料中储存的化学能的大规模转化已经强调了保存能量的必要性，而能量保存通常可以通过在系统中引入某种形式的储能来实现。

尽管通过储能实现能量循环必然会带来一定的损失，但总体的经济效益是很明显的。这些效益主要是通过提高运营效率降低一次燃料消耗，包括与储存技术相关或依赖于储存技术的新设备的开发。

根本上，当可用发电量超过需求时将会储能，当需求超过可用发电量时，储存的能量将返回。

在能量消耗的四种形式即机械、热、光和电中，实际上只有热能可以由与电力系统相连的消费者储存。其他形式的能量（只能根据客户的需求以电能的形式进行传输）可以在本地储存，主要以电能形式储存，但其成本远高于供给侧的储能成本。

事实上，除了明显的规模效应外，制造商可以使用储存的能量来平衡载荷需求。这种储能利用方式对不同消费者的峰值需求时间分布多样性加以充分利用，不能由单个用户来完成。换言之，如果每个消费者都使用自己的储存方式来平衡自身的载荷消耗，则可能出现的情况是一部分储能装置处于发电状态，而其他储能装置处于待机状态或甚至储存状态，这意味着储存量的总体利用率将会很低。同时也会出现选址和控制问题。

在众多消费者中，只有因为距离而不能与电力系统连接的孤立用户和本身独立的电动汽车能够便捷地自行储存能量，就像他们可以便捷地自行发电一样。

在公共电网上安装储能设备后，其可以储存燃煤或核电站产生的电能，并在白天需求最高的时候将储存的电能返回电网中。这样可以降低对燃气或燃油涡轮机的需求。

大规模利用太阳能或风能等可再生能源取决于储能设施，因为这些能源在全天和全年都是变化的。

供给侧储能所能发挥的作用与前面讨论的简单作用有所不同，这是因为储能方式在特征上通常与发电方式有很大的不同。因此，储能还可以发挥其他功能，作为对发电设备功能的补充，这从技术和经济的角度讲都很重要。这些功能在本书的第一部分讨论。本书的第二部分将对不同的储能技术展开讨论。

关于选择最适当的混合发电和储存结构的问题也成为电力系统工程师面临的最重要的问题。因此，本书第三部分将专门讨论这一特别复杂的问题。如果了解包含储能的电力系统要求的信息以及储能设备的技术和经济参数，这一问题就可以迎刃而解。

目　　录

第三部分 电力系统储能注意事项

第一部分　储能应用

第 1 章 电力系统的发展趋势

1.1 需求侧特点

　　电力系统的需求侧由三类消费者构成，分别为工业、家庭和商用（最后一类包括公共照明）。表 1-1 的数据显示了上述 3 个消费群体在一些欧洲国家和俄罗斯的电能消耗情况。每个群体都对电力系统需求侧的总电能消耗有着相当大的影响，但各个群体又拥有其各自的特殊性。例如，家庭用电的最高峰出现于早晨、夜晚或周末，这些时候人们都在家中，使用电气设备的数量最多。

表 1-1　各类用电量所占份额

	俄罗斯	德国	法国	英国	意大利	西班牙
工业用电	0.646	0.475	0.442	0.374	0.542	0.560
交通用电	0.089	0.031	0.027	0.017	0.027	0.029
家庭用电	0.078	0.264	0.307	0.350	0.260	0.226
商业、农业和公共照明用电	0.187	0.230	0.224	0.260	0.179	0.185

　　表 1-2 列出了不同家用电器的电力需求，图 1-1 中的曲线显示了不同用电类别的家庭用电量。

　　公共照明仅在夜晚需要电力，且所需电量将持续减少。日间家庭用电量最少。相反，日间商业用电量最大，尤其是午餐时间，且该情况一直持续到工作时间结束。相比家庭和商业用电量，工业用电量更为稳定，原因是多次轮班的组织化工作方式的出现（尽管并不是所有工业消费者都轮班操作），因此日间的工业用电量最大，午餐时间小幅减少（即"日间低谷"）。

　　在生活水平较高的西方国家中，家庭和商业用电需求占总用电量的绝大部分，因此这些国家的用电量存在明显的早高峰和晚高峰以及夜间低谷。

　　在因缺少相关家用电器而家庭用电量较低的国家，如中国和印度，大部分工业企业采取非固定休息日的三班工作制，整体用电量十分稳定，仅有小幅波动。中国和印度国内公共电网的用电负荷因数始终高于欧洲国家。然而随着生活水平的提高，这些国家公共电网的用电负荷因数也随之降低。

　　家庭用电的影响在较大城镇和许多非工业发展中国家当中逐渐趋于明显。

　　每日用电量图表的形状、每周和季节性多样化及其统计特征取决于不同消费群体的用电行为。不同的地区存在不同的模式，这一点不仅适用于占据整片大陆的国家，也同样适用于小国家的不同地区：这种变化取决于上述地区电力负荷结构的差异，但也会受到不同气候特征的强烈影响。例如，加利福尼亚州的用电高峰出现在夏季，原因是空调使用率较高，而加拿大的季节性用电高峰则由于采暖需求增加而出现在冬季。英国以及其他欧洲国家的电力系统用电高峰通常出现在冬季工作日的午后。系统用电负荷因数不断变化，但是保持在0.4～0.6这一范围内。

表1-2　各种家用电器平均电力需求①

家 用 电 器	电力需求/W	每月耗电量/kWh
空调	1300	105
锅炉	1357	8
风扇（吊扇）	375	26
风扇（窗扇）	190	12
热灯（红外线）	250	1
暖气（辐射）	1300	13
热水器（标准型）	3000	340
冰箱	235	38
冷藏冷冻箱	330	30
冷藏冷冻箱（无霜式）	425	90
干衣机	4800	80
洗碗机	1200	28
吸尘器	540	3
洗衣机（全自动）	375	5
洗衣机（非全自动）	280	4
咖啡机	850	8
油炸锅	1380	6
食物搅拌器	290	1
食物混合器	125	1
榨汁机	100	0.5
煎锅	1170	16
烤架（三明治）	1050	2.5
燃油炉或司炉	260	31
收音机	6	0.5
电视机	300	37
烤箱	1100	3

（续）

家 用 电 器	电力需求/W	每月耗电量/kWh
电热毯	170	12
吹风机	300	0.5
电炉	1250	8
熨斗	1050	11
电烤箱	1345	17
缝纫机	75	1
剃须刀	15	0.2
日光灯	290	1

① McGuiden, D.：小型风力发电（Prism Press，英国，1978）

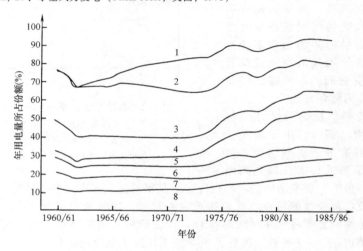

图 1-1　家庭用电类别的用电量估算份额
1—无限制供暖　2—非高峰时段供暖　3—供热水　4—烹饪　5—制冷
6—电视机　7—照明　8—其他用途

　　图 1-2 为电力系统需求侧的主要特征图，显示了一个典型西欧国家的冬季工作日用电负荷曲线。而在每年的其他时间，用电高峰经常出现在早晨或周末以及午餐时间。

　　针对多种用电负荷情况的调查结果表明，基本上多数用电高峰期间问题的出现时间不同于冬季最大用电负荷的出现时间。相比此前和此后数分钟和数小时内的负荷，最难达到的是日用电负荷曲线中的负荷峰值，尤其是当该值相对较高时，且该值与绝对负荷水平无关。冬季、夏季、过渡时期、周六和周日以及峰值低于其当日峰值时都会出现此种情况。导致这种变化出现的可能原因包括：从高负荷过渡至非高峰负荷时段后大批用户开启储存供暖设备，在特殊时刻观看电视，闪电和天气导致的异常变化。

从图 1-2 可以看出，日用电负荷消耗曲线的最大特征是非固定的，但是会随着消费群体结构和单个消费者用电行为的缓慢变化而变化，而用电行为在很多方面与经济及社会的发展密切相关。

1.1.1 储能方法

图 1-3 同样显示了日用电负荷曲线的形状如何随着家庭、工业及商业用电量的变化而变化。这些用电需求负荷曲线轮廓相对稳定，尽管可以通过费率政策、为不同地区引入不同的行政时钟时间或把因经度而具有不同时钟时间的远程系统互相连接，或者使用其他用电负荷管理手段来改变它们。人们将这些负荷管理手段称为储存方法。

然而，费率结构的灵活性无法满足实际需要。而且，由于需在一定时期内保持有效，费率结构必然包含对预期结果进行部分预先判断

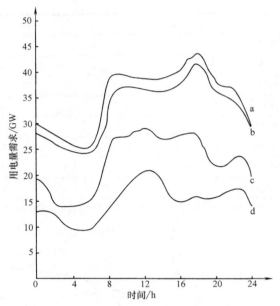

图 1-2　典型系统的夏季和冬季需求，
包括最大和最小需求日
a—最大需求　b—冬季代表日
c—夏季代表日　d—最小需求

的某些调整。另外，费率结构的性质也决定了其很难适应需求侧的不确定负荷要求。

其他改变负荷曲线的可能方法有提前时钟时间。1968 年 9 月至 1970 年 1 月期间，英国尝试在冬季和夏季将时钟时间提前 1h，即把原来采用的"格林威治标准时间"改为"英国标准时间"。这种做法改变了冬季工作日的用电负荷曲线形状，在降低晚高峰用电量的同时提高了早高峰用电量，从而获得了一个更平稳的每日用电量曲线。

20 世纪 80 年代中期，俄罗斯公共电网尝试在不同地区采用不同的时钟时间。这项尝试获得了技术上的成功。

许多公共电网都拥有可断开负荷合同。采用目前负荷管理方案时，在 10 月 1 日至来年 3 月 31 日期间北半球国家的用电负荷可断开时间长达 60h，这可以弥补单一费率所造成的深层影响。

通常预计平均每年将需要约 30h 的断开时间，而在晚高峰时段通常断开超出 2h。降低后的剩余用电需求称为受限需求，发电厂需严格满足该需求。从 20 世纪 60 年代早期起，多处公共电网通过以较低的供暖和供热水用电价格促进电能销售的方式，显著提高了夜间用电负荷。

事实上，有许多远程控制和管理程序在"操控"用电负荷曲线：消费者能够确定

针对电力系统供给侧所发出的信号的适当反应，并从对自己经济有利的角度出发予以执行。其结果表明经济信号可以正确反映真实成本，而这是一个问题。但消费者收到足够信息这一点也十分重要，因为其针对信息所做出的反应有时也是非理性的。例如，降低夜间耗热量节省成本的做法仅可在使用天然气或燃煤供暖时使用。除给用户带来许多不便外，这种做法也不适用于完全隔热、用电取暖的房屋，原因是当前不断增加的日间用电需求对经济型发电站造成的影响将很快超过其节约的热量。

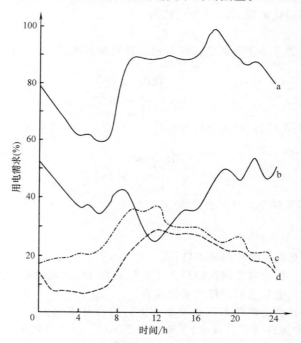

图 1-3　平均寒冷期冬至工作日用电负荷曲线
a—总计　b—家庭用电　c—工业用电　d—商业用电

1.1.2　日负荷曲线结构

日负荷曲线分为 3 层：基本层、中间层和峰值层。根据其定义可以判断出基本层即日负荷曲线中很少变化的部分。中间层指负荷曲线中每日变化不超过两次的部分。剩余的负荷曲线部分就是峰值负荷层。如图 1-3 所示，家庭及商业用电负荷需求是影响峰值负荷和中间负荷的主要部分，而工业用电负荷则多影响基本负荷，基本负荷增长速度明显慢于峰值负荷和中间负荷。

通常，将根据各自不同的性质对负荷消耗曲线参数进行分组：
- 静态特征，与需求值相关，但与过渡无关；
- 动态特征，与需求变化相关，所有相关参数均根据各自的统计分布确定。

负荷曲线为时间函数，显示了多个峰值和谷值，其中包括最大峰值 L_{max} 和最小谷值 L_{min}。二者的比率被称为最小负荷因数，即

$$\beta = \frac{L_{min}}{L_{max}}$$

最小负荷因数 β 具有特殊的重要意义。

负荷曲线的其他重要特征包括：

- 需求侧功率变化范围 δL，计算公式为

$$\delta L = L_{max} - L_{min}$$

- 负荷密度因数 γ 等于日能量消耗与最大日能量消耗量之比，计算公式为

$$\gamma = \frac{\int_0^{24} L(t)\,dt}{24 L_{max}}$$

- 最大负荷时间 T_{max}，计算公式为

$$T_{max} = \frac{\int_0^{24} L(t)\,dt}{L_{max}} = 24\gamma$$

- 负荷上升或下降率，计算公式为

$$L_v = \frac{dL}{dt}$$

该比值表示的是需求曲线的动态特征。

需要指出的是，负荷需求幅值的最大变化与最大峰值之间没有必然联系，而且最大比率与负荷曲线最大变化之间也没有必然联系。

一周内每天的日负荷曲线形状以及所有上述特征都不同：工作日（通常需要单独考虑周一）、周六和周日（假日同理）。而且季节不同，曲线形状也不同。

电力系统通常拥有季节性变化曲线形状，最大需求一般出现在冬季月份或夏季月份，具体将取决于地理情况。通常，夏季的平均日最高用电需求约为冬季的 2/3，但夏季夜晚最低耗电量仅为冬季峰值负荷需求的 1/5。需要安装足够的发电设备以满足每年的最大用电需求，而这种做法又与长时间寒冷天气的发生率密切相关。

在规划范围内，对恶劣天气平均预期进行用电峰值需求预测，这被称为平均寒冷期（Average Cold Spell，简称 ACS）的冬季峰值需求。相比平均冬季天气条件下的用电需求，平均寒冷期用电需求约高出 9%。但在严冬的持续低温天气影响下，用电需求将远高于该值。有时严冬的用电需求甚至将高出平均寒冷期用电需求的 10%，但由于设计供给侧结构时未预计到这种情况，超额需求应该被断开。

欧洲国家的最大可变负荷一般出现在夏季月份（午后高峰）；而每日恒定负荷的最大值则通常出现在冬季月份（受到储存采暖的影响）。

冬季图表中的夜间谷值快速上升是采用了夜间储存采暖的结果。自 1965 年起，峰

谷比已由 100：35 降至 100：70。这使得基本负荷能量日渐成为满足冬季用电需求的"主力军"。从操作和技术的角度讲，形状变化小且近乎恒定的峰谷比（约 100：40）使得夏季负荷曲线变得越来越"关键"。1965～1990 年，2h 峰值以及负荷曲线的倾斜度都增加了约两倍。

　　受到特殊经济形势或气候条件的影响，电能和功率需求的差异将影响整体每日曲线图表，且这一情况可能会持续几天甚至几年。因此，上文提及的所有特征参数（峰值和谷值、变化量、幅值、比率等）均为随机变量，需对其分布情况进行统计调查和说明。除平均值外，在很多情况下还需要考虑到整体分布和极值以及相关可能性。

　　将日负荷曲线表达成一个连续时间函数是一件困难且相当繁琐的事情。相关研究和计算中常使用分段模型作为一种近似，尤其是与每小时或每半小时测量取样相关的研究与计算。注意，这种近似忽略了负荷的实际上升及下降情况，而且可能会给出对实际比率的误导信息。收集比率信息以及将比率与分段模型相关联时应特别小心。任何情况下都应该考虑阶梯水平的统计性质。

　　显而易见，电力并不是消费者唯一关注的问题。消费者将想办法调节所有能量需求，特别是在对其有利时会将一种能量形式转换为另一种能量形式。因此，通常在进行具体投资时，采用更节约成本的辅助能源代替整个生产/最终消费者产业链中基本能源的做法更具优势。例如，采用燃油供暖辅助热泵即为正确的做法，但如果用电辅助太阳能或地热采暖则可能不是最佳选择。未来，其他能量系统无疑也将对用户负荷曲线产生一定影响。因此人们必须考虑这个问题，因为它直接关系到（有利或不利）储存问题，且并不属于其他群体的范畴。异常寒冷或炎热时期的异常电力需求问题仍然存在。另一方面，可以鼓励在非高峰时段用电或采取平衡高峰用电的做法。因此，使用包含热泵和燃油锅炉的混合采暖系统也不失为一种选择。

　　生产者和经销商将尝试确定用户的服务需求，并不时参与产品设计，力求设计出符合用户和经销商二者要求的家用电器，然后确定一个能够鼓励更多用户使用该电器的价格（除非价格已存在），且该价格能够不加区别地惠及其他所有潜在应用领域。

1.2　供给侧特点

　　从一开始，电力系统就面临着在满足供电可靠性的前提下以最低可能成本满足波动的电力需求这一矛盾问题。

　　因此，在涵盖上述三层负荷需求曲线上，本节对电力系统性能进行讨论，而该曲线将通过所有已安装发电机的供给侧，随着以前描述的参数的变化而变化。

　　对于全部装机机组组合，公共电网的规划人员可以将不同子机组（取决于水电机组的水源可用性、维修方案以及强迫停机等情况）投入运营。对于不同负荷水平，实际运转机组的投入组合也各不相同。在确定机组投入和负荷调度时应该考虑到它们的经济特征。

　　应该为电力系统的供给侧提供不同功率级的持续时间。与功率范围相关的尖峰时段与最短持续时间有关，因此该时段输送的电能最少；另一方面，基本发电时段与最长持续时间相关。中间或调整功率则位于二者之间。

关于计划和强迫停机，最大装机容量所保留的备用容量应该大于同一时段的最大负荷峰值。欠载机组留有备用容量可以确保在强迫停机期间进行储备干预，而某些空闲发电机组的备用容量不得用于承载负荷，将始终作为供电服务备用容量。

有些机组需立即或于数秒后投入使用，以确保在一定数量的发电机组停机后恢复频率，防止大量负荷切断。

部分备用容量必须在数分钟内接管负荷，以便最大程度降低更多机组停机并导致频率大幅下降的可能性。

可以将备用容量的要求分为以下三类：

- 立即或旋转备用：在装置或馈电（例如交互链接）损失后承载初始瞬变（5～10s）。
- 调度或运转备用：在数分钟时间内承载发电机组错误产生的调度分配。这意味着调节计划为出现系统频率错误的情况安排了足够的响应容量。
- 安排或就绪备用：在更换设备并安装新的蒸汽装置期间（可能将花费几个小时）承载负荷和装置改变。

除了操作的技术要求，如快速可操作性、良好的可控性和固定的可用率外，该容量类别还要求考虑需求范围的经济效益。每年 1000h 或更少的利用时间已使得经济效益成为必要考虑因素，必须重视这个问题。然而，可变成本同样重要，尤其是当高峰容量由在中等负荷范围内使用部分负荷操作的热机组提供时。

习惯上，公共电网通过安装不同运行和经济特征的发电装置来满足需求侧要求，从而响应负荷需求。

从技术角度看，根据其各自"本质"特征可以将供给侧所用的各种类型的发电机组分为以下两类：

1. 与按照功率要求提供电能的能力有关的静态特征；
2. 与按照比率要求加载或卸载的能力有关的动态特征。

就静态特征而言，热电机组与水电机组间的主要区别是：原则上，热电机组拥有无限可用的一次能源，而可供水电机组使用的一次能源则多少受到限制。原则上，第一种情况的功率输出持续时间不受限制，而第二种情况中的功率输出与其持续时间之间则存在一定的联系。

热电机组能够获得最低技术容量与额定功率容量之间的任何功率输出值。冷却液的温度可能会对功率输出产生一定限制，但仍可通过减少或旁路给水加热器抽气管道在有限时间内获得正常额定功率。同样，通过热分配系统的智能储热功能补偿输出热量后即可临时减少用于区域供热的抽气管道。如果将背压汽轮机用于此目的，可通过其储热功能增加产热量和有限时间内的相关发电量。

而水电机组的发热量变化体现在最大容量上，且对其容量的限制主要来自于可用水量。该限制具有随机性，可随着水库开发政策的变化而变化。

运行期间，不同发电机组的瞬态特征将通过功率输出的变化率体现。该变化率的负荷值和欠载值不同，幅值的变化范围以及开始输出等级也可以不同。

其他重要特征关系到下列事实：发电机组无法持续工作。提前计划好的维修和其他断电相关特征，包括维修持续时间或断电时间，均为确定性质。而由故障导致的计划外断电能够使输出功率瞬时降低，表现为随机可变性以及统计参数。机组起动时需注意特殊瞬时特征——最短启动时间，特别是出现紧急情况时。热电机组的这一特征取决于先前停机时间。

相关经济特征对发电系统的发展及运行的影响不少于上述发电机组的技术特征。使用或备用的指定类型发电机组固定成本包括建设费用、人工费用等。

因此，生产电能的效率及成本均具有可变性，这取决于燃料及功率输出的成本。

就动态特征而言，需要考虑到与燃料消耗量相关的热电机组起动成本，包括停机期间的热量损失。相比而言，评估具有不同性质及频率的功率输出变化的疲劳成本更具难度，尤其是起动和停机成本。

所有动态特征类型仅在此处简略提及，目的是要认识到这些特征在评估发电机组性能时的重要性。该特征类型是在转矩作用下的机器旋转运动，其中转矩由驱动功率与负荷功率之间的不平衡产生。一般而言，一组可以表示为时间常量的参数通常与转子惯性、流入汽轮机的系统传动液的惯性以及蒸汽的热力学特征有关；而另一组参数用与机组调节器系统性能相关的时间常量和增益系数表示。

通常，预期发电结构可由以下类型的发电设施构成：

- 水力发电厂；
- 燃气轮机发电厂；
- 传统热电厂；
- 可再生能源发电厂；
- 核电站。

其中，水力发电厂是资格最老且可靠性最高的发电厂。如果水库中的存水量足够，水力发电厂可以满足任何负荷需求。由于其"流式"发电特征，这类发电厂主要位于基本负荷范围，但不能忘记它们的"阿尔卑斯式"特征。"阿尔卑斯式"特征是指，相比冬季，这类发电厂在夏季产生的电能更多。水力发电厂可在几十秒内起动，在整个功率输出范围内基本可以保持效率恒定，而功率输出可以大幅调节。

燃气轮机发电厂的优势是投资成本较低、建造交付期较短，但相比水力发电厂，这种发电厂的起动速度较慢，效率较低，而故障率相对较高，整个功率输出范围内的可操作性也较差。此外，由于属于纯调峰设施，此类发电厂不适合长时间运行，热耗率相对较高且由于会产生噪声和废气而环保性较差。

燃气轮机的年负荷系数约为 2%，每次起动后运行时间为 1～25h。此外，这类发电厂的装载速度较快，2～3min 即可达到全功率输出，可应对快速变化需求或发电突然中断。独立发电厂的燃气轮机应该带有专门设施，来保证交流发电机以脱开离合器方式单独运行，从而提供同步无功补偿。

有些安装在独立发电厂内的燃气轮机直接与低电压系统相连。这些发电厂可以作为新建大型化石燃料发电站和高级气冷反应堆（Advanced Gas-Cooled Reactor，简称 AGR）核电站的辅助发电厂。化石燃料发电站的辅助发电厂可以在停运后重新起动并隔离系统故障，此外其功率输出还可以满足用电高峰需求。相比之下，如今 AGR 核电站中安装的辅助燃气轮机仅作为发电厂安全的保护者，并未以满足需求为目的产出电能。如果燃气轮机发电厂所占比例快速增长，其平均负荷系数将增大。而且，平均运营成本也将随之快速增加，这不仅是因为这种发电厂燃烧馏出油的价格昂贵，而且其维修费用（属于运营成本相当大的一部分）也将随着运行时间的增加而增加。此外，需求可变性（来自天气或天气预报错误）对于燃气轮机负荷系数的影响为非线性。如果一个新式燃气轮机的冬季计划平均负荷系数为 2%，则在用电需求较低的暖冬，其负荷系数可能会降至 0%，而在严冬时会升高至 10%，并产生高额运营成本。

新建发电厂的建造交付期越短，独立燃气轮机发电厂规模越小，这意味着可方便地将几台燃气轮机加入新建发电厂规划中。

可再生能源，特别是潮汐能、太阳能和风能，将在未来的电力系统供给侧结构中发挥重要作用。其间歇性的一部分将由电力系统储能缓解；另一部分将通过在负荷需求曲线中为寻找一个特殊位置来缓解，剩余部分将通过使用二次储能技术解决。风能和潮汐能属于基本发电曲线，而太阳能仅适合发电曲线的中间区域。

使用煤炭、石油或天然气的传统热电厂数量很多，能够满足峰值功率所需的技术条件。但其在满足该条件的同时也拥有相当多的运营及经济劣势。相比燃气轮机发电机组，中等负荷发电机组需要更多的投资（因此其固定成本更高），但燃料成本大幅降低。然而需要达到预期的灵活性和可用性，基于单机所能达到的输出功率变化率考虑，则需要安装相对较多的独立于负荷需求之外的发电厂。因此，必要时可以部分负荷运转各种装置，而这会导致燃料成本增加。此外，在全功率范围中控制传统装置这一做法也无法实现。因此必须在调峰期以部分负荷运转来使装置保持在线。运行传统火电机组满足用电高峰需求的做法将导致效率降低，并对一次能量使用潜力的优化形成限制。

尽管三里岛（美国）、切尔诺贝利（前苏联）以及福岛（日本）等核电站事故引发公众争议，但是，目前，核电站已在世界主要公共电网的供给侧结构中占据重要地位（见表 1-4）。核电站主要类型简要介绍见表 1-3。

表 1-3　核反应堆主要类型

类型	LWR	SGHWR	Magnox	AGR	CANDU	HTR	FBR
首字母缩略词的含义	轻水反应堆	蒸汽重水反应堆	镁合金燃料罐	高级气冷式反应堆	加拿大重水天然铀反应堆	高温气冷式反应堆	快中子增值反应堆
冷却剂	水	水	二氧化碳	二氧化碳	重水	氦气	钠
慢化剂	水	重水	石墨	石墨	重水	石墨	^{238}铀

表 1-4　欧盟国家核电站，1986 年

	德国	法国	英国	西班牙
总发电量/GWh	403.03	362.17	300.80	128.57
核能发电量/GWh	119.30	254.14	58.78	37.46
核能发电量占总发电量的百分比	29.60	70.20	19.50	29.10
容量因数	0.72	0.65	0.66	0.76
净容量/MW	18.95	44.69	10.22	5.60
气冷式反应堆	—	1.74	4.16	480
轻水反应堆	18.62	41.52	—	5.12
快堆	17	1.43	234	—
高级气冷式反应堆	309	—	5.83	
在建电厂/MW	4.05	17.81	2.52	1.92
计划建设电厂/MW	13.44	1.45	1.18	4.01

大量核电站的存在影响着用电负荷需求的覆盖范围结构（见表 1-5），并进而因以下两个原因导致高峰负荷问题：

表 1-5　供给侧可用发电机组类型

发电厂类型	核电站	热褐煤火力发电厂	燃油发电厂	燃气发电厂	燃煤发电厂
发电厂作用	基础	基础		中间	
相对资本成本	4.4	3.3			2.8
一次能源	铀或钚	褐煤	油	可燃气体	煤炭
一次能源消耗/（Mtol/kWh）	11	11~14	9	9	10~12
相对燃料成本	0.3	0.3~0.45	1.4	1.3	10
起动点火时间到同步	5.5h	冷起动 5.5h 热起动 40min	75min	75min	75min
点火至满载	8.5h	冷起动 8h，热起动 90min	90~120min	90~120min	90~120min
加速率/（%/min）	0.1	2	4	5	3
控制范围（最小/最大）	0.8~1	0.6~1	0.25~1	0.25~1	0.3~1
使用寿命/年	15	30	30	30	30
环境污染	废物:废热和辐射	废物:废热和燃料废气	废物:废热和燃料废气	废物:废热和燃料废气	废物:废热和燃料废气

（续）

水力发电		可再生能源发电		燃气发电	
水力发电	潮汐能	风能	太阳能	工业燃气轮机	航空发动机燃气轮机
基峰	基础	基础	中间	峰值	峰值
				1.0	
水	水	风	太阳辐射	汽油	航空发动机燃料
				10	10.12
				1.3	1.5
				5.8min	2min
				紧急情况时4.6min，一般8～17min	紧急情况时1min，一般5min
50				30	30
全范围50	全范围50	全范围20	全范围20	0.2～1	0.2～1
				15	15
		噪声		废物:废热和燃料废气	废物:废热和燃料废气

1. 由于核能的利用系数高，需要在核电站建设成本高的同时降低峰值功率供电价格。

2. 带有储能的大规模装置使得可用峰值功率相应增加。

从经济的角度看，在非基本负荷范围内运营如核电站、大型燃煤或燃油电厂等基本负荷发电厂是最不理想的做法。基本发电装置的固定成本较高，但运营成本很低。保留这些发电厂（其利用系数相对较低）的电力用于用电高峰期意味着可以通过增加基本负荷发电厂数量满足该负荷类型，从而使得此类电厂的高固定成本增加高峰发电负担，或者可以选择在有限的可用储能容量范围内，通过中型负荷发电厂补偿基本负荷发电厂的损失，其结果是使用价格相对较高的一次能源，从而对所需的调峰供电不利。

热电厂所用装置尺寸扩大系数为6（150～910MW），其扩大比例与运转备用需求扩大比例相同。

由于比热率较高且可以使用新建炼油厂提供的价格相对较低的一次能源，热电厂可在基本负荷（冬季曲线图）和峰值负荷（夏季曲线图）范围内运行。

但由于政治经济原因导致的一次能源基本结构的改变可能会带来政治限制，该限制将首先影响更适用于高峰负荷期的燃油和天然气发电厂。

所有核电站以及多数（但不是全部）500MW和600MW化石燃料厂都在基本负荷条件下运行，即尽可能发挥其可用性。各种化石燃料发电装置是否处于优先顺序位置取决于其燃料燃烧程度（煤炭或重油）、燃料运输和处理成本以及发电效率，这些因素都将随着装置规模及使用年限的变化而变化。100MW和375MW的装置以中等负荷系数运行，30MW和60MW的小型装置则多以接近峰值功率的低负荷系数运行。此外，有些用电需求可由外部供电系统满足，包括如交叉通道链接之类的国际互连方式。

上述每种类型在发电曲线中都有对应位置，以最优方式满足负荷需求。每种发电装置的具体特点汇总见表 1-6，希望该表能帮助建设者选择最佳装置以满足供电需求。

发电持续时间曲线提供了特定发电系统的整体性能图，该图按照持续时间降序排列，纵轴为各装置的最大容量，横轴为使用持续时间。

可以在参考发电持续时间曲线的同时通过确定有限使用时间对应的功率纵坐标这一方法获得不同类型装置间的装机容量共享，以此使得两种类型装置的每台装置容量年总成本（固定成本与生产成本）相等。

电力系统供给侧所选不同装置的特征会影响发电持续时间曲线的形状，因此，装机容量共享计算程序应采用迭代计算法，可从现有发电机组开始或从基于专家意见选择的供给侧结构开始。

假设该计算阶段已知装置备用容量。事实上，必须参考负荷范围故障风险测定指数计算该容量。可根据不同类型装置的强迫断电率测定风险，因此也可以采用迭代过程确定发电持续时间曲线的最高高度。

采用按时间顺序排列的每小时逐步方法时，仅负荷需求曲线参考会涉及负荷侧产生的限制条件。可以在电力系统扩建规划阶段使用该方法解决装置使用或负荷调度的相关问题。与生产经济调度及负荷供电相关的储能容量的单独评估对于系统运营成本的综合评估十分必要，如未进行该项评估，则无法保证综合评估结果完全正确。

表 1-6　不同电力系统供给侧容量占已公布净容量比例

发电容量类型	德国	法国	英格兰和威尔士	西班牙	俄罗斯		乌克兰
					中部	西北部	
核电站	0.178	0.422	0.097	0.147	0.213	0.235	0.185
传统热电厂	0.749	0.333	0.861[①]	0.491	0.712	0.627	0.726
水力发电	0.073	0.245	0.042[②]	0.362	0.075	0.138	0.089

① 燃气轮机装机容量占 0.056。
② 抽水蓄能电站装机容量占 0.04。

要想获得发电系统的最佳组合，一方面需要考虑供给侧结构和性能特征的相互作用；另一方面则要考虑供电系统需求侧的行为特征。

通常，40% ~60% 的系统基本负荷由成本最低、燃料燃烧效率最高的大型燃煤发电厂和核电站提供。这种基本负荷供电装置几乎可以连续运行一年。每日用电高峰代表另外 30% ~40% 的负荷，这部分将由"循环"或"中间"发电设备提供，通常为系统中现代化程度较低且效率较低的化石燃料（煤炭、石油或天然气）发电装置、水力发电装置（适用处）以及燃气轮机发电装置（需要处）。虽然循环电厂发电的成本高于基本负荷发电厂，但如果每天仅运行一段时间，全年共运行 1500 ~4000h，则此种装置将成为最节省成本的发电厂。目前，仍由老式化石燃料发电装置和水力发电装置、燃气或燃油汽轮机以及柴油发电机提供满足用电高峰的电力。这些装置每年运行数百个小时，最长可到 1500h。

表 1-7 提供了某些欧洲国家和俄罗斯公共电网的供给侧结构，独立供电负荷需求范围见图 1-4。

表 1-7 电力系统一般问题以及常见解决方案

问题	波动持续时间	常见解决方案
稳定性改善问题	0.02~0.2s	使用电力系统稳定器及并联制动电阻
断电应对措施	0.12~0.2s	拆除系统中损坏零件；使用并联制动电阻
电压稳定问题		使用静止无功补偿装置
频率控制问题	0.5~120s	使用锅炉调节器，化石燃料发电厂储存蒸汽
运转备用	30~300s	使用部分加载装置
调峰	180~10000s	使用燃气轮机、低成本化石燃料厂、系统间连接
负荷均衡	每天 4~12h，每周 40~60h，每季度 3 个月	使用中等成本化石燃料发电厂、备用发电厂，进行定期维护
输出电流平滑	间歇式	采用电力系统运转备用、独立柴油发电机

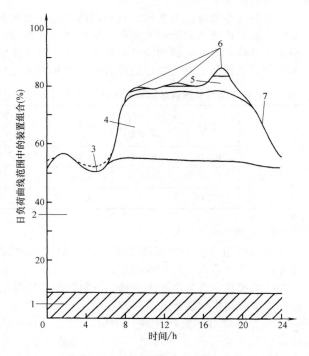

图 1-4 冬季代表日用电负荷需求范围内的发电厂发电量

1—水力发电，河流，风能 2—核能，（500+1200）MW 燃煤发电机组 3—泵送需求
4—功率小于 500MW 的燃煤发电机组，太阳电池 5—燃油发电机组、
燃气轮机和输入电力 6—储能释能 7—负荷曲线

　　如今，随着燃料成本的大幅提高和老式发电装置效率的降低，传统发电厂的三层组合模式已经越来越少。而且燃煤发电装置不可或缺的污染控制设备价格昂贵，这也不利于可持续经济发展。因此，现在需要打破传统的新式组合。

　　除技术特征外，如今并没有针对最佳供给侧结构的专用标准。从经济角度讲，最佳方案取决于地理状况、环境因素、一次能源可用性、资金问题、已存在的供给侧组合问题等。

1.3　发电机组扩展规划

　　通常电力系统包含 3 个部分：供给侧、配电系统和需求侧。这个复杂的组合包含核能发电机、火力发电机、水力发电机和其他可再生电力发电机，通过不同长度和电压的输电线与商业、工业和家庭用电负荷实现互联。电力公共电网结构略图如图 1-5 所示。

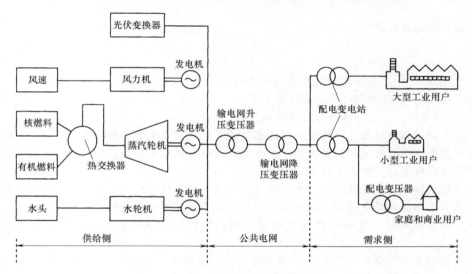

图 1-5　电力公共电网结构略图

　　任何电力系统的结构均不固定，对此至少有两个原因。首先，具有间歇性的负荷仍持续增长；另一个原因与通过扩建现有发电机组以满足不断增长的用电需求相关。此外需要拆除老旧的发电厂并建造新电厂。需要考虑指定发电系统增添新装置的经济价值给现有装置发电量以及储能要求带来的变化。

　　然而新装置额定功率需要的不是增加与规划问题的相关性，从而满足未来的负荷需求，而是装置类型的选择问题。针对发电系统的长期规划，制定正确的新装置引入政策十分重要。应该根据整体经济价值对新建发电厂进行调整，而非仅仅根据要求确定其属于负荷需求曲线的某一部分。

新的发电厂装机容量能否满足未来的用电需求取决于一系列因素。在设计完成的新建主发电厂中安装第一台机组所需要的时间为 6 年，因此，如果该电厂开始建造的年份为 2010 年，其第一台机组的调试（目的是检查其是否能够满足负荷需求）年份将为 2017 年，将于开建后的第 7 个冬季前完成。规划进程的第一步是预测至少第 7 年之前的负荷需求典型容量。

有关以上特征，存在一个电力系统常出现的设计问题：制定最佳的发电机组扩展规划，为各新引进发电机组确定最理想的类型、容量和选址，以在大约 7 年或更长的规划时间范围内以确保稳定性为前提满足未来用电负荷需求。最优问题综述如下：要将包含资本成本、运营成本和风险部件成本的总成本降至最低。

为了寻找到电力系统扩展的最佳方案意味着选择扩展替代方案，该替代方案将包含资本成本和相关发电设备燃料成本，以及电力系统和配电线路损耗成本在内的电力系统成本降至最低。选择最佳替代方案必须满足多条标准——技术、资金、环保和社会标准。

最优化问题计算公式为

$$\min f(x) = CX$$
$$AX < b$$

式中　$f(x)$——上文所述电力系统成本函数；

　　　A、b——技术与环境限制组合系数；

　　　X——代表最佳方案变量的向量。

基于使用寿命计算各替代发电厂的相关成本：包括资本成本和其他固定成本、燃料成本、其他直接运行成本以及对系统中其他装置运营成本的影响。该计算需要模拟数年内使用优化技术的扩展系统操作情况。

共有两种主要的计算方法。第一种方法是通过使用线性规划，尤其是整数线性规划的计算方法解决最优化问题。此外还建议使用动态规划法和次优化法，其中需要考虑负荷需求的随机特征。能够反映出发电系统随机特性的单独储能评估也与该计算方法相关。

第二种方法是蒙特卡罗系统操作模拟法。该方法将"同时"考虑随机特征的需求及形成，包括与水力发电子系统能量可用性相关的特征，然后通过参数分析实现最优化。

最后，对每个项目的现金流应用标准折现现金流技术，使每个项目可以进行经济比较。

1.4　满足负荷需求

由于电力系统的供电侧结构被设计成满足可预见的最大用电需求，而事实上最大需求可能并不会出现，常规每日用电需求远远小于最大需求，这也就导致一个调度问题：一方面要寻找到各台发电装置的最佳负荷以满足第二天的用电需求；另一方面又要对该方案进行调节使其满足当前的实际用电需求。

供给侧结构组成元素需要满足需求侧用电负荷的变化。日负荷曲线如图 1-6 所示，主要问题如下：

- 在夜间用电低谷出现时对发电厂进行卸载；
- 早晨用电量增加时足够快速地对发电厂进行加载；
- 满足白天用电需求变化，尤其是夜间用电高峰；
- 满足发电突然消失或用电需求出现意外增长时的用电需求。

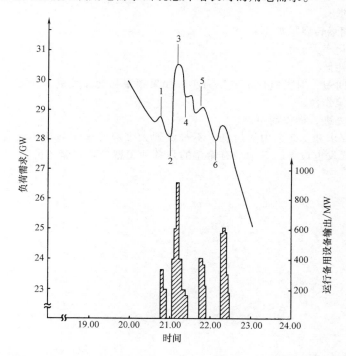

图 1-6　冬季代表日夜晚用电负荷需求曲线，播放受欢迎电视节目时会导致深夜用电需求增加
1—电视频道播出商业广告时间　2—受欢迎电视节目结束　3—电视频道播出受欢迎电影期间播出商业广告
4—电视频道的新闻播放结束　5—电视频道的受欢迎电影播放结束
6—另一个电视频道的受欢迎电影播放结束　▨—运行备用设备干预

电压稳定性和频率控制问题也通过各种方式与用电负荷需求变化相关。

通过使用多种特殊设备及方法基本解决了公共电网存在的问题，详细内容见表 1-7。

查看连续可变负荷曲线时需记住，必须考虑与输出变化、运行备用及备用储能变化以及控制有关的运营及风险成本。

可以断定，满足变化负荷尤其是峰值负荷的必要性是导致绝大多数电力系统出现问题的原因。

术语"峰值负荷"实际上描述了系统负荷的不同状态：

- 其一是每天、每月或每年的绝对最大负荷；
- 其二是日负荷图中的短期相对负荷峰值。

促使电力系统出现峰值负荷的原因有：①满足高峰负荷需求的必要性；②出现强迫断电后为了满足负荷图中所示短期用电低谷的用电需求。

两个原因的共同点是发电厂容量的低利用率。不同类型的峰值负荷技术及运转需求范围有很大不同。

高峰用电期运转要求如下：

- 输出变化率大。
- 起动损耗低。
- 预备时间短，对发电厂造成压力小。如果频繁起动和关机，则要求可用性高。
- 快速可操作性。
- 自动化先进，操作简单。

对比上述要求和 1.2 节中的信息，不难发现大多数发电设备均不符合要求。因此，需要装备新一代发电设备，其中最有希望的是各种类型的新式储能设备。

第2章 作为电力系统单元的储能装置

2.1 概述

电力应用的多样性，尤其是在某些用途，如照明和空间加热受到季节变化的显著影响，使得全年恒定供应经济电能这一想法不切实际。无论在任何情况下，发电都无法保持恒定不变，这是因为水力发电具有波动性，而可再生能源发电则具有间歇性。

因此应该存在能够协调供电方和用电方的中间发电装置。该装置应能够提供以下两种可能性：

- 针对供电方，将发电或电力生产容量从非高峰负荷期转移至高峰负荷期，以作为特定高峰发电方法的补充；
- 针对配电方或用电方，可以鼓励用电方减少高峰时段用电量，转而在非高峰时段使用（此外，用电方还可以借此改变其用电习惯）。

因此，该中间装置需部分或完全独立于电力系统中的发电和用电过程之外。这种装置被称为二次能源储存。

在电力系统中，二次能源储存可以作为一种装置或一种方法，通常可独立控制，在它的帮助下能够实现电力系统储能，所存储的能量可以在必要时用于电力系统中。

二次能源储存作为一种装置可以接收来自电力系统的能量，然后将其转化为适于储存的形式并保存一定时间，此后还可将所保存的能量尽可能地返还电力系统，并转化为消费者需要的形式。

二次能源储存方法属于负荷管理策略，有助于公共电网减少峰值负荷，并将所需能量转移至基本负荷发电厂。

根据上述定义可以判断，储能技术能够用于电力系统的 3 个分区：

- 发电区；
- 储能区；
- 放电区。

每个区域内都需要保持电力系统中供电与用电的平衡，使储能获得适当的额定功率和能量容量。

每个分区内停留的时间、反向时间（转换时间）和储能效率需符合电力系统相关要求。

为了满足定义规定的要求，完整的储能装置必须包含 3 个部分：

- 功率变换系统（Power Transformation System，简称 PTS）；
- 中央储能系统（Central Store，简称 CS）；

● 充放电控制系统（Charge-discharge Control System，简称 CDCS）。

功率变换系统把电力系统和中央储能系统连接起来，还可以作为功率调节系统并控制中央储能系统和电力系统间的能量交换。功率变换系统基本分为 3 类，分别为火力发电系统、机电系统和电气系统（见表 2-1）。

表 2-1　二次能源储存类型

储能类型		中央储能系统		功率变换系统	
		储能介质	储能容器	功率变换系统	控制参数
机械类	抽水储能	水	上下水槽	电动发电机驱动水泵涡轮机	水阀、电动发电机产生的励磁电流
	飞轮	旋转质量	旋转质量	电动发电机	电动发电机产生的励磁电流
	压缩空气	空气	人造或天然压缩空气容器	电动发电机驱动压缩机涡轮机	水阀、电动发电机产生的励磁电流
热能类	显热或潜热	水、砂石、石头等	不同类型的人造或天然容器	传统热电厂	蒸汽和水阀、电动发电机产生的励磁电流
化学类	合成燃料	甲烷、甲醇、乙醇、氢气等	燃料箱	任何传统热电厂	热电厂传统控制方法
	蓄电池	耦合电极电解质系统	电池外壳	晶闸管逆变器/整流器	逆变器/整流器的触发角
	燃料电池	合成燃料，如氢气	燃料电池外壳	电解槽和逆变器/整流器	逆变器/整流器的触发角
电气类	超导磁存储	电磁场	超导线圈	晶闸管逆变器/整流器	逆变器/整流器的触发角
	电容器	静电场	电容器	晶闸管逆变器/整流器	逆变器/整流器的触发角

连接储能系统和电力系统有两种可行的方法：并联和串联（见图 2-1）。采用串联时，储能系统还将作为传输线路，因此其额定功率需满足相关线路的系统要求：所有生产的能量需经过功率变换系统。对于并联连接的储能系统，中央储能系统和电力系统之间的功率交换经过功率变换系统，因此后者的额定功率必须满足储能功率为 P_s 的电力系统要求。同理，功率变换系统的可变性必须满足电力系统对反向时间 t_{rev} 的要求。

中央储能系统包含两个部分：储能介质和储能容器。中央储能系统有以下几种类型（见表 2-1）：

● 热能类，使用相关储能介质的显热或潜热；
● 机械类，使用重力、动能或弹性形式的能量；
● 化学类，使用储能介质的化合能；
● 电气类，使用相关储能介质的电磁能或静电能。

中央储能系统仅为能量储存区，可以在功率变换系统装机容量裕量内以任何功率比将能量提取出来，直到完全释放。中央储能系统应该可以在整个充（放）电期间 t_w 内充（放）电达到预定功率等级。实际上，这意味着必须有一部分能量保存在中央储能系统中，以确保功率变换系统能够工作在需要的功率等级。注意，任何一种中央储能系统都不允许储能完全放电，否则将损坏整个装置。

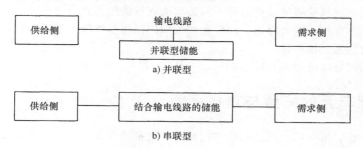

图 2-1 电力系统储能设备位置示意图

充放电控制系统按照电力系统分区要求控制着充放电功率。储能设备是系统的重要组成部分，通常包含多个传感器，分别安装于电力系统、功率变换系统和中央储能系统中的某些节点处。必须收集这些传感器发出的信息并用于基于计算机的控制器中，该控制器利用相关软件在功率变换系统中产生功率流管理命令。

从表 2-1 可以看出，不同类型的储能设备使用不同的物理原理，因此直接对比各类储能系统将十分复杂。合理的做法是，选择储能特征相同的设备类型进行比较。以下一般特征可作为讨论储能系统时的关键对比参数：

- 单位质量能量密度和体积；
- 循环效率；
- 允许充放电循环次数；
- 使用寿命；
- 反向时间和响应时间等级；
- 最优功率输出；
- 最优储能；
- 选址要求。

将设备装入电力系统前，规划工程师应该确定公共电网将以何种方式使用该设备，以及该设备将发挥的功能。针对储能，要确定电力系统要求以及作为其各分区额定功率 P_s、能量容量 E_s、效率 Q_s、转换时间 t_{rev} 和持续时间 t_w 的裕量。显然，电力系统要求的这些裕量将受到电力系统储能功能发挥情况的影响。

可基于以下一个或多个原因使用储能技术：

- 确保电力系统发挥最优发电能力；
- 提高电力系统运行效率；
- 通过保存能源减少一次能源的使用量；
- 无替代能源；
- 提供能量供应保障。

能量系统有两种不同类型——混合系统和组合系统。混合能量系统指的是具有一种能量输出方式和两种或更多的能量输入源的系统。相反，组合系统使用一种一次能源作为能量输入源，而具有两种或更多种不同类型的能量输出方式。

混合系统主要用于电力输送，而组合系统则广泛用于供暖和发电。此类发电站使用发电产生的废热为区域供暖。

两种系统均可以使用储能技术。

2.2 储能单元的能量与功率平衡

如前文所述，所有用于电力系统中的储能装置都包含 3 个部分（见图 2-2）：
- 中央储能系统；
- 功率变换系统；
- 充放电控制系统。

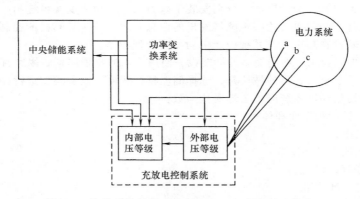

图 2-2 储能系统结构示意图（a、b、c 为所选节点）

可以从电力系统的角度利用能量容量 E_s（可以在储能容器中储存的能量）对中央储能系统进行完整定义。能量容量随着中央储能系统类型的不同而具有不同的性质——机械类、热能类、化学类或电气类。这里需要提到的是，应该将部分 E_s 保存在中央储能系统中，以确保能够按照指定功率 P_s 进行充放电，这也是储能装置的第 2 个主要特征。

可以根据其额定充电或恢复功率 P_c 以及放电或发电功率 P_d 定义功率变换系统。功率 P_s 等于 P_c 和 P_d 中的最大值，即

$$P_s = \max\{P_c, P_d\}$$

充放电控制系统是基于计算机特别设计的控制器，带有相应的软件。

由于储能系统是电力系统的组成部分，因此必须可以实现在所有正常和应急状态下工作。无论在何种状态下，在具有储能系统的电力系统的节点中，必须保持功率与能量的平衡，即

$$N_{gen} - L_1 + P_s = 0$$
$$Q_{gen} - Q_1 + Q_s = 0$$

式中　N_{gen}，Q_{gen}——电力系统供给侧产生的有功功率和无功功率；

　　　L_1，Q_1——电力系统需求侧消耗的有功功率和无功功率；

　　　P_s，Q_s——来自储能系统的有功功率和无功功率。

注意，由储能系统产生或释放的功率为正向功率，而进入储能系统或由其消耗的功率为反向功率，如图 2-3 所示。

储能系统中的能量平衡（见图 2-4）反映出储能系统仅为能量储藏室，且不是理想的储存容器，存在一定的能量损失 δE，写能量平衡方程式时需考虑该数值，即有

$$E_{gen} - \delta E - E_1 = 0$$

式中　E_{gen}、E_1——电力系统所产生和消耗的能量。

能量损失 δE 包含充电、储能和放电期间的损失，如图 2-3 所示，即

$$\delta E = \delta E_c + \delta E_s + \delta E_d$$

或另一种计算方法为

$$\delta E = E_c - E_d$$

式中　E_c、E_d——充电能量和放电能量。

充电效率 ξ_c 计算公式为

$$\xi_c = \frac{E_s}{E_c}$$

储能效率 $\xi_s(t)$ 取决于此期间的持续时间，计算公式为

$$\xi_s(t) = \frac{E_s'}{E_s}$$

放电效率 ξ_d 计算公式为

$$\xi_d = \frac{E_d}{E_s'}$$

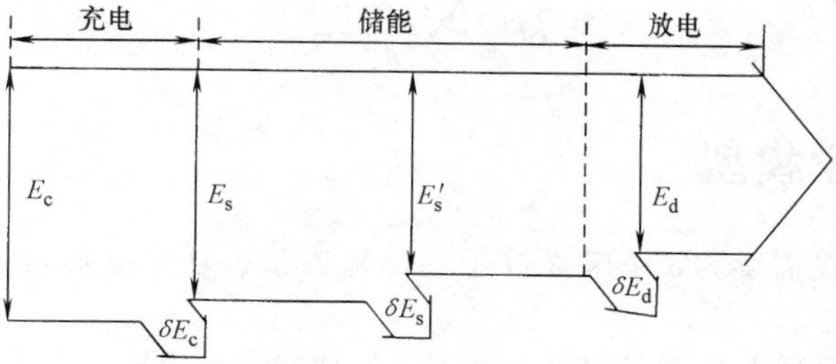

图 2-3　储能系统中的能量平衡

E_c—充电期间储能系统的充电能量　E_s—中央储能系统中积聚的能量
E_s'—中央储能系统中剩余的能量（取决于储存时间）　E_d—放电期间中央储能
系统提供的能量　δE_c、δE_s 和 δE_d—充电、储能和放电期间的能量损失

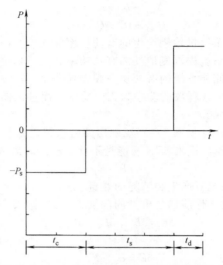

图 2-4　储能状态 t_c、t_s 和 t_d：充电、储能和放电的各自持续时间

显然，整体循环效率 ξ_s 为

$$\xi_s = \frac{E_1}{E_{gen}} = \frac{E_d}{E_c}$$

或定义为各值乘积，即

$$\xi_s = \xi_c \xi_s(t) \xi_d$$

能量损失 δE 公式为

$$\delta E = E_c - E_d = \frac{E_s(1 - \xi_c E_d / E_s)}{\xi_c} = \frac{E_s[1 - \xi_c \xi_s(t) \xi_d]}{\xi_c}$$

或表示为

$$\delta E = \frac{E_s(1 - \xi_s)}{\xi_c}$$

2.3　储能数学模型

储能的数学建模需要为 3 个因素（中央储能系统、功率变换系统和充放电控制系统）分别构建模型。

由于中央储能系统是能量储存区，其唯一的功能就是积聚一定数量的能量，然后以预定速度放出。储能 E_s 为以下参数的函数：

- 结构参数 CP_i，对于给定储能设备而言是恒定量；
- 可变参数 VP_i，取决于储能机制的当前状态；
- 当前时间 t。

函数公式为

$$E_s = f_{CS}(CP_i, VP_i, t)$$

根据定义，功率为能量对时间的一阶导数。因此，来自中央储能系统的功率流计算公式为

$$P_{CS} = \frac{\mathrm{d}E_s}{\mathrm{d}t} = \frac{\mathrm{d}f_{CS}(CP_i, VP_i, t)}{\mathrm{d}t}$$

功率变换系统的主要功能是根据电力系统要求对来自储能系统的功率进行调节。经过功率变换系统的功率由相同的可变参数 VP_i 决定。此外，功率还取决于特殊调节参数（RP_i）、功率变换系统恒定参数 CPP_i 以及电力系统参考节点机制参数 $PWSRP_i$。功率变换系统的数学模型为

$$P_{PTS} = f_{PTS}(CPP_i, RP_i, PWSRP_i, VP_i)$$

充放电控制系统需要测定参考电力系统和储能系统指定节点的状态参数，计算来自储能系统的期望功率 P_{des}，然后在此基础上计算指定调节参数值并将其发送至功率变换系统。需要注意的是，其中一个调节参数控制着储能系统的充电、储能或放电模式。

充放电控制系统的数学模型为

$$P_{des} = f_{CDCS}(PWSRP_i)$$
$$RP_i = F_{CDCS}(P_{des}, VP_i)$$

由于储能系统不是能量来源，因此需要能量平衡方程式。该方程式中包含储能效率 ξ_s，为

$$E_c - E_d - \frac{E_s(1 - \xi_s)}{\xi_c} = 0$$

式中　E_c、E_d——中央储能系统的充电能量和放电能量。

完整的储能数学模型为

$$P_{CS} = \frac{\mathrm{d}f_{CS}(CP_i, VP_i, t)}{\mathrm{d}t}$$
$$P_{PTS} = f_{PTS}(CPP_i, RP_i, PWSRP_i, VP_i)$$
$$P_{des} = f_{CDCS}(PWSRP_i)$$
$$RP_i = F_{CDCS}(P_{des}, VP_i)$$
$$P_{CS} = P_{PTS} = P_{des}$$

注意，特定类型函数如 f_{CS}、f_{PTS}、f_{CDCS} 和 F_{CDCS} 取决于中央储能系统与功率变换系统类型，以及储能系统必须在电力系统内完成职能的数量。

仅当涉及某一特定类型的储能系统且需要对其参数或控制进行最优化处理时才使用完整的数学模型。

如果涉及储能系统要求，可以简化完整模型，仅使用以下方程式，即

$$P_{des} = f_{CDCS}(PWSRP_i)$$

上式中假设 $P_{des} = P_{CS} = P_{PTS} = P_s$，且唯一需要的有关 RP_i 的信息是关于储能模型的信息。

当期望值 δP_{des}、δQ_{des} 的传输特征是实际受控值 δP_s、δQ_s 时，则需要考虑受储能系统控制的有功功率和无功功率的运行特征。可根据独立一阶时滞建模，即

$$\delta P_{des} = \frac{\delta P_s}{1 + T_s P}$$

$$\delta Q_{des} = \frac{\delta Q_s}{1 + T_s P}$$

需要确定各类特殊储能技术的储存时间常量 T_s。

2.4 储能计量经济模型

储能资本成本 C_s 为两个部分的总和。其中一个与可储存能量相关；另一个取决于储能必须输送的峰值功率，并根据用电需求受到充放电控制系统的控制。换句话说，资本成本由中央储能系统成本、功率变换系统成本和充放电控制系统成本决定，部分与装机容量成比例，部分与可储存容量成比例，即有

$$C_s = C_{CS} + C_{PTS} + C_{CDCS}$$

使用可储存容量及装机容量的具体单位成本是非常方便的。通常储能部件的资本成本计算公式为

$$C_{CS} = C_e^* E_s$$

$$C_{PTS} + C_{CDCS} = C_p^* P_s$$

式中　C_e^*——中央储能系统具体成本，单位为金额/kWh；

　　　C_p^*——功率变换系统和充放电控制系统联合具体成本，单位为金额/kW。

因此，储能资本成本即为两种主要储能特征的函数，其计算公式为

$$C_s = C_e^* E_s + C_p^* P_s$$

如果参考发电容量的具体单位成本（在电力系统设计分析中被广泛使用），则成本计算公式为

$$\frac{C_s}{P_d} = \frac{C_e^* E_s}{P_d} + \frac{C_p^* P_s}{P_d}$$

或

$$C_s^* = C_e^* t_d + C_p^* K_u$$

式中　K_u——恢复比；

　　　t_d——额定放电时间。

如果运营成本包含资本偿还、利息费用、运行和维修成本以及能量损失成本，则储能设施的年成本 Z_s 计算公式为

$$Z_s = RC_s + n_c C_u \delta E_s$$

式中　R——所支付的所有资本成本费用，包括资本偿还、利息费用、运行和维修成本（即年成本中的固定部分）；

n_c——一年内的充放电循环次数；

C_u——充电储能特定成本。

年能量损失成本为年成本中的可变部分。

储能装置的计量经济模型常以设备年成本形式表示，即有

$$Z_c = R(\,C_e^* E_s + C_p^* P_s\,) + \frac{n_c C_u E_s(\,1 - \xi_s\,)}{\xi_c}$$

可对其关键参数如装机容量和储能容量进行优化，或者也可以将该模型作为电力系统计量经济模型的一部分。

储能系统是电力系统的组成部分，因此 P_s 和 E_s 应满足特殊系统要求。为了明确这些要求，必须构建一个包含储能模型的电力系统数学模型。

第 3 章　储能技术的应用

3.1　概述

典型的大容量电力供电系统包含连接至输电系统的中央发电站（供给侧）。大容量供电系统连接至包含主配电馈线和次级电路的子输电系统的配电系统。

可以将储能装置连接至输电系统、子输电系统或配电系统，连接方式与用户自有传统型或可再生发电设施如燃气轮机或风力机的连接方式类似。这些分散能源将彻底改变传统供电系统的特性。

随着分散发电设备（用户自有传统型或公共电网所有型）的不断增加，必须深入调查该类设备对于传统配电系统和大容量输电系统规划、控制、保护及运行的影响。

在以火力发电、核能发电、水力发电和可再生能源发电为基础的电力系统中，储能应用范围广泛且履行多种职能。如果想获得供给侧最优化所能带来的最大优势，则必须考虑该问题。

3.2　储能装置的静态职能

在此将对储能方法在常规系统条件下所完成的职能，即所谓的静态职能进行具体阐述。

每年，全世界绝大多数或全部的公共电网必须满足日益增长的用电需求。这意味着必须安装新的发电装置以满足系统高峰用电需求。

显然，储能装置这种可在夜间储存来自电网的电力，并于用电高峰期返还电力的能力将降低对系统发电容量的需要程度。因此，储能装置的资本成本将由即将被取代的传统发电厂节约成本补偿。

与人们的想法正相反的是，用电需求的变化虽然并未包含储能需求，但却为储能技术带来了与中等和峰值发电能源竞争的机会。首选在资本支出和贴现运行节省成本两者之间达到最低限度平衡的发电厂，可在其使用寿命内运行于最佳位置。运行节省成本对于候选发电厂的预期燃料成本十分重要，可据其确定发电成本裕量和年节省小时数。

日负荷变化会促使储能需求的增长，尤其是当大型燃煤发电厂或核电站装机容量增加时、预期将以最高效率完成额定功率输出时、超出基本负荷需求时以及间歇性能源（如太阳能、风能或潮汐能）用量增加并超过公共电网储能容量时。

使用或未使用储能技术的公共电网典型周负荷曲线如图 3-1 所示。在图 3-1 上方曲线，中间与峰值功率包含强大的发电容量。虽然图 3-1 中所示负荷变化曲线常出现在欧洲公共电网中，但也适用于多数非用电高峰期电价较低的国家。在该曲线不适用的国家中，日用电变化幅度更大，除非这些国家不存在用电限制和轮班制工厂。在任何情况下，装机容量约为年平均负荷的两倍，因此电力行业的运行利用系数将相对较低［美国低于 40%——根据电力咨询委员会（EAC），这是一个向美国政府提出有关电力行业问题的建议的专家小组］。输电网的可再生能源发电增加将导致传统发电能源的利用系数进一步降低。

如图 3-1 下方曲线所示，如果有大量储能可用，可以在非用电高峰期通过相对高效的经济型基础发电厂为储能装置补充能量（见图 3-1 的下方阴影区）。

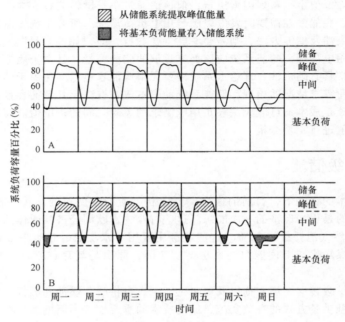

图 3-1　公共电网典型周负荷曲线

A—当前发电组合　B—发电与储能重新组合

在用电高峰期释放储能（上方阴影区）将减少或取代燃料发电厂的高峰容量，这样也就节省了燃料（主要为气或油）资源。以这种方式利用储能技术产生峰值功率被称为"高峰节能"。较高基本负荷水平将取代部分中间负荷水平，可进行负荷均衡，并鼓励使用储能技术以代替多数甚至全部传统中间循环设备。假设新式基本负荷设备使用无油燃料，将进一步降低成本、减少油类资源使用量。

最典型的长期职能是储存在低负荷时段以低增量成本产生的能量，然后在高负荷时段将能量返还给负荷，以此替换高增量成本能量。该职能被称为"能量转移职能"，仅从经济的角度看其具有合理性，前提是储能充电期间的能量增量成本与放电期间的替换能量增量成本之比小于储能装置周转效率，即

$$\xi_s > \frac{C_{night}}{C_{day}}$$

式中　　　ξ_s——储能周转效率；

　　C_{night}、C_{day}——夜间和白天的最低发电成本。

上述比值与效率间的差别不能太小，原因是发电优势必须足够补偿储能与额外基本负荷容量之间的资本成本差距以及替代高峰与中间容量的资本成本。在任何情况下，装机容量都会减少。

使日负荷曲线趋于平滑还将导致蒸汽发电厂运行后的负荷应力降低，从而降低维修成本。准确的降低值由一系列因素决定，但该值通常小于燃料节省成本。

另一个静态职能是在需要时发电以满足用电负荷需求。所有系统发电方法中都包含该职能，但如果涉及储能方法，则需要考虑主要参数，即"储能容量"。

为了满足用电需求，储能系统应该拥有足够的储能容量，且由于用电负荷需求的数量及持续时间常具有随机性，理论上系统需要无限储能容量以避免由于储能不足导致无法满足用电负荷需求情况的出现。储能系统的资本成本取决于其储能容量，因此，储能参数的选择应该是成本与可能无法满足用电需求的风险之间的折中值。规划电力系统时需要对该折中值进行定量分析。

3.3　用户级储能

在储能技术的帮助下，目前的家庭、商业和工业行业所用的高价一次能源越来越少，取而代之的是更为经济的一次能源。这些行业约占欧洲经济共同体国家平均油耗量的 40%，占天然气消耗量的 80%。这些能源主要用于水加热、建筑采暖或用于工业加工过程。使用煤炭代替上述能源的做法不切实际，原因是其存在燃料处理和环境污染问题。

随着家庭供暖转向燃煤和铀以及可再生能源发电供暖，燃油和燃气供暖方式将逐渐减少。随着新型供暖方式的有效实施，储能技术的重要性将不断增加且在某些情况下成为必要技术。

靠近终端消费者的位置储存热能也是采用储能技术转换能耗方式的另一种表现。按该理念，需根据消费者场所使用非高峰能量供暖或"制冷"，并储存以供高峰负荷期消耗。由于该策略将供给侧的储能投资转移至消费者，公共电网能够且必须以提供反映非高峰期发电成本降低的税率的方式提供财政奖励。

制定合适的价格表后，美国许多供电公司都开始鼓励用电者使用由定时器或供电公司电子信号控制的热水器，以此进行储能。"负荷管理"策略可以帮助公共电网降低高峰负荷，并将某些所需能量转移至基本负荷发电厂。近几年，欧洲多国也将引入该策略。例如在德国某些地区，储能式热水器的用电量约占冬季总用电量的 1/4，其公共电网的日负荷曲线趋近于直线。如果由燃煤发电厂和核电站通过储存非高峰时段能量的方式为空间供暖，该影响将更为明显。

位于德国汉堡的调度中心通过安装有计算机的特殊控制室发出的 283 Hz 波列对排放程序进行远程控制并对波列的产生进行控制。在法国北部的瓦朗谢纳，储能空间加热器远程控制由气象观测系统调节，以便当供暖要求满足后，储能开启可以尽可能推后。天气寒冷时，白天的储能时间最多为 4h，以满足消费者的最低需求。该方法看似简单，但相比汉堡所采用的方式，该方法效率较低。进一步改进主要取决于设备开启时间的安排。

如果公共电网对消费者所有储能系统充能保持一定控制，则峰值负荷需求的降低、需求向非峰值基本负荷发电厂的转移以及输电线路的能量损失优化都可以实现最大化。目前研究的控制方法包括通过无线电传输、通过公共电网自有网络线路发送以及通过电话线发送启动和停止信号。通常该负荷管理方式不会给用电者带来不便，并且还能够减少电费。

3.4　储能与输送

电力传输领域的发展加大了对替代燃料和储能的需求。要想获得竞争优势，好的储能系统必须合理、安全、易于操作和可再充电，且拥有足够高的能量密度。

为采用内燃机的汽油驱动车辆开发替代驱动装置时，其焦点多集中在开发能量密度高于铅酸蓄电池的电池。

由于内燃机车辆所用汽油可提供高密度储能，很难找到可替代驱动装置。体积为 $3ft^3$ 的车辆油箱能够储存 3×10^6 Btu 的化学能量，足够车辆行驶 $250 \sim 400$ mile。体积相同的铅酸蓄电池能够储存 $20 \sim 500$ Btu 的化学能量。注意，电池的 40% 能量用于驱动车轮，而燃料的 10% 能量用于驱动车轮，因此电能驱动比燃料驱动效率更高。不过，如果铅酸蓄电池驱动车辆的最大可接受电池重量约为 10t，则其行驶里程将为 $25 \sim 50$ mile。虽然越先进的电池其能量密度越高，且所允许的电池重量越大，但其价格也更昂贵，因此应该由电池成本而不是电池重量决定电动汽车（EV）的限制范围。该限制范围以及化学电池的高成本都对电池驱动电动汽车的发展产生严重限制。

不包含电池的电动汽车成本低于类似尺寸的传统车辆成本。该区别由电池成本导致：油箱成本很低，但假设重量为 1t 的铅酸电池在电量为 30kWh 的情况下行驶里程为 $25 \sim 50$ mile，平均车辆成本将增加 10%。

虽然在服务站快速为没电的电池充满电这一技术需要很高的投入资本、运营成本且服务网络物流的复杂性也较大，但从另一个角度看，这一新型设施将提供大量工作岗位。随着电动汽车能效的不断提升以及汽车油价的不断上涨，电动汽车将证明其在各类交通工具中更为经济实惠。

㊀　1ft = 0.3048m。

㊁　1Btu = 1055.06J。

㊂　1mile = 1609.344m。

如果能够改进基于电池的储能系统，使电动汽车取代传统汽车，则每一百万辆电动汽车每年将节省 14600 万桶汽油。

假设车辆每年的行驶里程为 10000mile，则耗电量将为：100 万辆车 × 10000mile/年/车 × 5 kWh/mile = 5×10^{10} kWh/年。

尽管这并不是一个很重要的因素，但对某些公共电网的影响可能相当大，尤其是需要在用电高峰为电池充电时，因此，需改进配电网络性能。

一旦电动汽车开始被人们广泛接受，公共电网需要在燃煤和核能发电基本负荷能量可用的非用电高峰时段为多数电池充电。除了设置更为优惠的非用电高峰时段电价，公共电网设施将尝试直接控制通宵充电设备，从而把充电负荷整合到电力系统总用电需求，为电网本身和用电者提供更多经济效益。

如果这一做法成功实现，车辆电池将消除对大容量存储器的需求，且最终通过使用再生制动器，储能可以节约大量燃料，预计将节省约 10% 的一次燃料。

3.5 储能装置的动态职能

以上对常规运行条件下电力系统中储能装置的静态职能进行了讨论。但也可以在瞬态条件下应用储能技术，即所谓的"动态职能"。

为了确保火力发电和核能发电系统中保留足够的运转备用容量，需要消耗大量燃料并降低整体系统效率。事实上，燃气轮机在同步和加载至满载运行前需要 5 ~ 17min 的延迟，因此仅可以当作备用储能。热蒸汽发电机组和核能发电机组能够在数秒内提高其功率输出，且仅需要 3% ~ 5% 的运行负荷，因此仅有此类装置可被作为运转备用。

为了获得所需的运转备用裕量，需要确保大量基本负荷机组处于运转状态，将其功率输出降低 3% ~ 5%，并通过低效率发电机组满足用电需求。如果发电机组的基础部分均为核电站，那么运转备用区域将被传统的火力发电容量负荷区所代替，这将造成能量和金钱的浪费。使用水力发电厂仅能部分改善该状况。多数储能装置都能够从储能模式快速切换至释能模式，这意味着，如果负荷突然增加导致电力系统出现突然电力损失（预料之外），可由具有足够额定功率及存储容量的储能装置投入运行以便进行弥补。

因此，如果电力系统的供给侧安装有储能装置，则该装置可履行运转备用职能，在避免造成燃料浪费的同时提高整机效率。

注意，储能装置还有其他履行运转备用职能的方式。储能装置也能够在充电期间履行该职能，原因是该装置与系统分离且能够释放等量能量。

一般而言，运转备用职能是多种常见频率控制职能中的一种，也是发电与负荷补偿职能差异中的随机变动项。通过减少发电容量弥补运转备用容量是此类不平衡现象中最突出的部分，但由于该现象很少出现且仅存在于一个方向，因此所采用的处理方法也并非总是能够履行高频波动调节职能。

首次转换或出现危险的频率下降现象时，如果出现突然的电力或负荷损失，运转备用在几秒内介入的方式将不足以保持所谓的动态或瞬态稳定性。此时，为了避免系统崩溃，需要进行突然的电力输入和负荷削减。这种做法能够为可用类型储能装置的瞬间额定功率容量带来明显优势，因此可用该方法改进装置稳定性和功率调节功能，并可将其作为断电应对措施。顺带一提，多数类型的储能装置都可在充电期间履行其职能，原因是其可以瞬间断电。

3.6　可能的应用领域

储能技术使用优势分析结果通常基于相关公共电网的供给侧特征，且最重要的是要以负荷需求曲线的形式呈现。随着公共电网的发展进步，未来将在负荷中心区域建立大型中央发电站。在城市和郊区建设新型发电站越来越受到环境和土地使用竞争的限制。模块化形式的发电厂尤其适合为城市区域提供电力，前提是将其建于已拆除老旧发电厂的原有区域内或输电和配电变电站处。可在夜间负荷时段充电且无需外部燃料供给的储能装置尤其适合安装于人口过多的市区内。

可以根据所需放电状态持续时间对所有提出的储能职能进行分组。可供选择的放电时间范围单位有小时、分、秒和毫秒。

以下应用领域中，储能装置可以作为在若干小时的时间范围内补偿负荷波动的缓冲区：

- 公共电网负荷均衡：提高负荷系数、减少市区环境污染、更好地利用可用发电装置及燃料；
- 供暖和电力系统组合储能：以忽略负荷需求为前提，通过为供暖系统和电力系统提供优化分区的方式提升整机效率；
- 使用多种形式的可再生能源，减少使用有限的化石燃料，改善环境；
- 远程用户储能；
- 电动汽车储能：以取代汽油为长期目标，减少市区空气污染，提高公用电站使用率。

分钟范围储能装置主要涉及工业移动电力装置储能；可提供更好的工作环境，加入不间断供电系统后可提高供电可靠性，尤其适用于封闭区域如仓库和矿井。

秒范围储能装置主要涉及柴油机——风力发电机平滑输出，以及实现高能粒子加速器脉冲间所需的必要储能。

毫秒范围储能装置主要用于改善稳定性、频率调节、稳压处理，也可作为断电应对装置。

对于每日平滑输出所需的储能装置数量存在一定限制。显然，分配给储能装置的容量占发电装置的总容量百分比越高，则为储能装置增加容量就越不方便。一方面是因为这些方法需要提供更长的操作时间，并且因所需储能容量更大而成本更高；另一方面是由于现有方法已提供相应服务，经由动态服务获得优势的重要性越来越低。

储能装置是否能够带来利益取决于系统中混合安装的其他装置：特别是系统中的大型基本负荷燃煤发电厂或核电站所占比例增加至超出夜间用电需求时，均能够使用以低成本燃煤或核能发电为基础所存储的能量。在这种情况下，储能技术将对大型核电站规划进行补充。由于储能技术是大规模可再生能源发电规划中不可或缺的一部分，其还将成为核电站规划的有力竞争者。

另一个重要方面是最适合储能装置特征的选择问题。首先是选择装置的额定功率和储能容量。必须考虑可存储能量与装置额定功率之比，然后在具体装置成本（随着具体储能容量增加而显著增加）与储能装置可提供服务的数量和质量之间进行折中选择。这些性质随着具体储能容量的增加而提高。

通常，对于最高峰值服务，可以使用那些具体成本将随着储能容量增加而快速升高的方法，其他方法可用于持续时间较长的情况。

为了确定储能装置相关要求，需要针对下列主题进行电力系统分析：

- 电力公共电网扩展规划中供给侧设计阶段的不同类型储能方法；
- 带有储能装置的电力系统中的操作经验和标准。

第二部分 储 能 技 术

第4章 热能储存

4.1 概述

即使温度相对较低（理论上温度 $t > 0℃$），也可以直接将热量储存于绝缘固体或液体中，但能量仅可作为热量进行有效回收。从远古时期开始，人们就将高温岩石和壁炉砖用作简单的热储存设备。如今的工业炉和面包电烤箱仍旧采用这个原理，夜间使用价格更低的电来加热烤箱。

热能储存（Thermal Energy Storage，简称 TES）是一种高效的储能方式，原因是水的熔化比热较高。重量为 1t、体积为 $1m^3$ 的水能够储存 334 MJ 的热能（317 k Btu、93 kWh 或 26.4t-h）。无论使用何种制冰技术（使用现代无水氨冷却冰机制或利用原始的马拉车把冰块运送过来，起初人们将冰从山上运往城市里作为冷却剂），小型储存装置就能够装载足够多的冰在一天或一周内为一幢大型建筑制冷。冷却容量"吨"的原始定义是每 24h 融化重量为 1t 的冰所需要的热量。目前，这个定义已经被更为现代的单位所取代：1t HVAC 容量等于 12000Btu/h。

热能储存十分适用于空间供暖之类的应用（此类应用仅需要低质量、低温度的能量），此外热能储存还可以配合传统燃煤电站和核电站使用。这两种发电站在现在和不远的将来都将主导电力公共电网的装机容量。

工业生产过程以及热力发动机利用热能时均可以使用高温热能储存。为斯特林发动机供电就是一个最新实例。

蒸汽储存方式的历史可以追溯到 1873 年。第一个等容蓄能器专利于 1893 年授出，相应的系统则于 1924 年由 Marguerre 开发成功，方法是使用具有过载容量的汽轮机将该专利应用到给水回热系统中。随后，该系统被应用到曼海姆市市政工程的大型发电站中。

用于发电的变压蓄能器发展于 1913 年。这一年 Ruths 博士被授予了变压蓄能器的德国专利。该装置首先安装于瑞典的马尔默市，但是最大装置在 1929 年建造于德国，如今仍在运行。该装置安装于柏林的夏洛滕堡，运行时采用独立调峰汽轮机，运行压力为 14bar（$1bar = 10^5 Pa$，下同）、使用 50MW 电力并具有 67MWh 储存容量。

人们自然会问，与其说让能量经过若干转换阶段，为何不直接把来自基荷发电站锅炉的一次热能储存起来，以便在最需要使用能量时对其进行回收呢？

热能储存与其他发电储存形式不同，区别在于热能储存的能量在锅炉与汽轮发电机之间以蒸汽形式提取，如图 4-1 所示。其他储存形式通常采用以电能形式提取能量的方式进行储能。

　　用于输送热能的发电站可在恒定条件下运行，且不受电力需求的限制，原因是此类发电站可以使用所储存的热能弥补能量波动，且所需能量可以随时用来快速应对负荷波动。

　　一旦采用热能储存技术，则可以使锅炉在相当于基荷发电站平均功率输出的恒定功率水平下运行。在夜间储能期间储存来自基荷发电站的多余电力并在日间释放这些电力，这一做法的价值已被证实。事实上，可以避免大型燃煤发电站和核电站出现的负荷循环，从而最大限度地提高这些价格昂贵发电站的投资回报、可靠性，同时减少维护工作量。

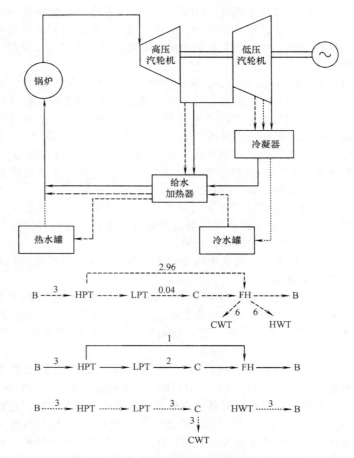

图 4-1　使用所储存的热水提高常规蒸汽循环输出的若干可行方法之一
B—锅炉　HPT—高压汽轮机　LPT—低压汽轮机　C—冷凝器
FH—给水加热器　CWT—冷水罐　HWT—热水罐
数字表示相对能量流　——储存　——储能……释能

因此，90 年前夏洛滕堡已经使用此概念并不足为奇。该城市当时利用钢制容器（"Ruth 蓄能器"）储存发电站蒸汽和热水的增压混合物。在用电高峰时段，储存的蒸汽被释放，以驱动汽轮发电机组。

在现代蒸汽循环中（利用汽轮发电机对过热蒸汽进行膨胀处理），大约有 30% 的蒸汽会在经过汽轮机的途中逸出，并对返回锅炉的水进行预热。剩余蒸汽继续通过汽轮机并以正常方式被冷凝。因此，通过多种方式从汽轮机提取的蒸汽被用于对返回锅炉的水进行预热。这是发电站的常见做法，原因是这种做法可以提高热源散发热量的平均温度并提高循环效率。

可以通过热交换器并利用进入汽轮机前以及从汽轮机之间提取的蒸汽将热量传递至储存液体中，从而减少工厂的电力输出，如图 4-2 所示。在用电需求低的时间段将切换至储能模式。

核电站和燃煤发电站是热能源。在这些发电站中，热能源可以为下列形式之一（见图 4-2）：

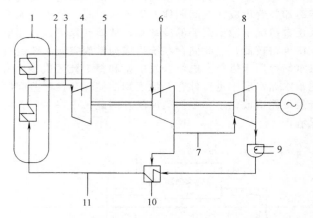

图 4-2　常规发电站高温部分的可选热能储存位置
1—锅炉　2—冷再热蒸汽　3—新蒸汽　4—高压汽轮机
5—热再热蒸汽　6—中压汽轮机　7—交叉蒸汽　8—低压汽轮机
9—冷凝器　10—给水加热器　11—给水

（1）高压（HP）汽轮机入口蒸汽；

（2）中压（IM）汽轮机入口蒸汽；

（3）低压（LP）汽轮机入口蒸汽；

（4）给水加热器系统的中间蒸汽提取点和给水加热器（FWH）出口（用于将冷凝水温度重新提高至锅炉入口温度）。

应该采取的做法是，储存一些能量以提高进入给水加热器的蒸汽流量（但将减少进入冷凝器的蒸汽流量），并使用给水加热器的多余热能提供更多可以储存起来的热水。

在热能储存释能模式下，可以通过减少给水加热的蒸汽提取量来提高功率输出。锅炉给水温度通过使用储存的热量来保持，而给水加热器不再需要的蒸汽则被用于独立调峰汽轮机或主汽轮机中生成额外电能，前提是存在多余的功率容量。

一个重要的问题是，由于等量的水会和以前一样流过锅炉，流过汽轮机前面部分的蒸汽流量将保持不变。需要注意的是，对于汽轮机而言唯一变化的是进入冷凝器的蒸汽流量。需要生成额外功率时，可以将储存的热水供给锅炉，完全切断给水加热器并将全部蒸汽流输入冷凝器。通过这种简单的方法即可将储能装置纳入发电站。

所有热能储存系统都具有以下特征：具有一种或多种储存介质，一种适合储存介质的安全壳，一种用于热传递和热传输的液体，一个源自基准发电站的热源以及一种将储存热能转化为电能的方式。有时，储能装置既不储能也不释能，则整个电站以常规模式运行。

大型建筑内的空调系统和冷水系统是最常见的热能储存应用形式。空调系统，特别是商业建筑内的空调系统，是导致炎热夏季出现用电高峰期的主要用电设备。对于此类应用，可以把标准冷却装置设成在夜间制冰。等到白天时，使水在冰堆间循环流动，生成冷却装置在白天正常情况下输出需要的冷却水，从而确保可以在用电高峰期关闭冷却装置。由于储冰系统价格较低，因此储存系统将成为常规空调系统的有力竞争者。

可以把大型热水储存用于供热发电组合发电站和整个社区供暖。后一种应用情形包含在地表湖泊和地下水储水层中进行储存。地表湖泊储存存在一些问题，例如可能与淡水供应发生交互以及可能造成化学和热污染风险。因此书中将主要关注地下层热能储存系统，如图 4-3 所示。

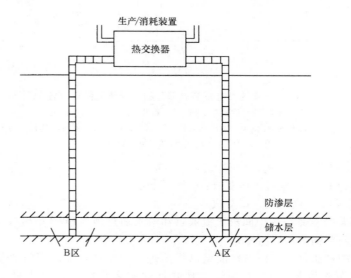

图 4-3　地下层热能储存

这种储存系统的一个基本参数是地下层热能储存与地表之间可转移的水量。转移的水量由地层厚度 h、渗透率 k 和压力梯度 $\mathrm{d}P$ 决定，计算公式为

$$Q = P \frac{kh\mathrm{d}P}{\mu \ln(r_1/r_2)}$$

式中　Q——每个时间单位的水量；

P——比例常量；

k——渗透率；

h——地层厚度；

$\mathrm{d}P$——外部和内部储存之间的压力差；

μ——水的黏度；

r_1，r_2——外部和内部储存范围的半径。

如果 B 区为热能储存区，热交换器将使用来自生产/消耗装置的余热来加热来自 A 区的水，加热后水将返回 B 区的储存地层中。在热量不足期间，水的流向将反向，储能装置将散热。

热能储存还可用于燃气汽轮机空气入口冷却。该方法是将发电容量转移至白天，而不是将用电需求转至夜间。可以使用机械方式连接汽轮机和大型冷却压缩机，以实现夜间制冰。在白天用电高峰期时，水会在制好的冰和汽轮机空气入口前的热交换器之间循环流动，以便将入口空气冷却至接近冰点温度。空气温度越低，汽轮机使用给定压缩机功率可压缩的空气也就越多。入口冷却系统起动后，汽轮机效率和发电量都将升高。该方法与第 7 章提及的压缩空气储能系统类似。

太阳能热储存系统普遍使用小型水箱，如图 4-4 所示。独立家用采暖储热箱常用的隔热材料为矿物棉或玻璃棉。所用隔热材料应能够保证数月的储存时间，因为如前所述，负荷需求和可用能量是不协调的。在独立家用太阳能采暖系统的优化设计中，储热装置尺寸大致与太阳能板的面积相匹配。应该提到的是，温带气候地区的最佳储存装置尺寸应大于太阳能量年变化率较低的地区。

阻碍储热系统广泛采用的因素主要是制度上的，而非技术或经济

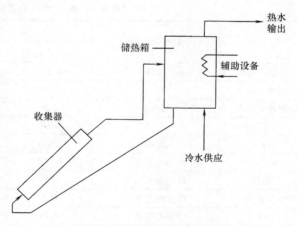

图 4-4　自然循环热水系统

上的。目前无法方便获得所需信息或资金来鼓励对此类装置的投资，并且许多公共电网也不提供适当的价格。然而对于想要购买储热系统的客户，有多种市售电加热储存装置可供选择。这些装置都带有用于存放增压热水的水箱、用于独立房间加热器和中央建筑

采暖系统的楼板加热器和瓷砖装置。如果有 1000 万户家庭安装该系统，每天将能够节省相当于 50 万桶石油的油气资源。

当仅使用储热负荷满足热水需求时，应增加夏季基荷燃煤发电站和核电站的夜间运转，因为相比储存空间加热，此种方式更具优势。未来，还可能会使用更为经济的方式，即在非高峰时段用电加热水来取代采用燃油集中加热锅炉的装置，原因是这种装置无法在夏季设置值较低的情况下高效运行。

4.2　储能介质

从广义上讲，存在两种热能储存机制：

（1）显热储存，基于储存介质的热容量；

（2）潜热储存，基于与储存介质相态变化关联的能量（熔化、蒸发或结构变化）。

通过升高储存介质的温度可以将能量储存为显热。此时用水最佳，不仅是因为水的成本较低，还因为其热容量较高 [4180J/（kg·℃）]。然而，由于水的熔点和沸点均较低，其仅适合作为 5～95℃ 的储存介质。

石头、混凝土和铁矿石的温度变化幅度达 50℃ 期间所使用的能量为 3.6×10^4 J/kg。后者的体积密度为前者的 2 倍（2.16×10^5 J/dm³），原因是后者的质量密度更小。不同工作体的数值见表 4-1。建议使用极高温（>1000℃）装置，但此种装置材料迄今为止所存在的例如腐蚀、热震和其他与热传递相关的问题仍然难以解决。

表 4-1　热能储存介质对比

工作体	热传递类型	能量密度		工作温度/℃
		10^6 J/kg	10^9 J/m³	
钢罐中的水	加热	0.208	2.08	20～200
钢罐中的水	加热	0.54	0.54	350
钢罐中的水	加热	2.2	2.2	500
高温岩石	加热	0.04	0.1	220～100
铁矿石	加热	0.021	0.18	20～350
冰	熔化相变热量	0.335	0.33	0
石蜡	熔化相变热量	0.17	0.14	55
水合盐	熔化相变热量	0.2	0.3	30～70
水	相变蒸发	2.27	2.27	100
氢化锂	熔化相变热量	4.7	4.7	686
氟化锂	相变	1.1	2.73	850

高品质高温水（High-Temperature Water，简称 HTW）的优势是可以直接用于锅炉/汽轮机内而无须使用接口设备，如热交换器，但需要使用适合于温度远超过 100℃ 的高

压安全壳，而其温度不得超过最高可用温度，除非低成本压力安全壳可用。所有其他常见储存介质均能够储存在接近大气压力的环境中。

储存介质的另一个大类为相变材料（Phase-Change Materials，简称 PCM）。此类材料会在特定的温度时熔化和冷冻，并拥有大量熔化和结晶潜热。此类材料较之显热储存的优势表现在：在熔点附近的有限温度范围内，能量储存密度随着温度升高而变大，并可在恒定温度下提供热量。增加或减少此类材料的热量时，相变将以不同的方式出现：熔化、蒸发、晶格变化或晶界含水量变化，且总能量变化利用焓变化表示。

某些无机盐（如氟化物）拥有大量熔化热，但其较高的熔化温度也使得这种物质存在严重的腐蚀问题。为了降低熔化温度，建议使用表 4-2 中列出的低共熔混合物。

表 4-2　某些储存介质的熔点

储 存 介 质	熔点/℃
氟化钠-氟化镁（NaF/MgF$_2$）	832
氟化锂-氟化镁（LiF/MgF$_2$）	746
氟化钠-氟化钙-氟化镁（NaF/CaF$_2$/MgF$_2$）	745
氟化锂-氟化钠-氟化镁（LiF/NaF/MgF$_2$）	632

这些氟化混合物的优点是化学性质稳定且能够用于铬镍钢中。该混合物的相变温度使其能够作为热机储存介质，但对于空间供暖系统来说则过高。

水合盐的相变温度适用于供暖系统储存。然而，由于水合盐稀释溶液中存在固体残渣，较之简单的熔化，其相变过程更为复杂。

最常用的一种水合盐为芒硝，即 Na$_2$SO$_4$·10H$_2$O。温度达到 32℃时，芒硝会分解为硫酸钠（NaSO）饱和水溶液和无水硫酸钠（Na$_2$SO$_4$）无水残留物，该过程的热量输出约为 252kJ/kg。与水相比，芒硝在小温度范围内每单位体积的储存容量更大。这说明水合盐是比水更为经济的储存介质（因为民用工程成本是家用储存装置开支的主要部分）。

此外，还可以使用金属氢化物储存热能。在下列反应过程中，相变即为金属或合金晶格吸收氢原子的过程：

$$金属 + 氢原子 \Longleftrightarrow 氢化物 + 热量$$

相关研究，尤其是美国的研究证明，可将包含两种氢化物的所谓混合储存系统用于供暖/空调系统中。此种热储存类型的优势是，储存过程中不会出现能量损耗，且热量再形成速度也较容易控制。氢化物研究的主要目标是寻找能够在适当相变温度和压力条件下可以使用且价格更低的金属或合金。

世界各地的公共电网近期都对下列热能储存的高温化学反应产生兴趣，即

$$CO + 3H_2 \Longleftrightarrow CH_4 + H_2O$$

在非用电高峰时间段内，使用如图 4-2 所示的其中一个一次能源的热量完成反应器裂化炉内的热交换，而原先储存的甲烷和水在该炉内被转化为一氧化碳和氢气，被存入单独的容器并保存在室温环境中。尽管从热力学角度看逆反应有诸多优点，但该反应并不会在低温环境中发生且储存时间实际上是无限长的。在高峰用电时间段内将发生逆反

应（甲烷化）且所产生的热量将用于锅炉-汽轮机循环。通常将吹过多孔材料的热空气作为高温应用的传热液。

以下材料可以作为显热储存所使用的储能介质：

- 高温/低压水（5℃ < t < 95℃）；
- 高温/高压水；
- 高温油；
- 熔盐；
- 需要使用油或熔盐作为传热介质的岩石或矿物质。

另一方面，相变材料如共晶盐则可以作为潜热储存的储能介质。

4.3 安全容器

储存设计的主要问题包括：

- 建造合适的传热面将热量快速传递至热能储存装置内或从热能储存装置内传出；
- 为了避免热损耗，泄漏时间应长于所需储存时间。

中央储存设备的热损耗程度取决于储存介质容器的表面面积，整体储存容量则取决于容器容量。表面面积与储罐尺寸的二次方成比例，且由于容量与储罐尺寸的三次方成比例，相比小型装置，大型热能储存装置所需隔热材料相对较少。图 4-5 中显示了恒定温度分布 $T/T_c = f(x)$，此处的 x 指距保持恒定温度 T_c 的球形储存卷中心位置的距离。

容器周围的范围无限延伸，各向同性介质的恒定温度保持为 0K。针对半径为 10m、30m、50m 和 75m 的球形容器，给出了 T/T_c。曲线显示了容器周围出现的最大温度梯度。小型特殊容器明显拥有最大的温度梯度，因此其向周围环境泄漏的热量也最多。

容器的整体尺寸是一项十分重要的指标。近年来人们开始逐渐关注使用超大型地下蓄水层实现社区范围内长期热量储存的可能性。相比各个家庭所使用的小型储能装置，此种装置所需的隔热材料相对较少。

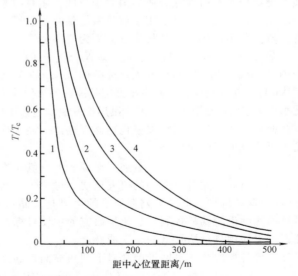

图 4-5 置于无限各向同性介质、拥有不同半径 R_c 且保持恒定温度 T_c 的特殊容器周围的温度分布情况

1—R_c = 10m 2—R_c = 30m 3—R_c = 50m 4—R_c = 75m

4.3.1 钢制容器

钢制容器适用于大气压力环境中的固体和传热液的显热储存。储存介质可以选择岩石、油和熔盐填充层。由于通常需要相对较大的容器容量，因此可以选择多个成本相对较低且使用方便的模块化储罐。

需要使用压力高于 10bar 的压力安全壳时通常会选择钢制压力容器。在超过热能储存所需压力时，这种容器具有较为成熟的设计与应用。钢制容器储能容量远大于多数压力容器，主要缺点是成本较高。

4.3.2 预应力混凝土压力容器

初级核反应堆安全壳使用预应力混凝土压力容器（Pre-stressed Concrete Pressure Vessel，简称 PCPV）的历史已经超过 10 年。然而，直到目前都没有一个支持采用以预应力混凝土压力容器作为中央储存的热能储存系统的论点，并且也未在相应的压力和温度范围内建造或测试过此类热能储存系统。预应力混凝土压力容器需要冷却系统保护混凝土和钢筋，防止其受到高温损坏；冷却系统价格较高但能够减少热能损耗。然而，相比钢制容器，预应力混凝土压力容器每立方米包含的负荷价格较低，可以考虑将该容器纳入需要使用压力安全壳的高温水储存概念中。

4.3.3 预应力铸铁容器

1974 年首次提出将预应力铸铁容器（Pre-stressed Cast-Iron Vessel，简称 PCIV）用作热能储存中央储能装置。该容器的初步设计由 Siempelkamp Giesserei 股份有限公司（德国）完成。具体做法是使用铸造厂铸铁电弧，整圈共需要 6 次，并使用键槽将其组装为多个圆柱层。使用外部电缆包装和垂直预应力筋对铸铁进行预应力处理以确保压缩效果。如需加入锅炉水或高温水，需在铸铁表面直接焊接薄合金钢衬，外部需安装必要的隔热材料。

虽然已建造了一个小型预应力铸铁容器并进行过将预应力铸铁容器应用到高温水热能储存装置的概念设计研究，但从未建造高压和高温全比例模型。目前的做法需要使用外部隔热材料，部分材料需具有耐压性且铸铁应该能够在高温环境中使用。还没有测试预应力系统的热循环和压力循环效果。预应力铸铁容器的优点是，相比预应力混凝土压力容器或钢制容器，其每立方米容量的直接成本较低。

4.3.4 地下洞室

地下洞室通常为在硬质岩石内挖掘的、直径等于或大于 30m 的洞室，已安装钢衬且能够进行混凝土应力传递。开挖一条巷道至一定深度，确保覆盖层能够支撑储存介质的压力。这项技术将提供低成本储能方式，而且还有更多机会来获得大容量储能，另外，多个容器共用一条巷道也能大幅降低成本。除此之外，其优点还包含隔热材料成本低、"均衡"热能损耗少。巷道和洞室所需挖掘技术均为人们所熟悉的技术。然而其主要缺点是强岩层中的地下洞室数量和地理位置均受到限制。

Ontario Hydro 的 Margen 提出了一个高温水储能的地下洞室，该洞室通过在钢衬与岩石之间使用压缩空气（而不是混凝土）最大限度降低薄钢衬内的应力。这一概念的优点如上文所述，除此之外，压缩空气应力传递允许储罐采用外部隔热材料。由于压缩空气被冷却，岩石的温度接近环境温度。其缺点主要是位置选择受地质情况的限制，很难采用灌浆或喷射混凝土的方式防止压缩空气泄漏、地下水渗入。

4.3.5 含水层储存高温水

储存高温水的含水层指的是夹在防渗层中间的水饱和砾石、沙或砂石的多孔岩层，该岩层的能量相关成本较低。双井概念允许循环利用流入或从同一个含水层流出的热水和冷水（或温水）。能够保证含水层储存效果的温度范围仍未知，但较低的温度范围如 100～200℃ 则绝对适用于给水储存。Collins 建议温度应该超过 300℃，但其地球化学效应无法确定。

含水层安全壳系统储存每 kWh 能量所花费的能量相关成本明显较低，且其每日、每周甚至每个季节所储存的能量十分巨大。但是，该系统的动力相关成本较高，且还涉及钻井和套管成本、水泵和泵送能量成本以及热交换器成本（对于防止锅炉污染十分重要）。由于尚未进行大尺寸和可用温度验证，这一储存方法目前仍不具有实用性。

4.3.6 安全容器设计总结

下列选项针对热能储存安全壳：
- 钢制压力容器；
- 预应力铸铁容器（PCIV）；
- 预应力混凝土压力容器（PCPV）；
- 地下挖掘洞室，钢衬，采用高温、高强度混凝土以便于钢衬和岩石间的应力传递；
- 地下挖掘洞室，带有压缩空气包围的独立钢罐，用于向岩石传递应力；
- 夹在防渗粘土层中间的地下水饱和沙与砾石含水层。

在这些选项中，重点是选择低成本热能储存介质。低蒸汽压力为必要因素，因此通常的设想对象为岩石和矿物。合适的传热液包括高温油（显热储存）以及相变材料如熔盐和共晶体（潜热储存）。可选储存安全壳有：
- 独立的冷热罐；
- 单介质罐，其中高温液体（油或盐）漂浮在低温液体之上，且二者间的界线（温跃层）会随着储能和释能循环而上下移动；
- 双介质温跃层罐，罐内充满岩石填充层，孔洞充满油或盐且作为传热液被泵送。

4.4　功率提取

可以选择以下方法将所储存热能转换为蒸汽：

● 通过节流压力将高温水快速蒸发成蒸汽和低温水，然后使蒸汽通过一台调峰汽轮机或主汽轮机；

● 使用热水作为锅炉入口给水，以降低主汽轮机给水加热能量转移、提高输出量，即所谓的给水储存系统；

● 使用热交换器将能量转移至冷给水中，以生成过热蒸汽或热给水-低蒸汽压力储存介质。

存在 3 种运行安全壳（或称为蓄能器）的主要方式，即可变压力、扩容或等容。

4.4.1　变压力蓄能器

可变压力或"Ruths"蓄能器操作模式如图 4-6 所示。完全充满后，蓄能器内几乎全部空间将充满饱和热水，且上方会出现少量饱和蒸汽"缓冲层"。在释能模式下，从顶部抽出蒸汽，当蒸汽缓冲层内的压力下降时，容器中的一部分水将快速蒸发为蒸汽。所有蒸发现象均发生在容器内部。为了向蓄能器储能，需注入蒸汽并在容器中将其与容器里的水混合。

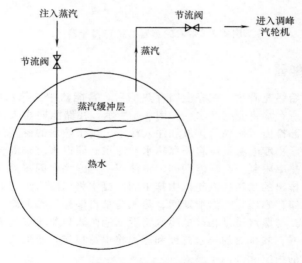

图 4-6　变压力蓄能器

4.4.2　扩容蓄能器

扩容蓄能器如图 4-7 所示。选择可变压力模式时，完全储能后，蓄能器内几乎全部空间将充满热水并存在一个很小的蒸汽缓冲层。随着释能过程中热水从底部被抽出，快速蒸发生成的蒸汽将足够填充储罐。相比"Ruths"蓄能器，快速蒸发可以小幅降低饱和水和蒸汽的压力和温度。将压力降低约 30% 即可排出所有水。在扩容蓄能器外部的蒸发器中将高温水快速蒸发为蒸汽。释能期间，需收集并储存从最后一个闪蒸器中排出的水。但由于该水处于低压和低温状态，因此冷水储存成本较低。再次为扩容蓄能器储能时，有必要同时注入热水和饱和蒸汽。

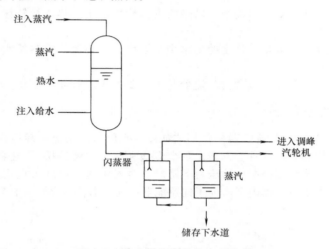

图 4-7　带有闪蒸器的扩容蓄能器

4.4.3　等容蓄能器

等容蓄能器内始终充满水。在完全储存热能后，蓄能器中的热水将达到预期温度；而在完全释能后，所有水将变为冷水。如图 4-8 所示，在储能期间从顶部注入热水，而在释能期间再从顶部排出。从底部排放和注入冷水。由于热水的密度低于冷水，热水将浮在顶部。骤变温度梯度或温跃层将分离热水和冷水。假设水流未混合，其仍将保持稳定且仅受到水的导热率限制。在释能期间，将使用一台或多台闪蒸器为调峰汽轮机生成蒸汽。从蒸发器中排出的水和从汽轮机中排出的冷凝水将以冷水形态返回蓄能器，因此无须使用大型冷水储存容器。在储能期间，蒸汽与来自储罐底部的冷水混合，从而将温度升高至预期水平。与蒸汽质量相等的冷水将返回锅炉入口给水以生成更多的蒸汽。给水储存系统无须蒸汽，其排放的热水温度和压力将保持恒定。提取蒸汽并用于储存装置和锅炉入口间调节的情况除外。

储存介质不一定必须是热水，但需要将所储存的热能再次输送至水中以生成蒸汽，这就需要使用热交换器。用于大气压力热能储存的热交换器示例如图 4-9 所示。该储能装置包含多个填充岩石层，其中的热油属于双介质系统并将作为传热液。安全壳处于等容模式，具有温跃层分离热和冷油/岩石。

　　来自所选热源的蒸汽能够通过 3 个串联的专用热交换器。蒸汽进入时的温度将远高于该压力条件下的饱和温度，也就是过热蒸汽。因此第一台热交换器将作为减温器，而冷凝器则可以在恒温状态下除去汽化潜热。处于饱和温度的冷凝水可以在第三台热交换器中接受低温冷却处理，从而进一步增加所储存的热能，同时使水温达到能够将输出水注入热源循环时的温度。释放储能时，在预热器、锅炉和过热器中相继对来自调峰汽轮机的冷凝水进行加热。

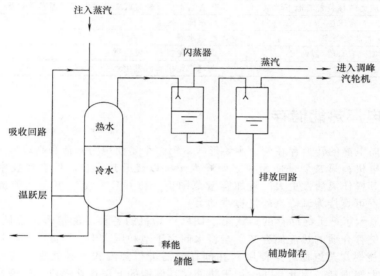

图 4-8　带有闪蒸器的等容蓄能器

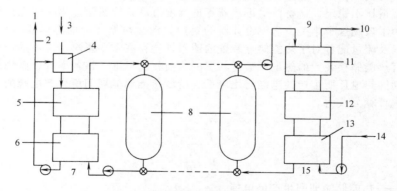

图 4-9　显热储能热交换器示意图

1—储能　2—将水注入主装置　3—主装置所用蒸汽　4—减温器　5—冷凝器　6—再冷却器
7—储水式加热器　8—油/岩石热能储罐　9—释能　10—进入调峰汽轮机的蒸汽　11—过热器
12—锅炉　13—预热器　14—从调峰汽轮机排出的水　15—蒸汽发生器

表 4-3 汇总了发电站容器和蒸汽转换系统的不同概念。

表 4-3　发电站首选容器和蒸汽转换系统

容器	蒸汽转换系统
钢制容器	等容蓄能器
预应力铸铁容器	带有一台蒸发器的扩容蓄能器
预应力混凝土压力容器	变压力蓄能器
使用混凝土应力转移装置的地下洞室	变压力蓄能器
使用空气应力转移装置的地下洞室	带有给水储存装置或 3 台蒸发器的等容蓄能器
含水层	给水储存装置
油/给水罐	冷热水罐
油/填充岩石层/温跃层	调峰汽轮机蒸汽发生器
熔盐	调峰汽轮机蒸汽发生器

4.5　发电厂热能储存

从蒸汽向电能的转换存在两个主要形式。第一个是使用为基荷和高峰流速设计的超大汽轮式发电机；第二个是使用独立调峰汽轮机以提升热容量。后者在技术上具有优势，原因是其操作灵活性更大、附加容量范围更广，并且可用性更高（前提是锅炉和热能储存装置可直接为调峰汽轮机提供动力）。

图 4-2 显示了把最终储存的蒸汽用于调峰汽轮机的各种可能情形。应该提到的是，用热水作为储存介质的热能储存装置会将水储存于饱和压力中。因此，明显过热的注入蒸汽（在常规燃煤蒸汽循环中使用）在储存前需进行降温和冷凝处理。该做法将导致可用能量的大幅损耗。因此，相比用于热能储存储能的低温再热蒸汽，选择燃煤锅炉高温再热蒸汽的概率较小。但是，低温再热蒸汽（或新蒸汽）装置的过热器和再热器之间的蒸汽流量比不稳定，这将使得再热器管道温度过高并导致强迫停机问题出现的可能性增大。为了攻克这个难关，需要设计新的锅炉并淘汰热循环中的再热器。容器类型、介质选择以及流量配置对于热能储存装置的能量损耗存在重要影响。应该选择周转效率作为安装有热能储存装置的热电厂运行状况的主要权衡标准。该效率等于高峰用电阶段热能释能期间热电厂所生产的电能与用电低谷阶段热能储能期间所生产电能的减少量之比。该效率计算公式为

$$\xi_{s} = \frac{\dfrac{N_{h}}{P} - 1}{1 - \dfrac{N_{p}}{P}} \frac{t_{d}}{t_{c}}$$

式中　N_{p}——热能储能期间生产的电能；

$\dfrac{t_{d}}{t_{c}}$——释能与储能时间比；

N_{h}——热能释能期间生产的电能；

P——正常运转期间生产的电能。

24h 整体净效率（ξ_{net}）等于所生产电能与锅炉输出热能之比，计算公式为

$$\xi_{net} = \xi_{base} - \frac{t_c}{24}\left(1 - \frac{N_h}{P}\right)\xi_{base}(1 - \xi_s)$$

式中　ξ_{base}——正常运转期间热电厂的效率。

显而易见，热能储能期间，主汽轮机运行将采用降低后的负荷 N_h，该值受到最低允许蒸汽流速的限制，以确保主汽轮机加热率不会过高。就这一点而言，比值 N_h/P 在理论上会低于 0.7，且通常会伴随着大幅效率损失，应避免该情况的出现。

根据整体净效率公式可以推断出，储能时间越短，整体净效率就越高。但是，有时也需要较长的储能时间 t_c 以确保汽轮机操作尽可能接近热能储能阶段的常规输出。因此，主要任务是将起主导作用的 $(1 - N_h/P)(1 - \xi_s)$ 值减至最小。这个趋势对于大幅度峰值功率波动尤其重要。

作为用于负荷调平的热能储存对于净效率影响相对较小的示例，可以参考功率波动为 0.3、储能释能率 $\frac{t_c}{t_d} = 1$ 的负荷曲线。根据该曲线可以得出与全负荷基础效率相关的净效率为 0.98，该值与热能储存周转效率 0.8 相对应。

释能时间 t_d 为 6h，与日调节相对应。以释能时间逐渐增长（这意味着将进行每周或季节性调节）的方式运行将增加所需的安全壳容量和中央储存装置成本，并使得大幅度功率波动条件下的长期热能储存无法实现，从而降低最大可获得周转效率。

对热能储存周转效率变化产生影响的其他参数包括储存压力和节流阀压力，见表4-4。

表 4-4　热能储存系统的损耗源和效率

热循环中的热能储存位置	功率变换系统	储能损耗原因		周转效率
		储能阶段	释能阶段	
内部蒸汽生成	Ruths 蓄能器	管道摩擦节流	节流调峰汽轮机效率与基荷汽轮机的差异	0.7 ~ 0.8
外部蒸汽生成	等容蓄能器	热传递与再循环混合能量	热传递再循环调峰汽轮机效率差异的节流能量	0.6 ~ 0.7
扩容蓄能器	热传递泵送能量	热传递节流调峰汽轮机效率差异		0.6 ~ 0.7
给水储能	直接使用的等容蓄能器	再循环能量	再循环调峰汽轮机效率差异的能量	0.8 ~ 0.9
与油或岩石间接使用	热传递泵送能量	热传递泵送调峰汽轮机效率差异的能量		0.5 ~ 0.6

燃煤热电厂中的低温再热蒸汽压力通常为 43bar，而压水堆核电站的最高蒸汽压力为 67bar。这两个压力值都适用于热能储存装置。降低储存压力会相应降低中央储存成

本，但如果储能蒸汽源保持不变，则节流阀损耗将增加。因此一般不会选择较低的储存压力，储能压力为 10bar 的交叉蒸汽除外，如图 4-2 所示。但是，低压储存需要大型调峰汽轮机和冷凝器，此外，由于波动必须在独立的低压汽轮机中完成，因此出现大幅度功率波动时其周转效率也不理想，这将使得低压储能装置的运行状态不理想。

如图 4-2 所示的最后一个热能储存源为给水。等容蓄能器或冷热双罐系统适用于给水储存。在有蒸汽缓冲层的情况下，理想的"冷"罐温度应接近 100℃。目前没有蒸汽轮机能够在完全切断外部蒸汽的条件下运行，这种条件下将出现最大功率波动。因此，为了处理多余的蒸汽流量，燃煤发电站和压水堆核电站内的调峰汽轮机或主汽轮机排气口面积必须增加 25%。这样，可将两种发电站的最大峰值功率波动限制为约 17%，但两种发电站都将获得高输出和高周转效率即 8h 储能、6h 释能后将达到 0.9（日调节）。

如图 4-9 所示，大气压力热能储存装置通常使用低蒸汽压力流体和热交换器。所有热交换器夹点的温度值、储热流体和储能蒸汽比率均为确定热力学性能时所需的关键参数。这样也就可以计算生成蒸汽的属性和流速。

一般可以通过与热水系统相同的方式使用所储存的能量。给水供暖系统（功率波动限制为约 0.17）采用最简单的配置，其中包含最少数量的热交换器。如果出现达到 0.5 的大幅度功率波动，可以使用填充温跃层储能系统作为蒸汽发生器（见表 4-3）。假设热交换器的效率为 0.93，温度约为 11℃ 且填充油的砾石层中拥有 25% 的空间，则将该储能装置连接至 1140MW 的基荷装置时通常需要拥有表 4-5 中的特征。相比储能装置，油/给水热交换器规模更大，价格也更高，原因是该装置为显热交换器而不是潜热交换器，且能够适应 8h 储能、6h 释能循环的较快流速。相比热交换器，中央储能装置部件（油、砾石和容器）的成本适中（据报道已达到 1:4 的成本比率）。

表 4-5　油/填充层储能系统参数典型值

给水加热器释能	1.65×10^5
抽汽加热器储能/m³	3.0×10^4
安全壳容量/m³	6.35×10^4
油量/gal⊖	3.8×10^6
砾石量/t	1.36×10^5

4.6　经济评估

不同储存介质和不同安全壳类型的能量相关成本对于热能储存整体成本存在重要影响。通常，低成本储存介质需要高成本的安全壳类型，反之亦然。唯一的例外是含水层安全壳。表 4-3 列出了采用各种不同高压高温水机制的热能储存系统。安全壳的成本是设计压力和容量的函数。通常，对于单个压力安全壳而言，成本与容量之间的关系为非线性，但对于容量大于最大实用装置尺寸许多倍的安全壳而言，其成本与容量的关系则十分接近线性关系。美国的相关研究显示，地下洞室的成本明显低于其他安全壳类型，尤其是当连接洞室的巷道属于功率变换系统的一部分时。

⊖ 1gal = 4.54609dm³。

　　系统动力相关成本通常由调峰汽轮机控制。此外，对于低蒸汽压力系统，功率成本和能量相关成本都受到热交换器夹点以及传热液流量与储能蒸汽量之比的显著影响。例如，夹点值降低时，热交换器的能量相关成本将升高，但会提高周转效率，提高释能蒸汽的压力和温度，从而降低与动力相关的成本。抵消此类成本趋势会产生一种竞争效应，并导致一个最大限度降低热能储存成本的传统优化问题。

　　表 4-6 列出了各种热能储存系统的相对成本估算结果，以及与燃煤循环相关且具有经济优势的能量相关成本和动力相关成本。如上文所述，为"蒸汽发生器"储存相关燃煤循环省略了蒸汽再热过程。随后需要对主汽轮机做出修改，以应对更高的工作蒸汽湿度等级。热能储存可以用于压水堆核电站循环中，与蒸汽发生器分离后，应该保留蒸汽-蒸汽再热器。

表 4-6　所选热能储存概念的相对成本估算

热能储存概念	相对估算成本			具有热能储存周转效率的燃煤发电站
	C_e	C_p	C_t	
混凝土应力转移变压蓄能器	0.19	0.50	0.69	0.80
油-岩石填充层蒸汽发生器	0.19	0.56	0.75	0.66
地下压缩空气应力转移蒸发	0.11	0.67	0.78	0.88
盐-岩含水层			0.90	
给水储能基于：				
预应力混凝土压力容器			1.0	
油-岩			1.0	
预应力铸铁容器			1.3	
钢制容器			1.4	
相变材料			1.5	

　　在表 4-6 列出的给水储能循环动力相关成本中隐含了旨在应对热能储存储能和释能阶段的可变蒸汽流量的特殊主汽轮机设计。可以通过引入使用超额释能蒸汽流量的调峰汽轮机（见图 4-9），选择可以在热能储存储能状态下最大限度降低主汽轮机非标称运行的循环配置方式来降低成本。

　　非经济因素可以确定热能储存或其他储能系统哪一种更适合负荷跟踪。例如，与其他储能方式不同的是，热能储存装置在供电系统中并不是单独的储能装置，而是热电厂的组成部分。这意味着储能有效性将降低，对发电站选址和操作灵活性、可靠性、安全性和环境可接受性产生巨大影响。例如，表 4-6 所列的两个储能选择仅适用于适宜的地质区域。

　　相比 30% ~50% 的增量，操作灵活性对于小调峰增量如 5% ~20% 的情况而言吸引力不大。因此，相比其他系统，选择拥有有限可用功率波动的传统给水储能装置的可能性较小。操作灵活性还涉及全容量时的释能持续时间。能量相关成本与释能时间成比例，而动力相关成本则不是。

　　预应力铸铁容器储能为高成本 kWh 系统，而带有含水层安全壳的热能储存系统（虽然可能不是短期释能设计的最佳选择）可能最适合于每周或季节性储能。

　　需要全面调查安全性和操作危害，以确保热能储存系统不会降低发电站部件的可靠性。例如，使用干净的热能储存介质对于预防锅炉给水污染十分重要，如果未使用汽轮机专用储能介质，可能最终造成叶片腐蚀。采取保护措施防止油进入将增加热交换器成本并大幅降低该发电站的周转效率。

　　如果按照可用性对表 4-6 中的储能选项进行排序，价格最贵的钢制容器给水热能储存将为最适合的选项，因为其技术难度最低。

　　是否为未来发电选用热能储存装置会受到各种实际问题的重大影响。在此后的章节中讨论其他储能形式时也会考虑到这些问题。

第5章 飞轮储能

5.1 概述

将能量（在相对较短的时间内）以机械动能的形式储存于飞轮中这项技术已经存在了数个世纪，如今又再次开始考虑将这项技术应用于更为广泛的范围，作为一种与电化学电池竞争的储能技术。

在惯性能量储存系统中，能量储存于飞轮的旋转质量块中。在古代陶器厂中，踢动转盘下方的轮子即可输入能量，从而保持转盘旋转。旋转质量块储存短时输入能量，以保持旋转速度恒定。飞轮发明后，将其应用于蒸汽机和内燃机中也是为了达到同样的目的。将飞轮应用于更长时间能量储存的技术出现于距今更近的年代，并随着材料科学和轴承技术的发展而实现。

飞轮的能量（与飞轮的重量和成本相关）一直都很低，且主要用于在很短的时间内输送大功率（主要针对特殊机械工具）。

旋转机械系统所具有的能量计算公式为

$$W = 0.5 I \omega^2$$

式中　I——转动惯量；

　　　ω——角速度。

转动惯量由飞轮的质量和形状决定，计算公式为

$$I = \int x^2 \, \mathrm{d} m_x$$

式中　x——旋转轴与微分质量 $\mathrm{d} m_x$ 间的距离。考虑质量集中在轮缘处的半径为 r 的飞轮，即 $x = r =$ 常数，则积分结果可以简单地表示为

$$I = x^2 \int \mathrm{d} m_x = m r^2$$

和

$$W = 0.5 r^2 m \omega^2$$

最后一个方程式显示，所储存的能量取决于飞轮总质量的一次方和角速度（单位时间内的转数）的二次方。这意味着，为了获得高储存能量，相比旋转飞轮的总质量，高的角速度更为重要。

能量密度 W_m（每 kg 所含能量）等于飞轮所含能量除以飞轮质量，即

$$W_m = 0.5 r^2 \omega^2$$

计算体积能量密度 W_{vol} 时将 m 代入方程，m 表示为质量密度 ρ 与体积的乘积，则有

$$W_{vol} = 0.5\rho r^2 \omega^2$$

材料的抗拉强度规定了角速度的上限值。在本例中，轮缘拉伸应力 σ 为

$$\sigma = \rho \omega^2 r^2$$

因此，每单位体积的最大动能为

$$W_{volmax} = 0.5\sigma_{max}$$

因此，如果飞轮尺寸固定，主要要求就是高抗拉强度。在某些情况下，W_{vol} 值较大十分重要，但如果涉及能量输送应用，则最好是将最大 W_m 作为标准值。通过将质量和体积密度方程组合为 ρ 和 σ 的函数，可以确定最大能量密度为

$$W_{mmax} = \frac{0.5\sigma_{max}}{\rho}$$

由飞轮基础理论分析显示，每单位质量的可储存能量与允许拉伸应力及材料密度之比成正比。与大多数人的直觉相反的是，在轴承负荷已确定的前提下，如需获得飞轮的最大能量密度，由重金属制成的飞轮并不是最佳选择，通常会使用低密度、高抗拉强度的材料。

5.2 作为中央储能的飞轮

对于简单轮缘的飞轮，能量密度表达式中的系数是 0.5。由统一质量密度材料制成的任何飞轮的一般表达式为

$$W_{mmax} = \frac{K\sigma_{max}}{\rho}$$

K 值取决于飞轮的几何形状，通常称为飞轮形状系数或外形系数。基本上可以通过惯性力矩 I 表达式计算 K 值。各种飞轮形状的 K 值列于表 5-1 中。

形状系数 K 是衡量飞轮几何形状利用材料强度时效率的重要参数。飞轮的理想形状为恒定应力盘，所有材料应力相同且为双轴，其切向应力和径向应力分量与无限外半径保持同等级别，因此 $K = 1$。应该注意的是，该形状不是针对实心飞轮的特定形状。

为了获得最大能量储存密度，需要对飞轮进行一个特殊设计。在该设计中，通过整个飞轮可获得最大应力。这种飞轮的最厚处接近轴，最薄处接近轮缘。截短后的锥形盘形状系数约为 0.8。此种现代设计与传统蒸汽机的设计正相反。

其他设计适用于由纤维材料制成的飞轮，此种飞轮仅在一个方向上的抗拉强度较高。无法使用复合材料制成高效的实心盘，原因是这种材料的横向强度较低。实心盘旋转时产生的双轴应力的径向分量容易导致其过早损坏。只有在降低切向强度的情况下，才有可能增大纤维材料沿径向方向的强度。

另一个针对复合材料的飞轮设计是采用放射状薄环套轮缘。理想的薄轮缘采用的所有材料均拥有环向应力，从而能够完全发挥切向应力能力。这种情况下的形状系数 $K =$ 0.5。在实际使用中，轮缘厚度有限，且材料应力也不均匀，因此通常形状系数 $K =$ 0.4。安装在"扫刷"构造中的对齐纤维杆为另一种结构。此种结构中，应力沿纤维杆

方向变化，且形状系数 $K = 0.3$。

对于环向与径向系数比已确定的各向异性材料而言，可以合理地选择内/外半径比，使得径向分层现象刚好在达到最终切向应力之前出现。由于分层损坏的表现形式是粉碎，所以无须为实心金属飞轮制作一个大的飞轮罩，来容纳飞轮因高速旋转而碎裂时产生的大碎片。因此，复合材料的正交各向异性性质允许开发更为安全的飞轮。已准备安装朝相反方向旋转的飞轮系统以避免产生陀螺效应，该效应与角速度的一次方成比例。

表 5-1　飞轮形状系数

飞轮形状	K
恒定应力盘	0.931
未穿孔平板	0.606
薄轮缘	0.500
杆或圆形刷	0.333
穿孔平板(外径/内径 = 1.1)	0.305

对象	K 值(随飞轮形状变化而变化)	质量 /kg	直径	角速度 /(r/min)	储存能量	储存能量
自行车轮，速度为 20km/h	1	1	700mm	150	15J	4×10^{-3} Wh
自行车轮，双倍速度(40km/h)	1	1	700mm	300	60J	16×10^{-3} Wh
自行车轮，双倍质量(20km/h)	1	2	700mm	150	30J	8×10^{-3} Wh
混凝土车轮(19km/h)	1/2	245	500mm	200	1.68kJ	0.47Wh
火车轮，速度为 60km/h	1/2	942	1m	318	65kJ	18Wh
大型自卸式卡车车轮，速度为 30km/h(18m/h)	1/2	1000	2m	79	17kJ	4.8Wh
小型飞轮电池		100	600mm	20000	9.8MJ	2.7kWh
火车再生制动飞轮	1/2	3000	500mm	8000	33MJ	9.1kWh
电动备用飞轮	1/2	600	500mm	30000	92MJ	26kWh

建造轮缘和杆时都不会节省空间，因为仅有工作容积的很小部分用于储存可用能量。可以考虑在整个轮缘构造中采用不同尺寸、紧凑嵌套的多个轮缘。采用此种设计时需要修改内环的质量、速度或模量，来避免飞轮高速旋转时各环之间出现大的间隙。不过，这种构造会导致功率变换系统出现严重问题。

飞轮能够储存的能量是由材料拉伸应力、材料密度、总质量以及飞轮形状系数 K 决定的，而并不直接取决于材料的尺寸或角速度，原因是可以单独选择二者之一来获得所需拉伸应力。材料属性也将决定飞轮的设计，从而影响允许 K 值。为了充分利用各向异性材料的最佳属性，应合理选择飞轮形状，从而确保与由各向同性材料制成的飞轮相比，所采用的 K 值更低。

采用各向异性和各向同性材料（低碳钢、马氏体时效钢、钛合金）的飞轮能量储存及相关成本详细说明见表 5-2。各向异性材料的拉伸应力要基于沿纤维方向对负荷施

加约 10^5 次循环后的拉力/伸张疲劳属性进行设计。假设采用环套轮缘构造，且合理选择轮缘厚度，确保应力低于轮环拉伸应力时不会出现径向分层现象。各向同性材料的拉伸应力同样基于 10^5 次循环后的拉力/伸张疲劳属性。假设使用这些材料制造实心盘，还需要考虑所出现的已标记双轴加载情况以及所导致的盘应力分布情况。

表 5-2　飞轮能量储存对比

材　　料	拉伸应力 10^6 N/m	密度 10^3 kg/m^3	有用能量 10^3 J/kg	飞轮质量 10^3 kg	材料与制造相关成本 pu/J
桦木	30	0.55	21.0	1720	1.0
低碳钢	300	7.80	29.5	1220	1.11
E 玻璃 60% 纤维/环氧树脂	250	1.90	50.4	713	0.523
S 玻璃 60% 纤维/环氧树脂	350	1.90	70.5	509	0.492
马氏体时效钢	900	8.00	86.4	417	2.18
钛合金	650	4.50	110.8	325	6.98
碳 60% 纤维/环氧树脂	750	1.55	185.4	194	0.34
芳纶 60% 纤维/环氧树脂	1 000	1.40	274.3	131	0.26

表 5-2 所给出的各向异性材料成本就是制造商预测的大批量购买价格，制造成本也是针对大批量生产而得出的。各向同性材料与制造成本为制造商近期为较大锻件或工件报出的成本。从表 5-2 可以看出，相比木制或由合金材料制成的飞轮，采用各向异性纤维复合材料制成的飞轮造价较低（材料与制造成本）。近期研制的纤维增强塑料属于适用材料。值得一提的是，引入此类材料后才使得利用飞轮储存最高达 3.6×10^{10} J 的能量在几小时内释放的这一做法成为可能。

相比碳纤维，玻璃纤维的性能更佳。玻璃纤维与碳纤维的内在强度基本相同，但其至少存在两个缺点。第一，玻璃纤维比常规粘结材料的弹性更大，粘结材料会在过度拉紧的情况下断裂。第二，玻璃纤维在受潮时会出现应力腐蚀问题（水分会随着粘结开裂而到达表面），这就会大大降低纤维的极限拉伸强度。

加利福尼亚大学的 Richard Post 教授已针对此类难题提出了解决方案。他建议在综合性工厂内生产复合材料，确保可以在干燥条件下完成玻璃纤维材料的准备、粘结和密封工作。为了减少应力腐蚀（随着温度的变化而变化），Richard Post 教授建议在冷冻环境中操作飞轮，同时开发弹性更大的粘结材料。

玻璃纤维/环氧树脂在拉伸应力方面的发展非常有前途，但就碳纤维/环氧树脂和芳纶纤维/环氧树脂而言，其大幅提升拉伸应力这一目标很难实现。然而，经证明，可以对复合材料飞轮进行径向压缩，确保离心负荷必须在拉伸转变为疲劳安全拉伸极限前对该压缩应力进行中和。疲劳应力目前为压缩/拉伸，并且能量储存出现大幅增加。利用弹性体聚合环氧基体，可以增加纤维复合材料飞轮的横向强度。与价格较低的玻璃纤维材料进行混合可以大幅缩减飞轮成本。该领域如今处于快速发展阶段，预计未来飞轮成本会进一步降低。

木材看起来并不是适合的飞轮材料。表 5-2 显示，木材质量较大，且由于其密度低，因此，所需体积将成为其最主要的限制因素。木材的拉伸应力大概还可以提高，但即使提高，要获得拥有相同属性的大块木材也存在困难。

采用马氏体时效钢和钛合金作为飞轮材料成本较高，且未来成本降低的可能性也不大。不过，对于低碳钢（制造成本约为材料成本的 10 倍）而言，可以在一定程度上降低总成本，但前提是必须实现大批量生产。此外，预应力层压钢制飞轮的预计储存容量为 $7.2 \times 10^4 \mathrm{J/kg}$，约为表 5-2 所列储能容量的 2 倍。

5.3　能量释放问题

释能期间并非所有储存能量都可以使用。每单位质量的可用能量计算公式为

$$\frac{E}{m} = \frac{(1 - s^2)K\sigma}{\rho}$$

式中　s——最小与最大运行速度之比，该比值通常为 0.2。

5.4　飞轮储能的应用

一些与飞轮储能和释能有关的问题已经存在了许多年。过去人们将飞轮用于短期能量储存应用，以保持机器转速稳定。例如，核粒子加速器磁体大功率毫秒脉冲来自于飞轮能量储存系统的能量释放，而该系统中的能量需经过较长时间（持续数小时）储能。海军及航空器控制装置也使用飞轮。

如今的多数开发工作都针对在交通应用中作为"途中"能量源使用的小型飞轮能量储存系统的制造。这些能量源主要用于在短期内储存能量以用作静态动力源。直到最近才考虑将飞轮储能技术应用于电力系统中。随着在小型飞轮的设计、制造和运行模式方面的经验积累，考虑利用中型和大型飞轮在几个小时内实现安全可靠的能量释放是一种看似合理的设想。

配电系统需要使用能量为 $3.6 \times 10^9 \mathrm{J}$ 的飞轮储能系统。一系列用于提供该容量的备选材料相关质量列于表 5-2 中。芳纶纤维/环氧树脂和碳纤维/环氧树脂材料的高拉伸应力允许在相对较轻的飞轮中储存大量能量。通过使用由环套芳纶纤维/环氧树脂材料制成的多环飞轮储能装置可以实现电力系统的 $3.6 \times 10^9 \mathrm{J}$ 最低能量容量要求。该飞轮的角速度约为 3000r/min，最大环的直径为 5m，长度约为 5m 且飞轮储能装置的总质量为 $130 \times 10^3 \mathrm{kg}$。

飞轮储能系统在储能—储存—释能期间的周转效率取决于保持储存状态的持续时间。飞轮存在两个主要的损耗源：风阻和轴承。通过在真空室内运行飞轮可以减少风阻损失。典型的 200t 转子的轴承损耗约为 $2 \times 10^5 \mathrm{J/s}$。基于该数字判断，在储能后立即释能的周转效率 ξ, 为 85%，不过在储能 5h 后释能的周转效率为 78%，而储能 24h 后释能的周转效率则为 45%。

保守设计大型飞轮示例：在加尔兴市给 Stetallarator 提供短能量脉冲的钢制飞轮储

能装置。所需的 $5.33 \times 10^{12} J$ 能量可以由飞轮和一个 $10s$ 释能期额定功率为 $150MW$ 的功率变换系统共同提供。飞轮重量为 $223 \times 10^3 kg$，其能量密度约为 $1.58 \times 10^4 J/kg$。

轴承设计将实际转子的最大重量限制为 200t，因此，由一种复合材料制成的飞轮储能装置的能量将被限制为 $3.6 \times 10^9 J$。

当飞轮处于机械故障点时会达到最大储能容量。显然，出于安全原因，储存能量必须远低于该限度，否则故障导致能量突然释放将可能产生爆炸。

最后，需要注意的是，应该参考储能装置总寿命来比较不同储能方案的实际成本。时间因素可能会对简单资本成本对比结论产生较大影响，从这个角度考虑，飞轮储能技术与其他储能技术（如电池）相比可能会很有优势。

第6章 抽水蓄能

6.1 概述

早在 1881 年，世界上第一个公共电力供应系统在英国萨里郡高达明建成，那时人们就发现相比使用燃气发电为公共照明设施供电，采用水力发电价格更低。19 世纪 90 年代，随着与储能发展有关系的水力发电系统的广泛使用，意大利和瑞士使用泵送水也相继发展起来。一个世纪前，人们就开始储存自然流入水量以开发利用水力势能。在用电需求低谷时段，通过利用来自发电量未达到满载水平的电力系统的可用能量，水库可用于储存所产生的人工流入水量。

20 世纪初期，所有拥有水库的水力发电厂都安装有泵送机械装置以补充上游水库的自然流入水量，主要目的是实现水力发电系统的季节性能量储存。

仅在第二个发展阶段（主要在热电系统中）建造了只利用泵送流入水量的特殊水力发电厂。这就是所谓的纯抽水蓄能电站，此种发电站主要用于能量的日储存或周储存。

抽水蓄能是唯一一种广泛应用于电力系统的大容量储能技术。在过去的几十年中，公共电网已经将抽水蓄能技术作为利用非高峰能量的最经济的储能方式，方法是将水泵送至上游水库，等到高峰负荷时，通过可逆式水泵—水轮机排出所储存的水，产生高峰负荷所需求的电力。这种概念叙述起来很简单，即通过将水从下游水库泵送至上游水库可以将能量储存为水的势能；需要释放能量时，通过水轮机驱动发电机，使水返回下游水库。

抽水蓄能发电通常包括：上游水库、水道、水泵、水轮机、电动机、发电机和下游水库，如图 6-1 所示。

与任何液压系统一样，抽水蓄能也同样会出现能量损耗，例如摩擦损耗、湍流和黏性阻力，且水轮机本身效率也无法达到 100%。水进入泄水道时也将保留一部分动能。最终将水的势能转换为电力时也需要考虑发电机内的能量损耗。因此，可以将抽水蓄能的整体效率 ξ_s 定义为发电期间提供给消费者的能量 E_g 与泵送期间消耗的能量 E_p 之比。显然，这一效率取决于泵送效率、ξ_p 以及能量再生情况，其公式为

$$\xi_s = \frac{E_g}{E_p} = \xi_p \xi_g$$

以泵送效率 ξ_p 将体积为 V 的水泵送至高度 h 所需的能量为

$$E_p = \frac{\rho g h V}{\xi_p}$$

式中 ρ——质量密度。

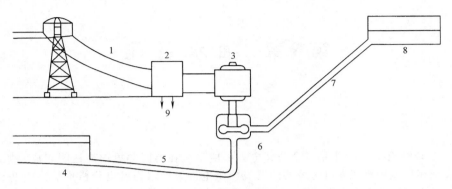

图 6-1　抽水蓄能发电站

1—输电　2—变压器　3—电动机-发电机　4—下游水库　5—泄水道

6—水泵-水轮机　7—水道　8—上游水库　9—输送至负载

发电效率为 ξ_g 时，供应给电网的能量的计算公式为

$$E_g = \rho g h V \xi_g$$

抽水系统的体积能量密度取决于高度 h，计算公式为

$$W_h = \frac{E_p}{V} = \rho g h \xi_p^{-1}$$

假设 $\xi_p = 1$，则 $h = 100m$ 时的体积能量密度为

$$W_h = 10^3 kg \cdot m^{-3} \times 10 m \cdot s^{-2} \times 100 m = 10^6 J/m^3$$

在计算水进入水轮机时的上限流速 v_{max} 时，可以按动能与势能相等进行计算（假设损耗为零），则有

$$W_{kin} = W_{pot}$$

$$0.5 m v_{max}^2 = W_{pot}$$

因此有

$$v_{max} = \left(\frac{2 W_{pot}}{m}\right)^{\frac{1}{2}} = (2gh)^{\frac{1}{2}} = 44.3 \, ms^{-1}$$

抽水蓄能的周转效率范围通常为 70% ~ 85%。

19 世纪 90 年代，意大利和瑞士首次将抽水蓄能装置应用于制造业，目的是储存河床式水力发电站夜间输出的多余能量以满足第二天的高峰用电需求。20 世纪初期，欧洲许多国家开始将该项技术引入公共电力供应行业，目的是采用经济的方式调度电力系统中的热电厂。

6.2　功率提取

最初，抽水蓄能发电站通常采用传统水力发电站的设计，在下游水库附近安装室外功率变换（提取）系统。随着功率容量等级和抽水扬程的增加以及水轮机旋转速度的提高，水力装置的安装深度必须远低于最低尾水位，以防止出现气穴现象。为了满足上述要求，需要建造大型混凝土建筑物以承受外部水压、抵挡静水上托力，这将大幅增加室外功率变换系统的造价。随着土木工程技术的发展，尤其是钻孔技术、爆破技术、溢出物清除和岩石支承技术以及 SF_6 高压开关装置和管道母线安装技术的发展，在许多情况下，整体地下功率变换系统包括发电、变换和开关设备的安装成本都已出现了一定程度的降低。在发电站规模较大且屋顶跨度受到岩石条件限制时将采用复杂的多洞室布局。此外，该概念允许沿水道安装功率变换系统，可以确保沿水道对与建造成本相关的水力系统的动态响应特征进行优化。即使地质条件不适合地下建造作业，室外发电站也将是必要的。这种情况下，可以将功率变换系统安装于沿着地表向下挖掘的一条或多条带有混凝土内衬的垂直巷道中。

室外方案中常用的地面管道已被地下方案中的混凝土内衬隧道所取代。唯一的要求是需要拥有足够的岩石覆盖层，以提供必要的额外抵抗力来抵抗内部压力。这样也就可以最大限度减少高价钢衬花费，并提供符合整体建造要求的可能最短长度的高压隧道。选择单源或多源导管是一个优化问题，这取决于基建成本、水力摩擦损耗和设备利用率之间的经济平衡。由于低压侧所需的流速较慢，多隧道较为适合。旋转储能要求强调了快速动力加载的必要性，因此水道需要拥有较短的起动时间（t_{st}）。起动时间计算公式为

$$t_{st} = \sum \frac{Lv}{gh}$$

式中　L——水道部分长度；
　　　v——流速；
　　　h——扬程。

必要时，在未经调压室调节的水力系统部分内可以选用相对较低的水流速度。

在 1920 年以前，多数抽水蓄能系统都为 4 装置类型，其中的水轮机—发电机和水泵—电动机分别安装在两根不同的轴上。这种水轮机—发电机和水泵—电动机相互独立的设计现在已很少见，原因是其较高的基建成本通常会抵消其效率、可用性和快速响应方面的优势。

在 1920 年以后，抽水蓄能系统首选 3 装置设计，其水轮机、水泵和发电机—电动机均安装于一根水平或垂直轴上。欧洲国家虽普遍采用这种设计，但仅应用于有限的新装置中，此类装置或者其扬程很高或者要求其发电和泵送功能的停止和转换时间极短。通过 70 年的探索形成了以下几个清晰的结论。水平轴机组维修方便，但对于室外发电站而言，由于机组必须位于水下很深的位置，会产生高额的挖掘费用。为了避免该问题的出现，人们有时会使用增压泵为主泵供水，但这种方式将增加操作复杂性、降低设备利用率。垂直轴机组（发电机—电动机通常位于水轮机和水泵之上）为如今最常用的 3 装置室外发电站布局。

Francis 水轮机的扬程最高大约为 700m，技术发展可将扬程范围提高至 900m 或更

高。Felton 水轮机适用于更高的扬程。拥有最高单扬程的水泵为在德国 Hornber 运行于 635m 的水泵。多级水泵的扬程范围超过 1400m。

为了保证在发电期间可以将泵断开，通常会安装连接两种不同类型、可分离的联轴器。可以采用威尔士 Ffestiniog 所采用的齿轮型离合器，该装置仅可在固定发电站中使用。此外也可以使用奥地利 Lunersee 所使用的液压扭矩变换器，该装置可以提升泵速以及在水轮机和发电机—电动机连续运行的情况下连接水泵。需要快速转换时通常采用刚性连接。

起动机器时一般选择泵送模式，此后负荷被转移至电动机并对正常刚性连接的水轮机进行脱水以减少转动损耗。许多发电站如德国的霍恩贝格都采用超越离合器，以便在电动机开始驱动水泵驱动装置后可以断开并停止运行中的水轮机。采用垂直轴的 Waldeck Ⅱ 抽水蓄能发电站的新特点是，水轮机安装于发电机—电动机上方，下方为水泵。采用刚性连接以获得紧凑布局，而水泵安装伸缩式迷宫环则可在发电期间不使用冷却水的情况下补充空气。

1933 年，德国 Baldeney 首次采用包含可逆式水泵—水轮机和电动机—发电机的 2 装置机组。该装置为小型轴流式装置。仅仅 21 年后，美国 Hiwassee 就开始使用工作扬程为 60M、装机容量为 56MW 的大型可逆式装置。从那时起，单级水泵—水轮机就成为最大扬程约为 600m 的应用场合下最常用的装置类型。可逆式水泵—水轮机的下一个发展阶段起始于 1976 年，这一年，法国拉罗什完成了第一台扬程为 930m、装机容量为 80MW 的多级水泵—水轮机的试运行。此后，意大利契奥斯塔 Piastra 又安装了扬程为 1075m、额定装机容量为 150MW 的多级水泵—水轮机装置。

与 3 装置机组相比，这种可逆式 2 装置机组通过减少水压机、主阀和水道分叉数量，将节省约 30% 的发电站基建成本。该装置的缺点是，水泵起动操作更为复杂且发电与泵送功能间的转换时间较长，原因是水轮机轴的旋转方向必须反向。在两个方向的旋转速度均相同的情况下，2 装置机组的整体效率低于 3 装置机组。这在低扬程发电站（工作循环中扬程变换范围大）中尤为明显。双速发电机—电动机可以提供最优效率所需的更高泵速，但这需要更高的基建成本且电气复杂性也将更高，而这会抵消更高效率所带来的优势。

可逆式水泵—水轮机处于泵送模式时无法自起动，因此需引入更为复杂的起动方法。应该提及的是，在电力系统中，直接起动通常不适用于额定装机容量超过 100MW 的发电机，目的是为了避免产生过多的系统电压干扰。其他缺点包括发电机绕组存在严重的应力。通过使用自耦变压器和串联电抗器降低电压进行起动也许能够解决该问题，但操作复杂性将增加、起动时间将增长且基建成本也将增多。引入直接连接的 Felton 水轮机或独立的电动机—发动机机组用于起动各主装置将产生不必要的花费。

大型水力装置目前所使用的 3 种方法是：

• 广泛使用小型电机起动，但将增加旋转损耗，即使采用脱水起动，该方法需要更多的空间且将导致起动时间增加。

• 背靠背起动法通常用于成对同步运行的机器（一个为水泵，另一个为发电机）

中。起动时间相对较短，但最后一台装置需通过其他方式起动或不被用于泵送（意大利 Piedilargo）。

• 利用晶闸管变频器以逐渐增加的频率为各电动机—发电机供电，直至达到同步速度。泵送装置脱水起动，起动时间相对较快。可以将同样的设备用于动力制动中。该方法能够克服其他方法的缺点，已逐渐为人们所接受。

安装有符合流体力学要求的泵联轴器的大型 3 装置机组以及采用静态晶闸管变频器泵起动的 2 装置机组的典型起动转换时间见表 6-1。

相比 3 装置机组，多级可逆式装置的成本较低，且能够用于超过单级可逆式机组的扬程范围，如拉罗什和契奥斯塔 Pastra。但是这种装置也存在缺点，无法在释能模式下控制发电；多于两级的水泵—水轮机导向叶片控制成本较高，因此无法证明其合理性。如果固定分配器按照最佳泵送性能要求设置，水轮机效率将无法达到最佳水平，抽水蓄能发电量也将随之降低。而缺少可调节导向叶片也将使脱水泵起动变得很困难——尽管需要更长的起动时间，但通常仍会采用带水背靠背起动。

表 6-1 各抽水蓄能装置转换时间

模式转换	转换时间	
	3 装置机组/s	2 装置机组/s
停止到满载发电	120	120
停止到满载泵送	180	600
满载发电到满载泵送	120	900
满载泵送到满载发电	120	480

已开发出扬程达 700～1000m 的完全调节 2 级可逆式装置，该装置将克服上述缺点。第一个示例是在 Le Truel 安装的扬程为 440m、装机容量为 40MW 的此类装置。装机容量为 300MW 的装置已经成为了 EdF（法国电力集团）的初步设计研究重点。单向旋转的概念就是同轴水泵—水轮机。双面转子一面安装水轮机转轮，另一面则安装水泵叶轮。两种操作模式都可以使用单螺旋套管，而转轮和叶轮外部的独立套阀则将作为隔离阀。该装置成本低于 3 装置机组并且模式转换时间与之类似。迄今为止，在奥地利 Malta 所安装的装置是世界最大装置，其装机容量为 60MW、扬程为 200m。

现在和未来的可逆式水泵—水轮机扬程极限见表 6-2。

表 6-2 可逆式水泵—水轮机扬程极限

可逆式水泵—水轮机	目前扬程极限/m	未来可能的扬程极限/m
单级，可调	620	800～900
双级，可调	440（在建）	1000
多级，不可调	1075	1500

目前仅有少数额定装机容量超过 300MW 的高扬程水泵—水轮机被投入使用，还需积累更多经验以便了解持续增大参数是否会导致装置利用率大幅降低或维修及维护成本的增加。增加当前发电量和单级可逆式装置扬程的极限将继续显著节省基建成本，不过，由于需保持足够高的速度来保证获得优化效率，可能会产生一系列流量稳定性、振

动和部件设计与制造方面的严重问题。

抽水蓄能方案通常使用的发电机—电动机一般都带有空气冷却装置，但随着单级水泵—水轮机单位容量和扬程的增加，可能需要使用水冷装置。目前已经接近可采用空气冷却方式的功率容量等级与旋转速度组合的极限，如果大幅提升将需要采用水冷装置（这种做法可在任何给定速度下将输出极限提高60%）。

6.3　抽水蓄能中央储能

选择技术可行的抽水蓄能地点及最佳开发形式应考虑地形和地质特征，且会受到一系列环境因素的限制。可用地点距离电网较远也是一个重要的限制因素。

建造水库有许多不同方法。有时可以将大型河流作为下游水库，例如乌克兰的基辅、德国的盖斯塔赫塔和美国的腊孔山。排水口的设计需仔细，防止对航运和水质造成破坏。许多方案都利用现有湖泊（有时可通过建造横穿出水口的水坝扩大湖泊）作为上游和下游水库，如威尔士的迪诺威克。更为常见的情况是通过为河流筑坝形成水库，同时做好泄洪和（如果必要）鱼类通过的准备（如俄罗斯的格尔斯克和美国的勒丁顿）。相比混凝土水坝，选择由土或碎石建造的水坝的概率更大，原因是此种水坝的外形较美观并且可以利用现代建造技术降低基建成本。随着上游防渗覆盖物的开发和水坝心墙分段填充区设计的进步，人们对于日储能和释能的水库水坝稳定性的怀疑也逐渐减少。目前已开发出可靠性高、带有底部、中间排水层和混凝土板衬板的沥青或混凝土多层衬板，如果水库底部水密性不足，则可以使用此类衬板。一系列方案中都已开始使用混凝土板衬板，例如德国的Ronkhausen。可通过削平山顶、用土建造围坝的方法建造上游水库。这种水库通常需整体安装衬板。

目前所有抽水蓄能方案都成功利用了适当位置的水库中的水。出于经济因素考虑，选择地点时，其上游和下游水库间的水平和垂直距离比应在4:1的范围内，但在特别有利的情况下，该比值也可降低（如爱尔兰的特罗夫山，其比值为2.5:1）。

目前也已考虑过一系列可扩大选址可能性范围的可行备选方案，例如利用海洋作为下游水库，而上游水库则位于沿海高地。相比传统备选方案，此类方案成本更高，主要原因包括因采取防腐保护措施和防止上游水库海水泄漏至周围土地而导致的成本增加，以及选址困难。

目前正在考虑的一个新理念是地下抽水蓄能方案。相比传统方案，该方案不会过多地受到地形和环境因素的限制。在所提出的概念（见图6-2）中，下游水库位于地下硬质岩石中，且与自然水体无联系。上游水库仍将由人工修建，但相比传统方案，在能量容量相同的情况下，此种上游水库所需的容量更小。其原因是，由于能量容量与扬程高度成正比，与扬程为300m或更小的典型地表抽水蓄能发电站相比，下游和上游水库之间的距离（1000m或更高）仅受到水泵—水轮机扬程极限的限制。

地下抽水蓄能方案挖掘作业成本较高，但可以通过选择邻近负荷中心的地点（从而缩短输电线长度）来部分抵消该成本。

地下抽水蓄能看起来拥有光明的发展前景，已存在可用于下游水库施工的实用洞室挖掘和隧道挖掘方法，而且高扬程水轮机技术已基本成熟（尽管仍然有待改进）。主要的地质限制因素是找出并预测适合岩层的特征。

合并最后两个方案，即将海洋作为上游水库同时在地下挖掘下游水库的方案在理论上具有可行性。这仅在其他选址方案均不可用时才会考虑使用该理念，因为该理念比其他备选方案成本要高很多。

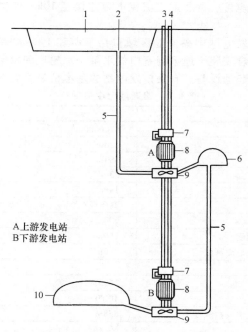

图 6-2　地下水库抽水蓄能示意图
1—上游水库　2—入水口　3—检修巷道
4—电缆和通风巷道　5—压力巷道　6—平衡水库
7—变压器　8—发电机
9—水泵—水轮机　10—下游水库

6.4　迪诺威克

装机容量为 1800MW 的迪诺威克抽水蓄能发电站是世界最大的抽水蓄能发电站之一，拥有世界上最快的抽水蓄能响应速度，可在 10s 内向国家电网供应 1320MW 的电力。该发电站可满足日储能-释能循环需求，目标效率为 78%。在满载泵送状态下将空的上游水库充满仅需 6h，而上游水库中的水可以满足大约 5h 的满载发电。开始发电时无须电力系统提供外部电源，即迪诺威克可以实现"黑起动"。

该发电站每天最多可以完成40次操作模式转换，对应300000次循环和超过40年的疲劳寿命期。迪诺威克发电站的6台330MVA（PF为0.95）垂直轴Francis可逆式水泵—水轮机机组的运行速度为500r/min。6台额定装机容量为300MW的发电机—电动机运行电压为18kV（成对连接），通过18400kV变压器和开关装置进入地下变电室的400kV母线变电站。SF_6断路器将各母线分为3部分，外面的部分通过下一个断路器连接至自身的400kV地下电缆，并将迪诺威克电缆连接至10km外位于Pentir的400kV室外变电站。

迪诺威克抽水蓄能发电站中央储能区域包括下游和上游水库及其各自的水坝和隧道。其功率变换系统包含安装于地下洞室内的水泵—水轮机和发电机—电动机机组、变压器、开关装置和水泵起动设备。有关该发电站的基本信息见表6-3和表6-4。

表6-3　迪诺威克中央储存

水库	
工作容积	$6700000m^3$
最大流速	$420m^3 s^{-1}$
最大泵送流量	$384m^3 s^{-1}$
上游水库水位范围	33m
下游水库水位范围	14m
上游水库水坝高度	高于现有地面36m，最大高度为68m（坡脚开挖至坝顶）
上游水库坝顶长度	600m
上游水库水坝底部最大宽度	250m
下游水库防护堤超出现有地面高度	3.5m
隧道	
低压隧道长度	1695m
低压隧道直径	10.5m
缓冲池结构顶部至高压隧道底拱深度	558m
缓冲池顶部尺寸	$80 \times 43.324m$
缓冲池底部尺寸	$73.25 \times 38.5m$
缓冲池结构深度	14m
调压巷道直径	30m
调压巷道深度	65m
孔口巷道直径	10m
孔口巷道深度（调压巷道底拱至低压隧道）	40m
孔口尺寸	$10 \times 45m$
高压巷道直径	10m
高压巷道深度（低压隧道底拱至高压隧道底拱）	439m
高压隧道直径	9.5m
高压水道直径	歧道直径为3.8m，主进水阀为2.5m
高压系统平均长度（高压巷道至水泵—水轮机）	700m
尾水管隧道数量	6
尾水管隧道平均长度（水泵—水轮机至分叉点）	164m

（续）

隧道	
尾水管隧道直径	水泵涡轮机下游为375m,分叉点为5.8m
泄水道隧洞平均长度(分叉点至收尾结构)	382m
泄水道隧洞数量	3
泄水道隧洞直径	8.25m
通风巷道直径	5m
通风巷道深度	255m
挖掘作业	
主要地下挖掘作业	106m³(约 3×10^6 t)
中央顶端挖掘	1.71×10^6 m³(约 3.5×10^6 t)
惠灵顿平挖	950000m³(约 2×10^6 t)
Haford Owen 平挖	950000m³(约 2×10^6 t)
其他湖缘挖掘	610000m³(约 1.25×10^6 t)
回填湖床	1.65×10^6 m³(约 3.3×10^6 t)

表 6-4　迪诺威克功率变换系统

地下洞室	长度	71.25m
机房	宽度	23.5m
	高度	59.7m(最大)
变压器室	长度	161m
	宽度	23.5m
互连母线廊道数量	3	
	长度	46m
	宽度	14m
	高度	17.5m
主进水阀廊道	长度	146m
	宽度	6.5m
	高度	18.5m
起动设备、供暖与通风廊道数量	2	
	长度	36m
	宽度	14m
	高度	26m
	长度	28m
	宽度	14m
	高度	29.5m
尾水管阀门廊道 (位于 SE 和供暖与通风廊道之间)	长度	172.7m
	宽度	8.5m
	高度	23.6m
水泵—水轮机		
类型	可逆式 Francis 水泵—水轮机	

（续）

数量	6
方向	立轴
泵平均功率输入	28.3MW
泵送周期	6.31h
同步速度	500r/min
发电机—电动机	
类型	空气冷却
激励设备	晶闸管整流器
顺序控制	磁簧继电器或固态型
发电机—电动机开关装置	
类型	鼓风式
故障断开容量	120kVA
额定电流	11.5kA
电压	18kV
平均发电量	1681MW
恒定输出发电周期(所有机器运行)	5h
发电站发电功率要求	28MW
待机操作模式	补充空气
能量负荷上升率	10s 上升 0～1.32MW
浸没在湖水下的最小深度	60m
发电机—电动机变压器	
数量	6
近似额定功率	340MVA
电压比	18kV/400kV
输电开关装置	
类型	SF_6 金属包层
断开容量	35000MVA
额定电流	4000A
电压	420kV
水泵起动设备	
类型	变频器
额定值	11MV(提供背靠背起动功能以备在发生紧急情况使用)
辅助系统电压	11kV、3.3kV 和 415V

位于 Ffestiniog 的发电站（4 × 90MW）是在英国迪诺威克第 4 个抽水蓄能发电站之前建造的发电站，该发电站于 20 世纪 60 年代运行。迪诺威克和 Ffestiniog 均位于北威尔士且相互联系，二者电压分别为 400kV 和 275kV，都连接至英国 400kV/275kV 国家电网。此外二者还通过苏格兰 275kV 电网与位于克鲁亨（4 × 100MW）和福耶斯（2 × 150MW）的 2 座抽水蓄能发电站相连，而这 2 座发电站都归苏格兰北部水电局所有。

在 100 年的抽水蓄能技术开发历史中，单位储能容量已从原来的数十 kW 增加至 400kW 以上，工作扬程从低于 100m 增加至 1400m 以上，且整体效率也从 40% 左右增加至 85% 以上。此外，相关土木工程技术也获得了一定发展。目前建成的最大项目装机容量已超过 2000MW。

表 6-5　截止到 2011 年，使用或在建的抽水蓄能项目

发电站	国家	泵送扬程/m	装置数量容量类型/MW	发电站装机容量/MW	试运行年份
今市	日本	52.4	3×350-VR(1)	1050	1984
基辅	乌克兰	66		225	1966
勒丁顿	美国	98	6×312-VR(1)	1872	1974
格尔斯克	俄罗斯	100	6×200-VR(1)	1200	1988
福耶斯	英国	182	2×150-VR(1)	300	1974
托姆索克	美国	240	2×230-VR(1)	460	1963
尤克塔	瑞典	260	1×334-VR(1)	334	1978
维安登	卢森堡	287	9×105-HF/C(2)	1141	1959
腊孔山	美国	317	4×383-VR(1)	1532	1978
Ffestiniog 山	英国	320	4×90-VR(1)	360	1963
克鲁亨	英国	360	4×100-VR(1)	400	1966
Waldeeck Ⅱ	德国	329	2×220-VF/C(1)	440	1974
Rodund Ⅱ	奥地利	324	1×283-HF/C(2)	283	1976
Bath Country	美国	387	6×457-VR(1)	2740	1985
Robiei	瑞士	410	4×41-VR(1)	164	1968
德拉肯斯堡	南非	473	4×270-VR(1)	1080	1981
Helms	美国	495	3×358-VR(1)	1070	1981
Numaparra	日本	508	3×230-VR(1)	690	1973
大平山	日本	512	2×256-VR(1)	510	1975
Okuy Shino	日本	539	6×200-VR(1)	1200	1978
Dinorvig	英国	545	6×300-VR(1)	1800	1982
Tamaharo	日本	559	4×300-VR(1)	1200	1983
Hondawa	日本	577	2×306-VR(1)	612	1983
巴吉纳巴斯塔	南斯拉夫	621	2×315-VR(1)	630	1983
霍恩贝格	德国	635	4×248-HF/C(1)	992	1974
拉罗什	法国	931	4×80-VR(5)	320	1976
契奥斯塔	意大利	1070	8×150-VR(1)	1200	1980
Piastra Edolo	意大利	1260	8×127-VR(5)	1016	1981
San Fiorano	意大利	1404	2×125-VP/C(6)	250	1974
Bailianha	中国	192	4×306	1224	2006
广州	中国		8×300	2400	1993
十三陵	中国		4×200	800	1995
天荒坪	中国		6×306	1836	2001
桐柏	中国		4×300	1200	2006
响水涧	中国	363	4×250	1000	2011

注：V—垂直轴；H—水平轴；F—Francis 水轮机；C—离心泵；R—可逆式水泵—水轮机；( )—级数。

全世界共使用超过 90GW 的抽水蓄能设施，总计为全球贡献了 30% 的发电量。在美国，抽水蓄能贡献了约 2.5% 的基荷发电量。目前共有大约 150 座抽水蓄能发电站在运行中，总装机容量超过 25 GW。此外还需提到，2010 年欧盟国家所消耗的电力中约有 5% 由抽水蓄能发电站提供。表 6-5 显示了 2011 年以前一些已完工或在建的著名项目的主要细节信息。该表所提供的数据仅证明抽水蓄能技术在迪诺威克建成 30 年后仍在使用。为了证实这一说法，苏格兰及南方能源公司（Scottish and Southern，简称 SSE）宣布了 2 个新建抽水蓄能开发计划以确保发电站投资组合的多元化，并在保持客户用电需求响应灵活性的同时将发电所产生的二氧化碳量降低 50%。苏格兰及南方能源公司声明其目标是在 2011 年提交 2 项开发计划的规划申请，并针对在大峡谷建设 300MW 和 600MW 抽水蓄能发电站的提案征求苏格兰政府的指导意见。2 个项目都需要建设新水坝。为了限制开发项目带来的视觉冲击，需将泵送和发电基础设施建于地下。

第7章 压缩空气储能

7.1 概述

城市压缩空气储能系统自 1870 年以来开始建造。巴黎、伯明翰、德国的奥芬巴赫和德累斯顿以及阿根廷的布宜诺斯艾利斯都安装了这种储能系统。Victor Popp 建造的第一个压缩空气储能系统是通过每分钟向钟表发送气动压缩空气储能脉冲的方式移动指针。很快，该系统就发展为向家庭和工业输送电力。1896 年，巴黎系统发电量为 2.2MW，通过 50km 空气管道在 550kPa 压力下为轻工业和重工业电机供电，用量大小以米为单位。当时，该系统是家庭的主要能量源，同时还为牙医、裁缝所用机器、印刷设备以及面包店输送电力。早已存在把弹性储能技术（以压缩空气储能的形式为燃气轮机供应能量）应用于电力公共电网的提议。1949 年，Stal Laval 公司申请了包含地下空气储能洞室的压缩空气储能系统的专利。从那时起，仅有 2 台商业发电装置被投入使用，即德国的 Huntorf 压缩空气储能装置和美国阿拉巴马州的 McIntosh 压缩空气储能装置。

为了把以中间形式储存的电能返回至电力系统中，需要一个能量转换过程。这种情况下，压缩气体将作为人们使用机械储能的媒介。在利用活塞压缩气体时，能量将储存于气体中。需要使用该能量时可以通过使活塞反向运动以释放该能量。因此，加压气体发挥着储能介质的作用。

压力为 P、体积为 V、温度为 T 时的理想气体定律为

$$PV = nRT$$

式中　n——摩尔数；

　　　R——气体含量。

根据热力学第一定律，热量的计算公式为

$$Q = \delta U + A$$

即内部能量 δU 的变化等于热量 Q 与有用功 A 之差。能够储存或从压缩气体中提取的有用能量取决于采用的过程类型，因为一些热交换会始终与气体过程相关。唯一例外的情况就是隔热过程，而由于需要使用无限大的隔热材料，该过程并不会真正出现。

假设活塞可以如图 7-1 所示的方式运动且过程中不会产生摩擦力。如果此时迫使活塞移动距离 S 从而完成气体压缩，则可以得出所做功的大小。如果活塞面积为 A、作用在活塞上的力为 F，则压力 P 等于

$$P = \frac{F}{A}$$

因此有

$$W = \int F\mathrm{d}S = \int PA\mathrm{d}S = \int P\mathrm{d}V$$

如果过程中的 P 为常量，则该积分将很容易计算。也就是说，这基本上是一个等压过程，其中气体所做功的计算公式为

$$W = P \int_{V_1}^{V_2} dV = P(V_2 - V_1)$$

式中 $V_2 - V_1$——活塞移动穿过的体积。通过施加外力使活塞向把气体压缩的方向运动时将储存对应的能量（见图 7-2a）。

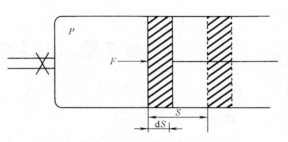

图 7-1   加压气体通过施加力使活塞运动
F—气压压力 P—气压 S—活塞运动

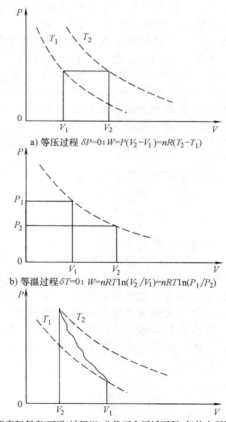

a) 等压过程 $\delta P=0$：$W=P(V_2-V_1)=nR(T_2-T_1)$

b) 等温过程 $\delta T=0$：$W=nRT\ln(V_2/V_1)=nRT\ln(P_1/P_2)$

c) 任意实际斜率(可逆)过程 $W=$曲线下方区域面积=气体中所储存的能量

图 7-2   理想气体压缩过程的类型 （气体摩尔数为 n）

如果该过程为等温而非等压，则适用的气体定律为波义尔-马略特定律（见图 7-2b），即有

$$PV = nRT = 常量$$

因此有

$$W = \int_{V_1}^{V_2} P\mathrm{d}V = nRT \int_{V_1}^{V_2} \frac{\mathrm{d}V}{V} = nRT\ln\left(\frac{V_2}{V_1}\right)$$

假设压缩气瓶的起始体积 V_0 为 $1\mathrm{m}^3$，压力 P_0 为 $2.03 \times 10^5\ \mathrm{Pa}$，现计算该气瓶的单位体积能量密度。如果在恒温条件下将气体体积压缩至 $0.4\mathrm{m}^3$，则所储存的能量密度为

$$\frac{W}{V_0} = \left(\frac{1}{V_0}\right)nRT\int_{V_0}^{V} \frac{\mathrm{d}V}{V} = \left(\frac{1}{V_0}\right)P_0 V_0 \ln\left(\frac{V_0}{V}\right) = P_0\ln\left(\frac{V_0}{V}\right) = 1.86 \times 10^5\ \mathrm{J}$$

该能量密度将远高于磁场和电场的能量密度，下文将详细阐述。

很难保持精确的恒压或恒温状态，因此，从实际用的角度看图 7-2c 所提及的任意可逆过程将更有趣。能量可以由曲线下方的区域面积，即体积 V_1 和 V_2 以及对应的温度 T_1 和 T_2 决定，与斜率无关。

压缩空气储能（Compressed Air Energy Storage，简称 CAES）概念所包含的热力学过程中的主要能量流为功流和热流，而事实上，压缩空气本身基本上没有储存任何能量。压缩空气储能装置的性能取决于压缩过程和膨胀过程的精确细节。

7.2　基本原则

为了阐述压缩空气储能概念的主要特征，在此以包含 4 个部分的燃气轮机发电装置为例进行说明，如图 7-3a 所示。这 4 个部分分别为压缩机、燃烧室、汽轮机和发电机。压缩机主要负责以高压将大气空气送至燃烧室。燃料被注入燃烧室并燃烧，从而加热高压空气。燃烧室产生的热高压气态产物驱动汽轮机，并以接近大气压力的压力排出。汽轮机所产生的机械能约有 2/3 将用于驱动压缩机。剩余的 1/3 则由发电机转化为电力。

压缩空气储能装置所包含的某些部件与燃气轮机相同，但也增加了一些新部件，如离合器和压力容器，如图 7-3b 所示。增加离合器后压缩机和汽轮机可单独连接发电机（也用作电动机）。压力容器用来储存压缩空气。

采用新增部件后，储能介质（空气）的压缩和膨胀将能够单独进行。单独进行的优点是燃气轮机的所有输出能量均可作为有用能量。

以压缩空气的形式在天然或人工挖掘的地下洞室内进行大规模能量储存是一种节约成本的做法，且技术上也具有可行性。将能量储存于压缩空气中可以使用低压汽轮机，但该方法的周转效率很低。另一种方法是通过燃烧室使空气膨胀。

系统将以如下方式运行：例如，在夜间用电低谷期从电力系统中抽取能量的压缩机可以吸取空气，将其压缩至高压状态后输入至中央储存装置（即压力容器）中。而用电高峰期，可以从储气罐中抽取空气并在燃烧室中通过燃烧燃料对空气进行加热，然后

通过汽轮机将其膨胀至环境压力。被汽轮机驱动的发电机将产生的机械能转换为电能，然后输送至电力系统中。

通过燃烧燃料在燃烧室中加热空气这种做法的效果是，所产生的有用功占泵送所用功的 20%~40%。

在压缩空气储能方案中，汽轮机产生的所有能量都可用于用电高峰期发电，这是因为压缩机已经在用电低谷期发挥了储能作用。这就要求必须拥有比常规燃气轮机所包含的发电机、压缩机和汽轮机机组更高的发电机—电动机装机容量。

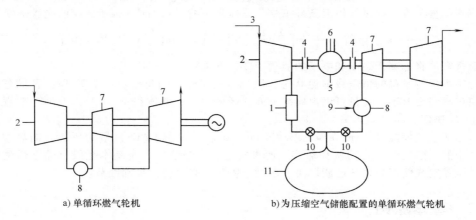

a) 单循环燃气轮机   b) 为压缩空气储能配置的单循环燃气轮机

图 7-3 压缩空气储能概念的发展

1—冷却器 2—压缩机 3—空气 4—离合器 5—发电机/电动机 6—电源
7—汽轮机 8—燃烧室 9—燃料 10—阀门 11—空气储存腔

储气罐的容量将由电力系统要求储存的能量决定。为储气罐充气所需的时间不同，压缩机的额定容量也将不同。例如，储气罐的容量可足够汽轮机在满载状态下运行 1h，而压缩机被设计成在 4h 内充满储气罐，因此，压缩机的容量仅为汽轮机空气耗用量的 1/4，充气比为 1:4。可以根据运转需要以及发电站地质条件设计拥有不同充气比（1:1、1:2、1:4 等）的空气储存燃气轮机。

除了设计的灵活性外，对常规汽轮机构成进行改变的主要影响是，从单位额定功率容量的成本角度看，设备主要部分的成本约为燃气轮机的 1/3，因为压缩空气储能装置的电力输出量比常规装置高 3 倍。压缩空气储能的潜在经济优势主要在于其较低的设备成本（尽管需要采用空气安全壳、离合器、热交换器和其他设备）。

7.3 中央储能

最初开发用于储存天然气和各种有害废物，现在用于将盐穴开采成合理控制形状的"溶解采矿"技术已十分完善，并且为大储存体积提供了一种非常廉价的挖掘方法。目前在欧洲和美国，在利用盐穴储存气体、油和其他物质方面已经拥有了相当多的经验。洞穴尺寸、深度和工作压力以及盐的属性对于基本盐穴设计的影响已经明确。

盐穴基本密封：预计 Huntorf 压缩空气储能装置每天的泄漏损失为 10^{-5} 和 10^{-6}。使用盐穴作为中央储能区拥有很多优势，但盐穴的建造和开发过程存在若干潜在问题，包括盐水处置、盐穴鼠洞、岩石蠕动和汽轮机污染。

如图 7-4 所示，如果采用溶解采矿技术（即利用淡水溶解盐直至水饱和），需要朝着盐穴钻孔，利用水泥将上面部分粘接至周围岩石，顺着中央钻孔向洞穴内注水，然后抽出盐水。要在合乎环境要求的地点处置盐水，首选送至化工企业进行处置。

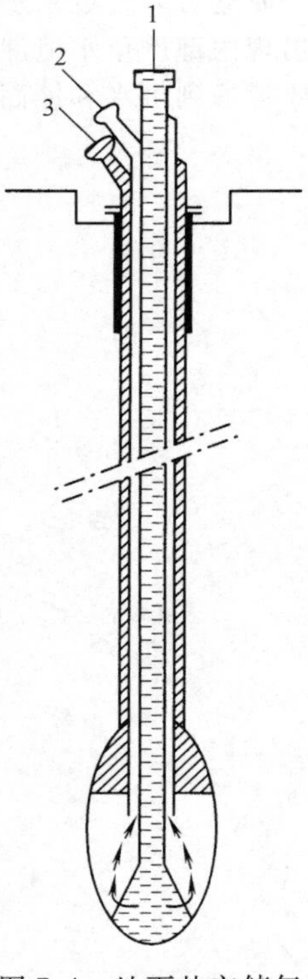

利用声纳对扩容盐穴进行监控，在达到所需直径后，将比重低于盐水的保护气体（且不会与盐发生反应）泵送入盐穴内以迫使溶解继续向下移动。理想的盐穴形状为垂直柱状，纵横比为 6:1。应该提到的是，盐穴内会因为形成无水石膏层或存在高溶解性钾盐或镁盐层而出现一定的溶解性变化。无水石膏层将始终保持伸入扩容盐穴的薄片形状，而高溶解性钾盐或镁盐的存在则可能导致"鼠洞"的出现，在最坏的情况下可能需要将计划挖掘的盐穴表面扩展至附近盐穴。避免该问题出现的方法是钻探测试孔并分析溶解过程中的盐水，这将造成整体基建成本增加。

图 7-4 地下盐穴储气
罐过滤过程示意图
1—水 2—盐水 3—保护气体

岩石蠕动或穴顶坍塌同样能够导致压缩空气储能中央区过早关闭。盐带出物也可能导致汽轮机设计出现问题。在 Huntorf 和 McIntosh 多年的运行经验（1000 次/年）显示，不存在由盐带出物或穴壁岩石蠕动造成的汽轮机污染问题，这对于压缩空气储能未来的发展具有重要意义。

欧洲和北美地区分布有许多储能装置所需要的具有合适深度、厚度及位置的盐层，但并不是全球均有分布，如日本。对于某些地下盐穴仍存在其他发展潜力。可以将合理的低成本技术应用于具有圆顶盖层的含水层区域，这种圆顶盖层以天然气储存而闻名。

根据多孔岩石介质的渗透性，需要向含水层区钻凿多口井以形成排水气泡来代替水含物。该项作业进程缓慢，但是一旦气泡完成，由于空气黏度比水低很多，将能够获得电力系统中压缩空气储能作业所需的加载率和卸载率。众所周知，为了保证储能—释能循环的整体压力损耗约为 10 ~ 20bar，将至少需要 50 口注入井。如图 7-5 所示，这些井以及地面连接是低成本含水层空气储能概念中花费最多的部分。

第三种可行的地下空气储能方法是利用在硬质岩石内所开采的洞室。由于这种方法需要进行开采活动并需要大规模地清理地下废土，其成本将相当高。但这种方法可实现"恒定"压力运转的可能性将抵消高成本这一缺点。在这种情况下，需要改变自由体积，而这可以通过采用水补偿分支来实现。理想的情况是拥有质量合格的岩石，从而避免出现内部严重水泄漏。如图 7-6 所示为具有恒压蓄水池的空气储能燃气轮机发电站。需要考虑到供水和地面蓄水池水位变化可能产生的环境影响。

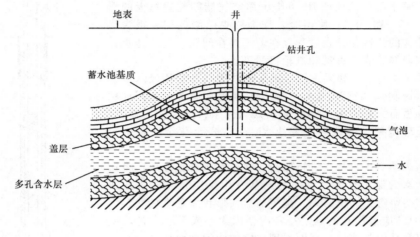

图 7-5　含水层空气储能示意图

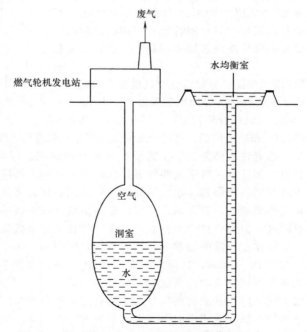

图 7-6　具有恒压蓄水池的空气储能燃气轮机发电站

一个潜在危害（尚未完全量化）就是所谓的"香槟效应"。释能阶段，部分填充洞室内的空气将溶解于补偿水内。一定时间后，水将达到饱和状态，随着下一个储能阶段中水沿着补偿分支上移，水中将出现气泡。虽然可以通过对储能发电站工作循环进行正确的设计和完善的管理解决该问题，但其仍是一个潜在危害。

遗憾的是，很难找到防漏岩，因此泄漏损耗问题将始终存在。而如图 7-6 所示，使用"水幕"是一个很有前途的显著缓解泄漏的做法。虽然需要如水幕、洞室衬砌之类的补救措施，但硬质岩石空气储能的整体成本可能仍不会比盐穴或含水层储能高很多。问题是目前并未获得针对这种压缩空气储能类型的实际设计和运行经验。

虽然存在其他适合的地质构造（如砂岩含水层和耗尽的天然气田），但 Huntdorf 和 McIntosh 的压缩空气储能装置仍旧使用经过改造的盐穴作为压缩空气储存库。美国电力研究协会（EPRI）的研究显示，美国有超过一半以上的地区具有可能适合发展压缩空气储能技术的地质条件。

现有 2 台压缩空气储能装置都对盐穹的适用性进行了证明，而洞室准备阶段的工程可能会花费多达 2 年的时间。美国俄亥俄州的诺顿储能公司（由私人股本集团 Haddington Ventures 出资支持）计划在石灰岩矿中建造 2700MW 的压缩空气储能发电装置。虽然 2000 年对该矿井岩石层进行的测试显示其适合进行空气储存，但目前该项目仍处于开发阶段。

压缩空气储能对选址有一个特殊要求，即寻找从地质学角度来看适合空气储存的洞室。环境问题如视觉影响、噪声以及技术问题（如冷却水供应、邻近输电线路和燃料供应管线）是电力系统中任何发电装置都会遇到的问题，并且严重程度不会超过各方面均符合极高标准的常规燃气轮机发电装置。

通过较深的湖泊和海洋提供压力时无需使用高压容器或在盐穴或含水层内钻孔。将空气注入价格低廉的弹性容器中，如沉入深湖或邻近陡坡海岸的塑料容器。发展障碍包括：合适地点有限以及地表和容器间需要连接高压管道。由于容器价格十分低廉，对巨大压力和极深深度的需要变得不太重要。根据该概念建造的系统的主要优点是其储能和释能压力恒定且取决于深度。诺丁汉大学进行了一项海底固定容器的研究，由欧洲领先的电力和燃气公司 E. O. N. 赞助。

压缩空气储能是一种有用、高效且基建成本低廉的储能方式，但其未来是否能够得到广泛应用主要取决于其选址情况以及能否在燃料价格上涨、可用性标准提高的基础上带来经济效益。美国进行的一系列研究显示，压缩空气储能的广泛应用不存在技术限制因素，但由于需要储存大量空气，常规容器将不适用，在地下盐穴、硬质岩石或其他"防渗"地层实现空气储能将成为关键问题。由于这些方法成本较高，必须选择最高实际储存压力来最大限度减少所需容量。根据当前的汽轮机和压缩机设计限制以及地下洞室成本估算，70 ~ 80bar 的储存压力最为节省成本。

7.4　功率提取

已经进行了若干针对压缩空气储能方案的重要研究（所有方案均被设计用于替代

燃气轮机完成调峰和低价值发电任务）：运行时间通常为 1500～2000h 或更短。虽然存在细节差异且机械假设或选址注意事项各不相同，但是在主要设计特征方面，所有研究基本上得到一致结论。

首先应该注意的是，压缩空气储能装置不是纯粹的储能装置（如抽水蓄能），也不是纯粹的发电装置（如常规的燃气轮机）。实际上，这种装置是纯粹储能与常规燃气轮机的组合装置。作为纯粹的储能装置，其需要拥有如上文所述的中央储能区和功率变换系统，包括通过离合器和齿轮箱连接至电动机—发电机的燃气轮机和压缩机。

所使用的压缩机和汽轮机并不仅仅是常规燃气轮机的简单修改，而是压缩机和汽轮机组拥有两层或更多层外壳的坚固的工业机器。如果使用压缩机（所设置的气流与装置额定值极大的情况除外），还需要安装齿轮箱使高压电机以远高于同步转速（3000r/min）的速度运行。如未安装齿轮箱，压缩机效率将大幅降低，不过齿轮箱会施加一个尺寸限制。

这些特点都出现在世界上第一座压缩空气储能发电站中。该发电站位于 Huntorf，由邻近不来梅港的西德电网德意志西北电厂（NWK）主管运营。这些特点也出现在第二座发电站中，该电站由 Power South［原名为阿拉巴马电力公司（Alabama Electric 或 AEC）］公司在 McIntosh 附近负责运转。

先进的压缩空气储能概念也受到与现有发电站相同的设计限制，即储存压力大以及尽可能多地使用现有机械装置。主要部件讨论见下文。

目前，非冷却工业压缩机可以接受的最大压力比为 17:1。此时空气的输送温度为 430～450℃。通过在空气入口处串联 2 台轴流机即可获得该温度。

高压压缩机所包含的径向机（当前可用的）应该通过齿轮箱，使转速高于同步转速。由于齿轮箱存在一定的限制，当前经验是将 75bar 输送压力下的压缩机功率限制为 70MW。

可以在工业燃气轮机技术发展的基础上，对于同步转速低压和中压压缩机，获取更大的压力比（最大为 25:1）。通过此方式可以优化循环的绝热性能，且最多可降低 200kJ/kWh 的燃料热耗率。有可能实现在不使用特殊冷却装置的情况下通过齿轮箱使用高速轴电机驱动高压压缩机，即采用纯绝热循环。与压缩机相同，汽轮机也应该与现有型号存在一些不同。

在储能阶段，功率变换系统为驱动压缩机的电动机。而在释能阶段，功率变换系统为驱动发电机的汽轮机。

在储能阶段，储能介质（空气）离开压缩机时被大大加热，中间冷却器拒绝压缩期间所产生的热量进入，而冷空气被储存于洞室中。发电站在释能阶段发电时，必须通过燃烧天然气加热空气。

因此，需要在压缩机组内安装多台中间冷却器。这将能够基本实现等温压缩，并将储能能量要求降低至实际范围内。具体的压缩功 W_c 与压缩机升温情况直接相关，为

$$W_c = C_P \delta T_c = C_P T_{in} (P_r^{\frac{\gamma-1}{(\xi_c, \gamma)}} - 1)$$

式中 T_{in}——入口绝对温度；

$\quad\quad\delta T_{\text{c}}$——压缩后空气温度升高；

$\quad\quad P_{\text{r}}$——压力比；

$\quad\quad\gamma$——等于 $\dfrac{C_{\text{P}}}{C_{\text{r}}}$；

$\quad\quad\xi_{\text{c}}$——多变压缩效率。

如果未安装中间冷却器，各连续级间的入口温度将不断上升。空气温度也将相应升高，并导致输入功 W_{c} 升高。进入下一级前降低入口绝对温度 T_{in} 可以降低整体压缩功 W_{c}。例如，如果未安装中间冷却器，15℃ 时的 70:1 压缩将使得空气温度升高 δT_{c} 至约 810℃ 且需要 870kJ/kg 的输入功。而安装 3 台中间冷却器后（如在 Huntorf），各级的出口温度均不会超过 230℃ 且压缩功也将降低至 550kJ/kg，可节省 37% 的输入功。为了在节省的同时保护中央储能区，需要对空气进行冷却处理。

压缩循环中使用的中间冷却器不允许将加热后的空气能作为低级别热能。不过，冷却水要求很高。如果发电站安装储能/释能时间一致且装机容量为 300MW 的压缩空气储能装置，所需要的冷却水量将等于装机容量约 125MW 的常规火力发电装置所需冷却水量。这需要选择合适的沿海区域或使用冷却塔，而该因素也将主导压缩空气储能发电站。如果无法获得所需的冷却水量，可以引入空气冷却系统，但该系统可能会产生严重的噪声问题。

因需要在储能阶段对压缩空气进行冷却，释能阶段单位质量空气的单位燃料消耗量将多于常规燃气轮机。然而，由于压缩空气储能汽轮机的净输出是常规汽轮机的 3 倍，其整体燃料消耗量将大幅减少。

由于储能周转效率之类的参数对压缩空气储能装置的性能评估并无实际意义，因此需要引入 2 个压缩空气储能装置性能衡量标准。

定义储能能量因数 f_{cef} 等于输出电量 E_{d} 与储能所需电能 E_{c} 之比，即

$$f_{\text{cef}} = \frac{E_{\text{d}}}{E_{\text{c}}}$$

对于纯粹的储能装置，该因数完全等同于周转效率。应该提到的是，该因数应用于压缩空气储能技术时更具一致性，而针对其他储能技术其一致性较差。

根据定义，燃料热耗率 f_{fhr} 等于压缩空气储能所消耗燃料热能 E_{f} 与输出电量 E_{d} 之比，即

$$f_{\text{fhr}} = \frac{E_{\text{f}}}{E_{\text{d}}}$$

燃料热耗率是热能装置（包括燃气轮机）的共有特征，计算公式为

$$f_{\text{fhr}} = \frac{3600}{\xi_{\text{cp}}} \text{kJ/kWh}$$

式中 ξ_{cp}——常规热能装置的热效率。

压缩空气储能所产生能量的整体燃料成本 f_{cd} 计算公式为

$$f_{\text{cd}} = \frac{f_{\text{cc}}}{f_{\text{cef}}} + f_{\text{c}} f_{\text{fhr}}$$

式中　f_{ce}——储能能量成本；

　　　f_{c}——释能阶段压缩空气储能所消耗的燃料成本。

如果基础中价值发电与某些基荷发电由燃煤发电站供应，则拥有高储能能量因数 f_{cef} 且燃料节省最少的压缩空气储能装置为最佳峰值供电源；前提是核电站不是主导能量来源。压缩空气储能装置不使用燃料且发电成本与其他装置类似，但其基建成本相当高。然而，最注重经济效率的"高核"方案中，低燃料热耗率 f_{fhr} 最适合高储能能量因数 f_{cef}。

不论是否使用燃料，以下两种主要的压缩空气储能发展方法都需要考虑。第一，提高常规压缩空气储能装置的汽轮机燃料温度将导致储能能量因数明显变大。第二，可以通过热能储存有效保存储能能量，从而减少或消除燃料消耗。哪种方法更适合则取决于技术发展程度、燃料成本和未来的燃料政策。需要在全面地考虑二者潜力的基础上决定哪种发展方式更适合。

两种方法都能够在对常规燃气轮机设计进行小幅修改后大幅提高储能能量因数并降低燃料热耗率。高压（HP）汽轮机的空气膨胀装置工作温度应该高于 550℃。空气在到达低压（LP）汽轮机前其温度应该已经重新加热至 825 ~ 900℃。基于在 Huntorf 的经验，这些参数均适用于压缩空气储能装置汽轮机。目前高温高压汽轮机方面的经验很少，但低压汽轮机已能够在 1100℃ 的温度下使用。由于汽轮机的输出与入口绝对温度成正比，燃烧温度越高，则单位质量储存空气所产生的能量也越大，储能能量因数（CEF）也将随之变大。例如，将低压汽轮机燃烧温度提高至 900℃ 时，可以把储能能量因数提高到 1.3。

压缩空气储能技术的下一个发展阶段必须减少用于膨胀处理阶段重新加热空气的高品质燃料需求量。一个提升效率的方法是，从发电汽轮机废气气流转移热能并将其用于预热膨胀后输入高压燃烧室的空气。这种"换热器"特征已包含在当前的 McIntosh 压缩空气储能装置设计中，使用该方法将能够减少 25% 的燃料消耗量。而这也将使得 Huntorf 的 5800kJ/kWh 燃料热耗率大幅降低至 McIntosh 的 4300kJ/kWh。

对于 Huntorf 型压缩空气储能汽轮机，额外的燃料消耗将以极高的效率增加发电量，但这也将导致燃料热耗率的小幅降低。如图 7-7 所示列出了在各种变压空气储存方案中增加低压汽轮机入口温度、低压和高压入口温度对储能能量因数和燃料热耗率的影响。如图 7-7 所示得出的结论是，采用该项技术后，储能能量因数将增大至 1.7，燃烧温度将升高至 1100℃，但前提是需要对燃气轮机设计进行大幅修改。获得该储能能量因数后，有限低成本储能能量的应用效率将大幅提高。但相比恢复压缩空气储能概念（目前用于 McIntosh 压缩空气储能装置设计），使用该方法不太可能使燃料消耗量的减少幅度超过 5%。

进一步发展将涉及使用合成燃料代替油，或通过回收空气压缩过程中释放的热量（目前被直接排放至大气）来改变基本循环。这种利用热能储存的理想隔热循环将促使压缩空气储能运行不再使用燃料。根据这个所谓的"近期混合"概念，高压膨胀器将不再燃烧燃料，而仅接收来自废气换热器的预热空气。入口温度通常将达到320℃，高压汽轮机所排出的空气温度将约为130℃。高压汽轮机的机壳必须被合理设计，使得高压废气可以通过并进入热能储存装置，而预热至约420℃的空气从该装置返回低压燃烧室。燃烧室、低压汽轮机和换热器可以与当前所用的"最新"压缩空气储能装置所采用的同类装置保持一致。常规压缩空气储能装置未包含的重要设备是热能储存装置与低压燃烧器之间的控制/切断附加装置，原因是如果出现发电机负荷大幅降低，热能储存装置的大容量将导致无法承受的汽轮机超速。

　　显著减少燃料消耗量的关键是采用更为有效的方式保存在储能期间从电网获得的能量。为了获得近似等温压缩功效和最小储能能量因数，需要安装中间冷却器。如未安装中间冷却器，当压缩近似为隔热过程时，储能阶段的输入功将大幅增加。压力比为80:1时，压缩机的输送温度应该为850～900℃。如果直接从压缩机内抽取空气并在汽轮机内进行膨胀处理，即没有储存过程，将能够在不使用额外燃料的情况下恢复最多达80%的储能能量。

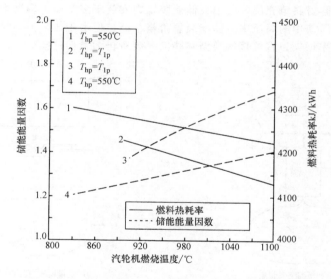

图 7-7　提高低压和高压温度对于储能能量因数的影响

　　一些公司如 RWE 和 GE 正在研发先进的隔热压缩空气储能技术（AA-CAES），该技术能够从压缩空气中捕捉热量从而提高循环效率。隔热压缩空气储能技术概念认为，通过在压缩阶段进行最低限度的中间冷却并在热能储存系统中捕捉热量即可省略排热工序。压缩空气流过固体材料（如瓷砖）以实现热量转移，并且在从洞室中排出时，空气首先回流经过该固体材料以对其进行预热，然后进入膨胀器。

　　所建造的储能装置应该能够保持储存空气的压力和温度，此时将需要热能储存装置。在这种情况下，热能储存装置在储能阶段发挥中间冷却器作用，对压缩空气进行冷却使其温度达到低成本地下储能洞室可接受的温度即约 30℃，而在释能阶段，热能储存装置将对空气进行预热，使其达到高压汽轮机入口温度的要求。

目前，超大型热能储存装置已被成功用于各种应用，例如热风炉的空气加热。然而，对于高压和高温汽轮机以及压缩机，除了技术限制，规模问题使得纯隔热循环无法投入使用。更为实际的循环类型所涉及的压力比更低，且需要补充加热才能够获得符合要求的汽轮机入口温度。有两种机制可以实现该目的。第一种是要求在热能储存装置之后使用燃料加热空气，即所谓的常规和隔热混合机制，如图 7-8a 所示。第二种是使用额外的储能能量直接加热热能储存装置使其温度超过压缩机输送温度，即所谓的热量填满，如图 7-8b 所示。所储存的空气（现成的低熵源）能以 50% ~65% 的效率（取决于压力比）回收热量填满能量或隔热混合机制所消耗的燃料。

有多种热能储存概念可供压缩空气储能装置选择。成本最低的方案仅使用一台热交换器对次级储能介质进行增压，而热能储存装置本身的中央储能装置则采用大气压力。这就是所谓的间接压缩空气储能类型。直接接触方案则涉及循环空气，该空气将直接通过高密度、高热容材料填充层，其中央储能装置则安装于多个压力容器中。直接接触类型热能储存装置所使用的高压中央储能装置价格很高，但由于热交换器材料成本极高且间接类型存在效率损失，直接接触类型热能储存装置仍为最佳选择。

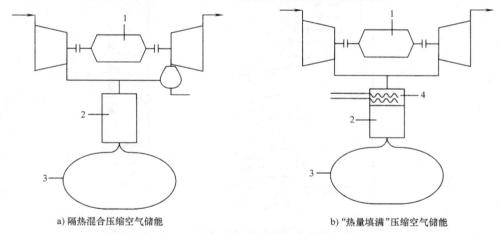

a) 隔热混合压缩空气储能   b)"热量填满"压缩空气储能

图 7-8　包含热能储存装置的压缩空气储能装置

1—电动机—发电机　2—热能储存装置　3—空气储存装置　4—附加加热器

热能储存装置的周转效率不低于 0.9，这一点对于高级压缩空气储能循环的整体效率十分重要。需要使用传导性好、表面积/容量比高且空气/固体热传递系数符合要求的材料。通常在热风炉中使用的"格子砖"由于按照低压降规格设计，无法提供压缩空气储能所需的性能。美国电力研究协会的信息显示，使用致密耐火粘土或铸铁制成的中等大小"砾石"能够最高效地利用热能储存材料和最小压力容器体积。据估计，功率为 300MW、能量容量为 8.64×10^{13} J 的压缩空气储能装置所需要的热能储存装置直径应该为 17m，高度应该为 17m，由混凝土制成（类似核反应压力容器），并包含 22000t 基质。如此规模的热能储存装置效率将不低于 0.93，且周转温度损耗低于 20℃。

另外一种类似当前实践的概念将使用外部隔热低合金钢压力容器，为 12 个直径为 5m、长度为 17m 的容器。其容量为美国国家航空航天局（National Aeronautics and Space Administration，NASA）已使用 15 年的氧化铝砾石填充层热能储存装置（安装于加利福尼亚州的 Moffat Field 空军基地）容量的 4 倍。

但先进隔热压缩空气储能技术的发展也包含一些挑战。主要挑战为压缩机出口温度问题，此处温度将达到约 620℃。尽管欧洲研究建议开发全新机器，可行性研究已调查了基本上利用标准部件开发压缩机的可能性，但未来将属于第二代压缩空气储能装置。新一代装置将使用标准部件（包括压缩机和燃气轮机），并且拥有可扩展性，其装置规模将能够根据地质结构灵活调整。

7.5　两个工业示例

7.5.1　享托夫（Huntorf）

Huntorf 压缩空气储能装置（HCAES）示意图如图 7-9 所示，由德国曼海姆 Brown Boveri 公司设计，该装置属于"最低风险"商业原型。

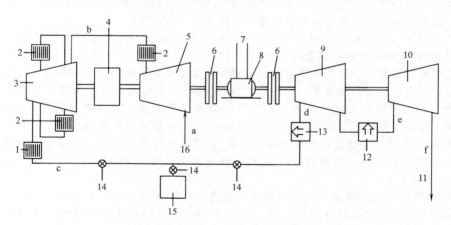

图 7-9　Huntorf 压缩空气储能装置

1—后冷却器　2—中间冷却器　3—压缩机（高压级）　4—齿轮箱　5—压缩机（低压级）
6—离合器　7—输电线路　8—电动机/发电机　9—高压汽轮机　10—低压汽轮机
11—废气　12—低压燃烧室　13—高压燃烧室　14—阀门　15—气腔　16—进气口
动力条件：a—15℃，1bar　b—55bar　c—37℃，68bar　d—550℃，43bar　e—825℃，11bar　f—390℃，11bar

Huntorf 的建造工程开始于 1975 年 5 月，设备于 1976 年 7 月~1977 年 9 月期间安装，在经过一些调试延迟（期间被迫进行了一些设备重建工作）后，装置最终于 1978

年 12 月移交给 NWK。以后进行类似项目的完工和调试时间应该不会超过 3 年。该装置的设计规格为：储能能量因数 $f_{cef} = 1.2$，燃料热耗率 $f_{fhr} = 5800kJ/kWh$。整个项目成本明显低于德国在相同价格时期内建造的其他燃气轮机的等效成本。

Huntorf 装置储气库仅可作为滑动式压力容器，储气库压力可在 66 ~ 46bar⊖ 的范围内变化，汽轮机于释能期间运行时的压力梯度为 10bar/h。在 2h 期间内，汽轮机如需在满载状态下运行，其压降为 20bar。

储气库重新被压缩机储能时其压力将上升，而在此 8h 储能时间内，压缩机的储能压力也将由 46bar 上升至 66bar。

在压缩空气储能装置的储能和释能阶段，滑动式储气罐的空气压力将发生变化。因此，为了确保输出电量恒定，汽轮机的入口压力需保持为 46bar。为此需要将储气罐压力限制为汽轮机入口压力，并为节流损失考虑一定裕量。虽然储能和释能阶段内储气罐存在节流损失且空气状态将发生变化，在 2 台燃烧器内加热空气的结果（如上文所述）应该为：有用功最多可超出储能阶段的 20%（使用恒压储气罐时该值最高为 40%）。

对于发电机输出为 290MW、汽轮机入口压力为 46bar，假设储气罐压力变化幅度为 20bar，该储气罐体积应约为 $130000m^3/h$。

Huntorf 的盐垢顶部约位于 500m 深度处。由于储气罐上方至少需要拥有 100m 厚的岩层，应该将储气罐安装于 600m 深度处。使用前述的盐水方法从盐中沥滤出 2 个垂直圆柱形储气罐（容量约为 $135000m^3$）。每个储气罐的直径均约为 30m，高度约为 200m。

发电站与储气罐间的水平距离为 200m，各储气罐间的间隔距离为 180m。2 个储气罐均通过管道连接至发电站，并且通常 2 个储气罐并行运转。

由于地下（岩石静态）压力作用于储气罐和盐的塑性状态，盐穴的容量将不断缩小，每 4000 年将减少原有容量的一半。

储气罐容量及其安装成本不但受到装置所需能量容量的限制，还受到储气罐内的空气压力和温度的影响。经证明，储能压力为 40 ~ 60bar（此时输出功和输入功之比达到最佳值）时可获得最大的经济效益。如果压力超过该范围，虽然燃料消耗量将减少，但机械成本将大幅增加。如果压力低于 400bar，空气储存量过大将导致成本过高。

Huntorf 压缩空气储能装置每天可以提供 2h 的峰值功率，在质量流量降低、额定压缩机功率降低的条件下储能时间超过 8h。这意味着压缩机的生产量将仅为汽轮机的 1/4，储能比为 1:4。

40 ~ 60bar 的压力范围远大于常规燃气轮机的入口压力（运行压力约为 11bar）。因此，最大的常规燃气轮机（轴电机同步转速为 300r/min）及其燃烧器仅可用作低压汽轮机和低压燃烧器，其所用压降从 11bar 到 1bar。

从 46bar 到 11bar 的压降必须由高压汽轮机完成，但 1976 年此类燃气轮机并未出现。因此，高压汽轮机以入口温度为 550℃的小型中压蒸汽轮机设计作为基础。高压燃烧器的入口压力为 46bar。

Huntorf 压缩空气储能装置中，来自储气库的空气在使用天然气的高压和低压燃烧

⊖ $1bar = 10^5 Pa$。

器中加热。来自低压汽轮机的废气不被用于预热来自储气库的空气。进入燃烧器前，减压站将气体压力降至所需压力范围。轻质燃料油同样适用于此类装置。

压缩机组包含轴向低压装置和由转速为 7626r/min、通过一个功率为 45MW 的变速器驱动的离心高压电机，总驱动功率为 60MW，压缩过程包含中间冷却器。出于地质原因考虑，需要在进入储气库前使用后冷却器将空气进一步冷却至 50℃。

发电机的视在功率为 341MVA，电压为 21kV。发电机通过自接合离合器与汽轮机和压缩机分离，因此可以将发电机用作驱动压缩机的电动机。有关 Huntorf 压缩空气储能装置的详细信息请参考表格 7-1。

如果入口阀门打开，来自储气库的空气将在高压燃烧器内燃烧从而加速汽轮机。仅在达到同步转速且发电机完成同步后才可点燃低压燃烧器，并对汽轮机进行加载。

从停止到满载的整个起动程序通常需要 11min，快速起动约需要 6min。两种起动类型都可以在 2min 内达到同步转速。

在停止状态下起动后，压缩机将在约 6min 内达到同步转速。压缩机起动需要利用储气库中的剩余空气并借助汽轮机，这些空气将汽轮机驱动发电机加速至同步转速。达到同步转速后，发电机可作为电动机驱动压缩机。此时必须关闭汽轮机，而将汽轮机和发电机之间的离合器打开。

Huntorf 装置为全自动装置，且可以在位于汉堡市的负荷调度站进行远程控制。发电站无需工作人员。

空气储能燃气轮机的控制方法与常规燃气轮机的控制方法完全不同。常规燃气轮机的输出可以通过改变汽轮机入口温度进行调节，其空气吞吐量基本保持不变。结果是处于部分负荷时的耗热量相对较高。相反，空气储能燃气轮机内的空气流量与所需输出匹配，高压汽轮机的入口温度和低压汽轮机的排气温度都将保持恒定。由于部分负荷的耗热量大大改善，因此可以高效利用空气储能燃气轮机调节功率。

表 7-1　Huntorf 压缩空气储能机组和储气罐的主要数据

燃气轮机	
类型	单轴,拥有再热功能
装机容量	290MW
转速	3000r/min
空气吞吐量	417kg/s
高压汽轮机入口条件	46bar/550℃
低压汽轮机入口条件	11bar/825℃
经过低压汽轮机后的废气温度	400℃
比热耗	1400kcal/kWh
燃料	天然气

（续）

发电机	
视在功率	341MVA
功率因数	0.85
电压	21kV
转速	3000r/min
冷却	氢气
压缩机	
低压压缩机	
类型	轴电机
转速	3000r/min
入口条件	10℃/1.013bar
空气吞吐量	108kg/s
高压压缩机	
类型	离心机
转速	7626r/min
压缩后的条件	48~66bar/50℃
中间冷却器数量	3
后冷却器数量	1
2 台压缩机的驱动功率	60MW
储气库	
储气库数量	2
储气库高度	200m
储气库直径	30m
储气库体积	135000m^3
储气库深度	600m
储气库间距	180m
储气库与发电站间的水平距离	200m

7.5.2　麦金托什（McIntosh）

1991 年 9 月 27 日，阿拉巴马电力集团（AEC）在多级可逆 McIntosh 压缩空气储能系统调试期间将世界上第一台全新的商用发电装置交予美国电网公司，该装置的建造历时 2 年零 9 个月。

McIntosh 压缩空气储能装置（MICAES）旨在提高 Huntorf 压缩空气储能装置的技术规格，其原因是前者包含一个换热器（未安装在 Huntorf 压缩空气储能装置中）。燃烧室加热来自洞室的空气前，换热器首先利用废热对空气进行预热，这将减少约 25% 的燃料消耗量。McIntosh 压缩空气储能装置的其他基础部件，包括压缩机、燃烧器和膨胀汽轮机均与 Huntorf 压缩空气储能装置类似。McIntosh 压缩空气储能装置的额定装机容量为 110MW，并能够以 33MW/min（30%）的速度改变负荷。从百分比的角度看，该速度比其他类型的发电装置高 3 倍。McIntosh 压缩空气储能装置可以在部分负荷的状态下进行高效运转。例如，以 20% 额定装机容量运转时其效率损失仅为 15%。而常规燃煤发电装置在以 20% 额定装机容量运转时其效率损失将达到约 50%。容量 110MW 的 McIntosh 压缩空气储能装置一次完全储能所提供的电力可以供阿拉巴马州 11000 个家庭使用 26h。但更重要的是，该装置的所有者 PowerSouth 公司（原 AFC）可以利用该装置对其系统资源进行有效而经济的管理。

McIntosh 压缩空气储能装置的储气库位于地下 500m 的大型地下盐层内，该盐层深度为 8mile，直径约 1.5mile，采用溶解采矿方式建造。这个高度为 300m、直径为 80m 的垂直圆柱形洞室的体积超过 $5.32 \times 10^6 \mathrm{m}^3$。洞室内的空气压力变化范围为 74～45bar，压缩空气流过汽轮机的速度为 170kg/s。

7.6　调度与经济局限性

释能状态下 Huntorf 压缩空气储能装置达到满载状态所需要的时间约为 6min，该时间短于相同工业类型燃气轮机，但长于基于飞机汽轮机的调峰燃气轮机所需时间。可以通过将来自洞室的气流增加至超过标称设计值的程度直至燃烧器达到标称温度这一方法实现 Huntorf 压缩空气储能装置的快速起动。在这种情况下，可以在达到设计燃烧温度之前达到满载状态。这将导致压缩空气储能装置的周转效率略微下降，但燃烧温度将适度升高，从而降低叶片和转子应力并提升装置的可靠性和使用寿命。如果可以在保证可靠性的前提下快速增加发电量，则压缩空气储能装置将比常规燃气轮机拥有更大的吸引力。虽然压缩空气储能在快速加载方面不是最有效的方式（抽水蓄能的响应时间约为 10s，飞轮储能甚至更快），但 Huntorf 压缩空气储能装置每天可以完成 5 次常规起动并为“主”电力系统的电力调度提供必要帮助。

压缩空气储能装置可能存在的最大缺点是需要使用清洁燃料，例如天然气或馏分油。这些“质优价高”的燃料可能价格会越来越高。目前此类燃料对于各国发电的有用性均不同，且长期来看，其对于发电装置的吸引力将不断降低。然而需要提及的是，此种发电方式所需的燃料数量没有想象的那么高。据估计，如果所有燃料中有最多达 5% 的燃料为高品位燃料用于驱动压缩空气储能装置，则足以确保英国电力系统负荷的平稳。只有通过对比（燃料和储能）能量成本和基建成本，才能对压缩空气储能技术与其他储能技术进行性能和价值比较。

　　暂时忽略油气短缺的可能性后，对用于压缩空气储能装置的燃料价格及广泛使用的抽水蓄能方式进行对比将获得有趣的结果。

　　第一个值得注意的问题是，如果未来馏分油或天然气的价格仍旧高于煤炭价格，压缩空气储能方案（如 Huntorf）的燃料成本将明显高于抽水蓄能。但这并不意味着抽水蓄能装置的综合经济指标更优，原因是还需要考虑基建和操作成本，以及选址数量有限等因素。

　　对于电力系统中的核能部分是否已增加至可以将核能应用于储能装置夜间储能这一问题，相比抽水蓄能装置，压缩空气储能装置的敏感性更差。

　　相比 Huntorf 类型的压缩空气储能装置，两班制燃煤发电站的燃料成本更低，但隔热压缩空气储能装置可能成为抽水蓄能装置的有力竞争对手。

　　加热膨胀空气可以不使用油气燃料，而改为使用煤炭或合成燃料。存在一系列方法替代煤炭。可以利用燃气轮机和联合循环应用采用的流化填充层燃烧取代油燃烧室。可以使用独立气化或煤炭液化设施生产替代燃料，这种方法无需改变压缩空气储能装置汽轮机。每种方法所用的转换设备基建成本都很高；需要使用低成本煤炭以保证替代燃料从经济角度来看更具吸引力。此外，也可以考虑采用水电解法生产合成燃料。最佳经济提案只有在满足以下情况时才会实现：采用完全独立的合成燃料生产装置和燃料储存装置，确保即使压缩空气储能装置仅要求供应调峰燃料时合成燃料生产装置也能实现最优加载。这个方法可以应用于任何类型的压缩空气储能装置中，且特别适合于燃料需求极少的工作循环。合成燃料将在第 8 章中详细介绍。目前仅建造了 3 台压缩空气储能装置，其中 2 台已在本章中进行了简要介绍。第 3 台 25MW 的示范压缩空气储能装置位于意大利赛斯特，建于多孔岩石内。目前该装置已停用。一家日本电力公司计划建造装机容量为 35MW、6h 的商用压缩空气储能装置，并使用多孔岩石作为储能介质，预计于1997 年 4 月进行试运行，另外还有其他的压缩空气储能装置在建或处于计划建设阶段。以色列已经完成了在硬质岩石含水层建造 300MW 压缩空气储能装置的相关研究。其他国家也在开展类似项目，以对压缩空气储能系统的发展潜力进行调查。另一个在建的装置由美国诺顿储能公司设计，其选址为 10000000m 的石灰岩矿，深度为 700m。该装置在利用天然气加热空气之前，将空气压缩至 100bar 压力。预计第一阶段装机容量将达到 200 ~ 480MW，成本将达到 5000 ~ 48000 万美元。完成随后的 4 个阶段后预计装机容量将达到 2500MW。目前计划推进的项目为爱荷华州储能园区，该项目由多家市政电力公司通过桑迪亚国家实验室进行开发，由能源部提供资金。该项目将成为第一个使用含水层作为储能库的压缩空气储能装置项目。洞室是带有防渗页岩盖层的砂岩含水层。

　　此外，俄罗斯暂时计划将建造装机容量为 1050MW 的压缩空气储能装置。

　　可以肯定的是，压缩空气储能装置将在电力系统中扮演有限但十分重要的角色。

第8章　氢气与其他合成燃料储能

8.1　概述

合成燃料由生物质、废物、煤炭或水制成，被认为将在未来取代天然气或石油。生产合成燃料所需要的能量可以在非用电高峰期从基荷发电站获得。由于可以代替石油或天然气在用电高峰期发电，此类燃料可以作为一种储能方式。合成燃料本身只是一种储能介质（例如，氢只是一种储存和输送能量的手段）。与其他储能概念一样，合成燃料储能也需要使用功率变换系统和中央储能装置。应该在非用电高峰期使用化学反应器或电解器制造储能介质，而化学反应器和电解器均属于储能期间使用的功率变换系统的组成部分。

释能阶段需要通过具有合适燃烧室的热电厂将储能介质转换为电能。如第7章所述，压缩空气储能装置也是合成燃料的潜在用户。

应该将储能介质储存于特殊存储设备（即中央储能装置）中。使用合成燃料会产生一些涉及安全性与储能容器材料的问题，但此类装置与天然气和油类燃料所使用的储能和配电系统基础设施并无太多差别。

8.2　合成储能介质

在众多合成燃料中，最有希望的是甲醇（CH_3OH）、乙醇（C_2H_5OH）、甲烷（CH_4）、氢气（H_2）、氨气（NH_3）和甲基环己烷。

使用煤制造甲醇的过程中需要将煤转化为碳氧化物和氢，即有

$$C + H_2O \longrightarrow CO + H_2$$
$$CO + 2H_2 \longrightarrow CH_3OH$$
$$CO + H_2O \longrightarrow CO_2 + H_2$$
$$CO_2 + 3H_2 \longrightarrow CH_3OH + H_2O$$

一氧化碳（CO）、二氧化碳（CO_2）和氢气（H_2）的混合气体会在压力为50个标准大气压、温度为250℃的鲁奇工艺中或在液态烃的铜/锌液化催化剂中发生反应。

使用二氧化碳和氢气制造乙醇的方法与制造甲醇的方法相同，即增加氢含量。

缺乏煤炭的地区可以使用生物质作为替代基础原材料。同样也可以使用生物质制造甲醇，即有

$$C_x H_y O_z + 2\left(\frac{x-z}{2}\right)H_2O \longleftrightarrow CO_2 + \left[\frac{y}{2} + 2\left(\frac{x-z}{2}\right)\right]H_2$$

该过程在有水的情况下对有机固体进行分解蒸馏，最后利用钼酸钴作为催化剂。

也可以使用生物质制造乙醇，方法是将单糖发酵生成乙醇和二氧化碳。把纤维素转化为单糖的初步水解过程采用热与酸相结合的方法或酶发酵法。第二种方法已被巴西的一个政府研究项目选用，在交通应用中利用乙醇替代 20% 的燃料。

目前最有发展前途的合成燃料和储能介质之一是氢。可以利用任何一种低品质能量源从废物中获取氢，而且作为燃料也十分环保。通过简单清洁的燃烧反应过程即可还原为水且不会产生污染。

主要缺点是，氢极易燃且在一定压力下储存氢存在一定难度。把氢液化后可降低储存难度，但需要消耗不少于 30% 的储能能量。氢在空气中可燃浓度范围很宽（4 ~ 75vol%），而甲烷的可燃浓度范围为 5 ~ 15vol%。此外氢的点火能量也极低（约为甲烷的 0.07 倍）。

合成燃料的简单对比见表 8-1。

表 8-1　合成储能介质对比

燃料类型	液体密度 /（kg/m³）	能量密度		沸点 /℃	质量输送效率 （%）	注　释
		10^7 J/kg	10^9 J/m³			
甲醇	797	2.1	15.8	64	25	易燃气体,臭味,腐蚀性,可作为燃料
乙醇	790	2.77	21.0	79	30	易燃气体
甲烷		3.6	15.12	−164	25	易燃气体,可直接作为燃料或作为生产氢气的能源输入
氨气	771	1.85	14.4	−33	17.6	毒气,臭味,进行氢再生时需要输入能量
150 个标准大气压、20℃的氢气	—	14	1.7	−252	100	爆炸性气体
温度为 −252℃ 的液体	71	14	10.5	−252	100	易燃液体
金属氢化物	—	最高为 1.1	最高为 0.021	—	—	进行氢再生时需要输入能量

8.3　氢气的生产

可以通过多种工业方法生产氢：

- 天然气的催化蒸气转化；
- 煤炭的化学还原：

$$C + H_2O \longrightarrow CO + H_2$$

或

$$C + H_2O \longrightarrow CO_2 + H_2$$

- 工业光合作用；
- 紫外线照射；
- 重油的部分氧化；
- 借助热化学循环对水进行热分解；
- 对水进行电解分解。

最后一种方法包含两个反应过程：

阴极反应：

$$2H_2O + 2e^- \longrightarrow H_2 + 2OH^-$$

阳极反应：

$$2OH^- \longrightarrow \frac{1}{2}O_2 + H_2O + 2e^-$$

根据法拉第电解定律，所排出的氢质量 m 的计算公式为

$$m = \frac{1}{F} \times \frac{A}{Z} \times I \times t$$

式中　F——96500Cb/kg 当量（法拉第常数）；

A——原子量；

Z——化合价；

I——通过电解质的电流；

t——电解时间。

总反应焓［涉及每个氢分子转移两个电子（氧原子）］

$$H_2O \longrightarrow H_2 + \frac{1}{2}O_2 - 237kJ/kmol$$

决定理论上最低的电解槽电压［压力为 1bar，温度为 25℃，$G = 237kJ/mol$（氢气为 2.016g）］时需要 2 个法拉第电子（193kCb）；这些电荷必须通过 1.23V 电压，即电解槽的平衡电压。温度越高时电解槽电压将越低，因为能量已经以热量的形式供应。例如，1200K 时平衡电压约为 0.9V。实际上，如果要保证明确的气体发生，则必须超过此平衡电压。通常，电压在 1.5 ~ 2.05V 范围内。

一个 60kW 的功率变换系统能够产生 25g 或 280L/min 氢气和 140L/min 大气压力的氧气（按照体积计算）。如果忽略电流流过电解质造成的热损耗，所需电流为 40kA、电解槽电压为 1.5V。

尽管现在使用的主要方法是天然气的催化蒸气转化（"商业级"气态氢，含碳和硫杂质）和重油的部分氧化，但水的电解和热分解更适合用于氢气储能。在这种情况下，

将利用水以及大型水力发电站或基荷核电站或燃煤发电站产生的能量生产氢气。此外还可以使用可再生的光伏能、太阳能或风能制造氢气（氢气制造方法对比见表 8-2）。

　　输送至用户处后，氢气即可用作用电高峰期的一次燃料，也可以直接代替其他燃料。作为燃料燃烧时，氢和氧会重新组合形成水，来完成循环。如图 8-1 所示说明了基于氢气的电网概念（氢经济），这个概念目前是多家科研机构的研究对象。氢经济的一个主要优势是，氢气可以代替内燃机和汽轮机所使用的矿物燃料，将化学能转化为动能或电能，也可以将氢气用于常规内燃机以取代常规燃料。如果使用燃料电池，则后者作为电化学设备时其理论效率将优于热发动机。相比内燃机，燃料电池的生产成本更高，但如果出现新技术则会大幅降低。燃料电池需要使用高纯度（"技术级"）氢气，原因是如果氢气中存在杂质将缩短燃料电池的使用寿命。目前（2010 年的技术水平），生产氢气燃料电池所消耗的能量约为在燃料电池使用寿命期间所获得的能量的 2.5 倍。

　　可以就地利用氢气直接制造温室中性气态燃料（非生物性）。因此，已提议采用捕获氢作为介质生产温室中性甲烷（注意：这种方法与如今使用的从天然甲烷中获取氢的方法正好相反，但该方法最终不会燃烧释放矿物燃料碳）。从某种意义上讲，绿色植物利用太阳能制造捕获氢，而捕获氢又被用于生成易储存易使用的燃料。植物叶片利用太阳能将水分解为氢气和氧气，而氧气被释放掉。

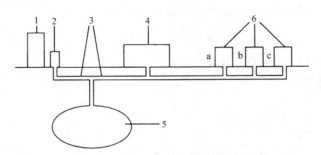

图 8-1　以氢气为基础的电网概念

1—基础电源　2—电解器　3—地下输送（或采用油轮运输）
4—液氢储存　5—地下气态氢储存　6—氢气用户
a—小型常规发电站　b—合成燃料制造业　c—家用燃料

　　植物"就地"利用所生成的氢气，将空气中的二氧化碳还原成各种燃料（如木材中的纤维素、作为植物油基础的菜籽油、生物柴油等）。可以就地利用捕获氢气和二氧化碳并借助 Sabatier 反应合成甲烷。减去 20% ~ 30% 的往返效率，该过程效率约为 80%，具体百分比取决于燃料的使用方法，这甚至低于氢气。不过，由于甲烷沸点和能量密度均较高，其储存成本低于氢气至少 3 个数量级。液态甲烷的能量密度为液态氢的 3.2 倍，且易于储存。此外，甲烷所需的管道基础设施（天然气管道）本已存在。另外，由于天然气驱动的汽车已经存在，而且相比直接使用氢气的内燃机汽车而言，利用现有内燃机技术改造天然气驱动汽车更为容易。天然气驱动汽车的使用经验显示，一

表 8-2 氢气制造方法

	天然气	核能	太阳能	风能	生物质	煤炭
主要来源	1590 万 ft³（1ft=0.3048m）天然气，仅占目前美国每年天然气消耗量的一小部分	240000t 未浓缩铀，为当今全球产量的 5 倍	阳光地带西南各州每年每平方米的太阳能为 2500kWh	国内大部分地区常见平均风速为 7m/s	15 亿吨干生物质（主要是副产品，如花生壳，也包括大田作物）	10 亿吨煤炭-美国如今的国内煤炭产量需要加倍
基础设施	777000 燃料供应站；更有可能混合成大型中央生产工厂	2000600MW 新一代核能发电站；美国现阶段仅有 103 座核能发电站在使用中	11300 万个 40kW 系统，覆盖 30000 多万英亩（内华达州面积的 3 倍）的 50%	100 万台 2MW 风力机，覆盖 12000 万英亩（面积大于加利福尼亚州）的 5%	3300 台气化装置，多达 11340 万英亩（美国农田的 11%）用于生物质生长	1000 个 275MW 装置；仅 12 座发电站提名能源示范发电站（并非所有发电站都符合要求）
2010 年总成本	10000 亿美元	8400 亿美元	220000 亿美元	30000 亿美元	5650 亿美元	5000 亿美元
每 GGE（气体当量加仑）价格	$3.00	$2.50	$9.50	$3.00	$1.90	$1
二氧化碳排放量（单位：t）	30000 万	0	0	0	60000 万 *	60000 万 †
2010 年的状态	如今有 4 座燃料供应站使用天然气制造氢气	将于 2021 年在美国爱达荷国家实验室建造世界上第一台高温反应器	本田公司于 2001 年在加利福尼亚州的实验室建造了试验太阳能供电加氢站	科罗拉多州的国家可再生能源实验室正在建造大的 100kW 的风力机	2015 年，由政府投资建造的生物质研究将转交给私人企业	2012 年，第一座 FutureGen 示范发电站将开始以 50% 的装机容量运行

注：* 净排放为零，原因是农作物会吸取空气中的二氧化碳。
† 捕获 90% 并储存于地下。

且人们接受了燃料储存成本，将发现甲烷的储存成本较低。然而由于乙醇的储存成本更低，因此该技术需要保证甲烷生产成本远低于乙醇生产成本。

甲烷可利用氢与碳元素或其氧化物反应生产，也可通过费托工艺利用氢气制备。该放热反应将释放 205kJ 热量，其反应式为

$$CO + 3H_2 \Longrightarrow CH_4 + H_2O$$

在某些情况下，二氧化碳将以类似方式反应并形成易燃碳氢化合物燃料。

还可以利用氢和碳通过放热反应合成甲烷，该过程将释放 73kJ 的热量。放热反应式为

$$C + 2H_2 = CH_4 \quad \delta H = -73kJ$$

作为拥有已确立输送网络的主要燃料，甲烷可能还可以作为能量源，但如果其生产地远离现有天然气输送网络，则需要对甲烷进行冷凝处理形成液体以方便运输。

用户可以将甲烷用作普通燃料（燃烧时释放 890kJ 热量），或加入最多 5% 的氢气制造二氧化碳排放量相对较低的清洁燃料。这种清洁燃料的易燃性低于氢气。反应式为

$$CH_4 + 2O_2 \Longrightarrow CO_2 + 2H_2O$$

如果要求在生产基于甲烷的燃料时不得排放碳氧化物，则可以考虑以下方法：

- 增加 73kJ 的热量将甲烷分解为氢和碳，即

$$CH_4 \Longrightarrow C + 2H_2$$

应该注意的是，该反应过程会产生很难回收利用的炭黑。

- 从甲烷燃烧释放的气体中提取一氧化碳和二氧化碳；
- 通过以下两步分解过程回收甲烷产生的氢气，即

$$1. \ CH_4 + H_2O \Longrightarrow CO + 3H_2$$
$$2. \ CO + H_2O \Longrightarrow CO_2 + H_2$$

一氧化碳与水发生反应后会放热（释放 42kJ 热量）并生成氢气和二氧化碳（需排出）。

使用氢气制造甲烷时可以再次利用最后两个过程中产生的二氧化碳和一氧化碳，这样就完成了循环。这里，碳作为氢的"载体"。

甲烷以天然气的形式被人们广泛利用，可直接用作燃料，并且产生的二氧化碳排放量相对较少（尤其是加入氢气后）。甲烷的使用无需任何新技术。

作为使用氢"载体"系统的实例，氨气可能是比甲烷更适合的选择。由于可以从大气中回收再利用，氨气的使用过程不会产生返回转化成本。使用哈柏法，在 200 ~ 500bar 的压力下使用 720K 催化剂直接结合氢气和氮气即可生成气态氨，该过程为

$$N_2 + 3H_2 = 2NH_3 \quad 放热 \ \delta H = -90kJ$$

如需获取足够快的反应速率，高温和高压条件十分重要。反应将导致反应物体积整体缩小。通过在 240K 沸点对气态氨进行液化处理来收集燃料。该反应为放热反应，将释放 90kJ 的热量。而该反应的逆反应（分解氨气生成氢气和氮气）为吸热反应，需要吸收等量的热量（90kJ）。在温度为 400℃、压力为 10bar 时，氨气的解离程度将达到 98%。

将氨气解离为氢气和氮气是一个简单的反应过程，仅需在相对较低的压力下使氨气通过高温管道。但是，必须确定使用前所需要的氢气与氮气的分离程度。

相对于氢气储存，氨气储存的潜在优势有

- 储存更为安全；
- 能量密度更高；
- 更易于液化。

该系统适用于能量生产地远离能量消耗地的情况，因为氨气的运输费用低于氢气。

甲苯加氢可以生成甲基环己烷，这种液体物质的使用方式与石油产品相同。例如，可将其用于发动机，取代汽油或柴油燃料，但由于甲基环己烷减少一氧化碳和二氧化碳的效果与使用石油产品相比微乎其微，这种用途没有什么前途。也可以使用甲基环己烷再生氢气，但在此种情况下需要对甲苯"载体"进行重新加氢，从而大幅降低质量输送效率。

8.4 氢气储存容器

氢气储存的选项如下：

- 压缩气体；
- 化合物；
- 液态氢；
- 氢化物。

这些选项的相对基建和其他具体成本见表 8-3。

表 8-3 不同氢气储存类型的相对成本

储存成本	氢化物	液态氢	50bar 气态氢
相对基建成本	15.09	54.09	13.72
相对年运营成本	0.3	23.2	3.42
储存周期相对成本/体积（Nm³）	2.54	20.27	3.0
储存周期相对成本/kWh	0.82	6.72	1.0

由于液化工艺成本较高，最适用于储存由大量非油基一次能源制造的大批量氢气的形式是在地下洞室内的压缩气态氢，并以与天然气类似的方式储存。相关技术已在第 7 章进行了讨论。气态氢的高扩散率对泄漏影响较小，原因是多数岩石结构的毛管孔隙都被水密封。

另一种储存氢气的方式是将氢气与其他成分形成更便于储存的化合物。表 8-1 列出了一系列包含化合氢的可用化合物（如甲烷和氨）的属性。这些化合物可以与氢气进行对比，同时也被选为在 8.3 节中讨论的 3 种制氢方法的代表。

液态氢的质量能量密度为石油的 3 倍。液态氢尤其适用于大型地面运输设备和飞行器，从而提高这些设备的有效载荷并加大航程。由于密度较低，从体积角度来说，液态氢的储能密度低于其他材料。无论从重量或体积角度来说，处于液态的氨和甲烷都是最有效的氢气储存材料（见表 8-1）。

储存液态氢和其他冷冻流体以及压力状态下的气体时需要使用可靠性高的低质量储能容器。

在 1960 年前后，美国阿波罗计划使用低质量复合材料储存低温流体。此后又决定使用金属阻渗层作为复合材料容器内衬，这种做法一方面可以防止氢气损失，另一方面也可以在出现由复合材料低温疲劳特性导致的机械故障时储存低温流体。虽然复合材料的室温疲劳属性极佳，但其低温性能存在许多不确定性，尤其是在低温反应环境例如氢气和氧气中。D. Evans 在卢瑟福阿普尔顿实验室中进行的研究显示，一些现代高级复合材料的氢气渗透率较低，因此从技术角度看，可以使用利用此类材料制成未采用阻渗层的储能容器。

其他能够防止氢气泄漏从而实现高效储存的方法包括制造氢化物或利用某些材料进行物理吸附，如沸石（"分子筛"）。由于液态氢的体积约为碳氢燃料的 4 倍，建议采用氢化物概念，即将氢溶于金属。这一概念认为许多金属氢化物如 $LaNi_5$、$TiFe$ 和 Mg_2Ni 都可以在低压低温的状态下吸收并释放氢气，且损耗很少。

8.5　氢化物概念

氢分子与金属或合金发生交互作用后将分离为原子。这些原子将被金属吸收，直至达到溶解极限并建立平衡的氢气压力。当所有材料均变为氢化物后，压力将再次快速上升。依靠现有相数，压力等级将升高且过程将被重复。氢化物释放氢气时的超压数量级低于压力容器所储存的气态氢压力，原因是其分子分离为原子且在金属相结合。基于同样的原因，氢化物中的氢气体积密度大于气态和液态氢。指定温度下的浓度压力等温线示意图如图 8-2 所示。

目标是选出可以通过可逆方式完成热分解的氢化物，从而在必要时将氢气从容器中排出或重新装入容器。适合的氢化物储存容器必须包含下列特征：

● 金属的单位质量氢气含量高；

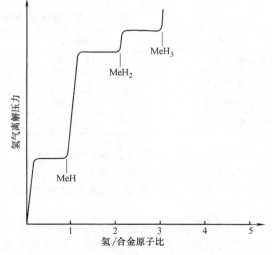

图 8-2　氢化物中不同氢气浓度的相对压力等温度（T = 恒温）

- 温度适中时，分离压力低；
- 分解阶段的分离压力保持恒定；
- 暴露于空气中时安全；
- 成本低。

由金属（Me）和氢气（H_2）形成氢化物的放热化学反应如下：

$$加载（释放热量）$$
$$H_2 + Me \Longleftrightarrow 氢化物 + 热量$$
$$卸载（吸收热量）$$

位于美国纽约长岛的布鲁克海文国家实验室已经开发出了具有低氢气释放能量要求的低温铁钛氢化物。镁基高温氢化物受到关注，原因是容易获得且所用金属的价格较低。2 种材料释放氢气的过程中都会吸热，因此不会产生安全性问题。以钛和镁为基础的氢化物质量能量密度 W_m 为

$$FeTiH_{1.7} \longrightarrow FeTiH_{0.1} \qquad 1.856 \times 10^6 J/kg$$
$$Mg_2NiH_4 \longrightarrow Mg_2NiH_{0.3} \qquad 4.036 \times 10^6 J/kg$$
$$MgH_2 \longrightarrow MgH_{0.005} \qquad 9.198 \times 10^6 J/kg$$

可以将拥有不同稳定压力的氢化物组合用于多种用途，其中包括氢气储存与热能储存。

将氢化物用作热发动机或家用加热器的氢气储存容器时，氢化物所产生的废热可以返回氢化物中。如果废热量少于氢气释放所需热量，可以将废热作为热能储存于金属氢化物（作为热能储存装置）中。可以将拥有不同释放温度的氢化物组合用于不同装置，例如热泵、集中供暖、空调和可再生储能系统。基于这种可能性，德国戴姆勒奔驰公司已提出了所谓的"氢化物概念"。

这一概念是基于燃烧过程与废热释放之间在时间与地点上的分离这一前提。这一概念可以实现的原因是：

- 可通过改变从氢化物中排出氢气或将氢气加入氢化物的速度来控制每分钟热传递速度。
- 氢化物的压力/温度特征决定所需温度。

包含高温和低温氢化物的系统工作方式如下：燃烧氢气的机器所排出的废气经过高温氢化物释放氢气，而氢气被泵送至低温氢化物。废气经过低温氢化物释放氢气，氢气进入氢气燃烧机器并升高氢化物温度。该机器应使用冷却水分离氢气。

如图 8-3 所示为氢化物能量概念的示意图。根据此概念，氢化物可用于移动、固定或电化学储能或氢/氘分离。

另一种替代气态氢作为能量载体的方法是将其与空气中的氮气结合产生易液化、易运输和使用（直接或间接）的氨气——一种清洁的可再生燃料。毒性是阻碍氨经济发展的主要问题。

甲醇经济是合成燃料生产能源计划，开始于氢气制造。最初建议将完整"氢经济"中的氢气当作可再生无污染能源并应用于非全电动汽车中。然而，另一种方法与将氢元

素直接用于车辆不同，但解决的是同一问题。该方法是立即使用集中生产的氢气，以便利用二氧化碳制造液体燃料。这样也就可以利用捕获氢来制造燃料，且这种方式不会产生高额的氢气运输或储存费用。要生产温室中性气体，该计划中的二氧化碳来源应该来自空气、生物质或按计划将从非碳捕获燃料燃烧发电站（未来可能会大量使用，因为经济合算的碳捕获和储存取决于地点，且很难改变）排放至空气中的二氧化碳。

许多使用捕获氢制造更易使用的燃料的混合策略可能比单独氢气生产策略更为有效。短期储能（指能量在捕获后的较短时间内使用）最适合使用电池或超级电容器进行储能。长期储能（指能量在捕获后数周或数月后使用）最好使用合成甲烷或乙醇，此类燃料可以无限期储存，且成本相对较低。此外，电动车辆也可以直接使用某些类型的燃料电池。这些策略与当前对充电式混合动力电动汽车或 PHEV（采用电能和燃料储能混合策略满足能量需求）的关注非常吻合。

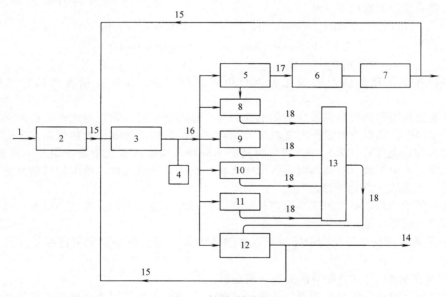

图 8-3　氢气储能概念

1—一次能源：核能、水能或可再生能源　2—基础发电站　3—电解器　4—氢气储存　5—从钛镍氢化物中分离出氢气/氘气　6—天然铀反应器　7—钛镍电池　8—汽车氢化物储能　9—合成化学制品与燃料的生产　10—热化学过程　11—家用加热器和氢化物家用空调　12—当地火力发电站
13—废热回收　14—用户　15—电流　16—氢气　17—氘气　18—热量

第 9 章　电化学储能

9.1　概述

所有电力系统储能设备中最常规的就是电化学储能（Electrochemical Energy Storage, 简称 EES）设备，可以将此类设备分为 3 类：原电池、蓄电池和燃料电池。这些设备的共同特征是能够将所储存的化学能转化为电能。与热力过程不同的是，此类设备的转换效率不会受到卡诺循环的限制。原电池和蓄电池使用内置化学成分，燃料电池则使用外部合成燃料（氢气、甲醇或联氨）提供的化学键能。与蓄电池不同，原电池的内置活性化学剂用完后无法再充电，因此严格来说不算是真正的储能。本章所提及的术语"电池"仅指蓄电池。

蓄电池和燃料电池包含两个电极系统和电解质，均置于特殊容器中并连接至外部电源或负荷。两个电极与电解质相接并与之交换离子，同时与外部电路交换电子。这两个电极分别称为阳极（−）和阴极（+），如图 9-1 所示。

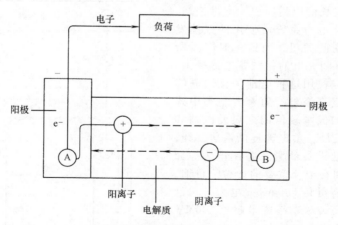

图 9-1　放电期间的电池

阳极也称为氧化电极，也就是说，放电期间，该电极会向电解质发出阳离子。向电解质提供正电荷时，阳极本身将自带负电荷，此时可将其视为外部电路的电子源。同时，阴极会消耗外部电路提供的电子以及内部电路提供的阳离子。为了维持外部电路的电流，阳极应该产生电子并由阴极消耗。由于化学过程无法产生电荷，电解质内的电荷输送（以离子形式在电极间输送）需同时进行。

应该提到的是，在此种情况下不得出现电子传导，因为这会导致电池通过短路放电。

启动电流的电池电动势（Electromotive Force，简称 EMF）是电极间的电位差。端电压 V 等于电动势减去电池内部电阻 R 引起的电压降，而此电阻包括与电解过程相关且随频率和时间变化的部分、整个内部电路部件间的电荷输送欧姆电阻、随外部负荷变化的部分以及电池部件的剩余能量含量。换句话说，也可以用一种十分复杂的阻抗形式来描述内电阻。内电阻越小，电池周转效率就越高，原因是电池的热损耗与其内电阻间存在着线性关系。

较快的反应速率和良好的输送环境可以大幅降低电化学电池的不可逆热损耗。在高温环境中运行并使用化学活性电极即可满足上述两个条件。在这两种情况下，由于自身的稳定性和输送性能存在问题，电解质都将成为限制因素。

常见的解决方法是使用不同类型的含水电解质，但问题是此类电解质仅能够在高温高压环境下使用，因此需要特殊容器。拥有较高离子电导率的陶瓷材料有希望用于电化学过程中。这些所谓的固态离子导体的发展已促成电池技术上的突破性进展。

9.2 蓄电池

在电力系统中，可再次充电的电化学电池已经拥有很长的应用历史。本世纪初，当地的小型直流电力系统所使用的柴油发电机通常会在夜间关机，而这一时间段所需的电力由日间充电的铅酸蓄电池提供。美国许多城镇也使用这种电池为交通高峰时段的电车供应直流电。随着大型集中式交流发电系统和成本较低的燃煤发电站和燃油发电站的发展，蓄电池逐渐退居二线，仅作为直流辅助设备的紧急备用电力。如今，蓄电池仍拥有十分重要的地位。目前，英国国家电力公司和 PowerGen 电力公司已在全国范围内安装了功率容量超过 100MW 的蓄电池作为备用电源。

下面将对最常用的蓄电池系统电池单元反应进行讨论，并对其存在的主要问题进行简要说明。

如今的蓄电池市场中，占据主导地位的仍为 Plante 于 1859 年发明的铅酸蓄电池（见图 9-2）。铅酸蓄电池是最古老的化学储

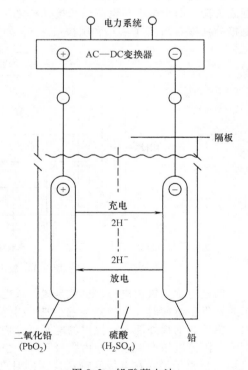

图 9-2 铅酸蓄电池

能设备。这类电池的主要缺点是能量密度相对较低、充电时间长且需要精心维护。铅酸蓄电池有近一半的重量都来自惰性材料，例如极板金属、水、隔板、连接器、接线端子和电池单元容器。各种降低重量、增加能量密度的尝试主要是选用低密度材料。在正电极系统中使用碳纤维可降低铅酸蓄电池的重量，提升其功率密度。随着铅/钙合金负电极的广泛使用，氢气用量和失水量逐渐减少，从而大大降低了维护需求。

蓄电池包含成对交替使用的极板，在每个极板中，一个为铅板，另一个为带二氧化铅涂层的铅板，二者均浸在硫酸稀释溶液（电解质）中。图 9.2 中仅显示了一对极板，或称电极。放电期间，两个电极都转化为硫酸铅（$PbSO_4$）。充电期间，正电极恢复为二氧化铅，负电极恢复为金属铅。由于电极中发生的不可逆物理变化，此类蓄电池的性能将逐渐减弱，并最终将于数百次至 2000 次循环后彻底报废，具体取决于电池设计及工作周期。其正电极反应为

$$Pb_2SO_4 \xrightleftharpoons[\text{放电}]{\text{充电}} PbO_2 + H_2SO_4 + 2H_2 + 2e^-$$

负电极反应为

$$PbSO_4 + 2H_2 + 2e \xrightleftharpoons[\text{放电}]{\text{充电}} H_2SO_4 + Pb$$

可统一表示为

$$\underset{\text{阳极}}{Pb} + 2H_2SO_4 + \underset{\text{阴极}}{PbO_2} \xrightleftharpoons[\text{充电}]{\text{放电}} \underset{\text{阳极}}{PbSO_4} + 2H_2O + \underset{\text{阴极}}{PbSO_4}$$

如上所述，铅酸蓄电池一直是牵引和静止用途的常用电源。很久以前人们就开始将大型 1~5MW 铅酸蓄电池应用于潜艇中，该电池通常可完成 2000 次循环。

随着碱性电解质电池（如镍锌和镍铁电池）行业的发展，未来的目标是为牵引应用生产改良的储能系统。目前认为镍锌电池是很有前景的中期电动汽车（EV）系统。此类电池与成本更高的镍镉电池类似。电池单元反应可表示为

$$2NiOOH + 2H_2O + \underset{\text{阳极}}{Zn} \xrightleftharpoons[\text{充电}]{\text{放电}} 2Ni(OH)_2 + Zn(OH)_2$$

镍锌电池的主要缺点是使用寿命短、隔板稳定性差、温度控制不佳、成本高且大批量生产存在问题。其使用寿命短的原因是锌电极反应产物的溶解度较高。充电期间锌的再次沉积不仅导致树枝状晶体生长（从而穿透电池隔板并引起内部短路），也会导致活性化学剂的重新分配。针对碱性电解质中树枝状晶体生长问题以及锌电极塌落问题的可能解决方法是使用电极、电解质添加剂和防刺穿隔板。人们也尝试通过充电期间振动锌电极的方式抑制锌树枝状晶体的生长。

稳定而使用寿命长的镍铁电池在 70 年后又重新开始普及起来。在这 70 年中，镍铁电池一直沿用托马斯·爱迪生的设计，几乎未发生任何改变，而西屋公司开发的电动汽车系统采用了纤维电极和电解质循环。

镍铁电池是碱性蓄电池，使用氢氧化钾作为电解质。电池反应式为

$$2NiOOH + 2H_2O + \underset{\text{阴极}}{Fe} \xrightleftharpoons[\text{充电}]{\text{放电}} 2Ni(OH)_2 + Fe(OH)_2$$

尽管日本和瑞典已于近期对镍铁电池系统进行了改进，但电动汽车所使用的镍铁电池的主要缺点仍是能量密度过低。

此外，镍铁电池的调峰能力较差，其他缺点包括电池单元电压较低（这意味着满足指定电池电压要求需要更多的电池单元），以及电池铁电极的氢过电压较低（导致电池自放电且电池单元效率低）。

镍电池系统的发展都会受益于活性材料电化学浸渍性能的提升。虽然初始资本成本较高，但金属-金属氧化物电池的使用寿命较长可保证良好的经济特性。

铁-空气电池的阳极由铁制成，阴极则吸收空气中的氧气。空气中的氧气与铁之间的电池反应为

$$\overset{\text{阳极}}{Fe} + H_2O + \frac{1}{2}\overset{\text{阴极}}{O_2} \underset{\text{充电}}{\overset{\text{放电}}{\rightleftharpoons}} Fe(OH)_2$$

此类电池在铁电极温度低时自放电水平很高，充电效率低并且功率密度限制为30 ~ 40W/kg。

锌-空气电池使用高度浓缩的氢氧化钾电解质，电化学反应在空气中的氧气与金属锌之间发生。电池反应可表示为

$$\overset{\text{阳极}}{Zn} + \frac{1}{2}\overset{\text{阴极}}{O_2} \underset{\text{充电}}{\overset{\text{放电}}{\rightleftharpoons}} ZnO$$

与铁-空气电池一样，由于空气电极存在极化损失，锌-空气电池的整体充电-放电效率也较差。充电阶段锌的再次沉积会导致电极形状改变和树枝状晶体生长。这些问题都将导致锌电极不稳定，而这也是此类电池发展过程中存在的主要技术问题。放电期间形成的氧化锌在电解质中溶解并产生锌酸盐离子。电池的使用寿命和效率是面临的主要经济问题，而在引入电极高速循环（旨在生成锌沉积）后这些问题得到了很大改变。

铁-空气电池和锌-空气电池存在问题的主要原因是空气电极效率过低，而且在可用电流密度下进行充电时空气电极还容易发生损坏。不过，目前西屋公司和瑞典国家发展公司正在开发采用湿糊碳材料和双层镍材料制造用于牵引装置的铁-空气电池的空气电极，并且两家公司都采用银作为催化剂。

由于采用添加有氯盐的酸性电解质后氯化锌电池可以克服锌金属的重新沉淀问题，锌氯电池看起来非常有商业发展潜力。其电池反应为

$$\overset{\text{阳极}}{Zn} + \overset{\text{阴极}}{Cl_2} \cdot 6H_2O \underset{\text{充电}}{\overset{\text{放电}}{\rightleftharpoons}} ZnCl_2 + 6H_2O$$

能量发展委员会提议采用能量容量为 $1.8 \times 10^8 J$ 的模块，该模块将氯储存为水合氯 $Cl_2 \cdot 6H_2O$，储存温度低于9℃。除去冷冻和泵送损失后，该模块的整体效率估计约为0.65，属于比较好的效率水平。多孔石墨氯气电极逐渐氧化后将在电池中产生二氧化碳。充电期间，氯气向锌电极移动的过程中会释放氢气，从而导致电池效率降低这一严重问题。

锌氯水合物电池的主要问题是其系统过于复杂。用于冷冻、加热和储存氯气的辅助设备会增加系统操作难度，导致系统重量和体积增加。例如，$10^{12} J$ 的储存设备将需要

60t 氯气。氯气的安全储存问题是此类电池的最大缺陷。

拥有含水溴化锌电解质的锌溴电池通过使用复合剂生成 Br_3^- 和 Br_5^-，从而避免了自由卤物质储存。通用电气公司开发出了一种使用碳电极和固态聚合物膜的实验室电池，可防止溴离子到达锌电极处。目前，美国的 Could 公司正在开发一种使用多微孔隔板和长寿命氧化钌催化钛电极的系统。预计此类系统将能够承受超过 2000 次的充电-放电循环。

先进的电池目前仍在开发中，尤其是使用固态电解质的钠硫电池和使用熔盐电解质的锂硫电池。

钠硫电池属于目前最先进的高温电池概念之一。目前，英国的 Chloride Silent Power 公司正在与美国的通用电气公司合作开发应用于电动汽车、能量容量为 10^6 J 的电池。英国铁路公司、德国的布朗勃法瑞公司和美国的福特公司也在联合开发这种系统。所有此类概念都使用钠传导并以 β-氧化铝陶瓷管作为电极，该电极可传导钠离子，且一端为熔融钠，另一端为装在碳毡内的多硫化钠熔体用于收集电流（见图 9-3）。

Weber 和 Kummer 发现，在温度高于室温的环境中，拥有所谓的 β-氧化铝晶体结构的氧化铝同构体拥有很高的钠离子移动性。β-氧化铝为层级结构，在与尖晶石 $MgAl_2O_4$ 原子排列相同的 4 层紧挨氧原子层中包含了 4 倍甚至 6 倍的配位铝。然而，β-氧化铝的分子式 $Na_{1+x}Al_{11}O_{17+1/2x}$ 与无限延伸的尖晶石结构并不匹配，原因是铝存在缺陷且所有第 5 氧原子层均只填充了 1/4。这个相对较空的层内存在着钠离子。在 300℃ 的温度下测量 β-氧化铝的导电率时发现，唯一的电荷载体为钠离子，而非电子，将这种材料应用于蓄电池将被很快实现。在福特公司拥有专利的钠硫电池中，钠 β-氧化铝被用作固态电解质（而非常规铅酸蓄电池所用的由液体电解质分离的固态电极），用于在金属钠液体电极和硫液体电极之间传导钠离子。钠和硫发生化学反应产生多硫化钠，从而生成电池单元电压（2.08V）。这类电池的理论能量密度大约为 2.7×10^6 J/kg，该值明显高于铅酸电池的 0.61×10^6 J/kg。

电池反应为

$$xZa + yS \underset{充电}{\overset{放电}{\overset{阳极\quad 阴极}{\rightleftharpoons}}} Na_xS_y$$

有关钠硫电池 β-氧化铝电解质开发的第一个问题包括成分、相平衡以及微结构对 β-氧化铝机械和化学属性影响的研究。第二个问题涉及陶瓷管和绝缘密封开裂以及硫电极腐蚀导致电池使用寿命缩短的问题。第三个问题与电池单元的整体设计以及充电电流密度大时绝缘硫层的形成有关。虽然已经取得了一些进展，但仍有许多问题未解决，尤其是陶瓷制造技术领域。如果能够解决这些问题，钠硫电池将成为电力系统的最佳选择之一。

锂硫电池包含液态锂、硫电极和氯化锂-氯化钾共熔物电解质，运行温度范围为 380~450℃。电池反应为

$$2Li + S \underset{充电}{\overset{放电}{\overset{阳极\quad 阴极}{\rightleftharpoons}}} Li_2S$$

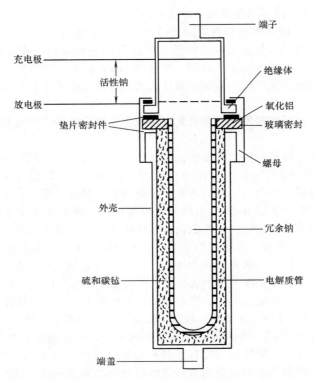

图 9-3　液体电极（钠阳极和硫阴极）间使用钠 β-氧化铝固态电解质作为隔板的
钠硫电池示意图（运行温度为 300～400℃）

高腐蚀性液态锂会腐蚀陶瓷绝缘体和隔板，缩短电池使用寿命。由于锂溶解于共熔氯化锂-氯化钾电解质使得电池存在自放电问题，因此电池效率不高。

使用锂-铝合金以及硫化铁作为电极可以提高具有合理能量密度的锂硫电池的效率。电池反应为

$$\overset{\text{阳极}}{4LiAl} + \overset{\text{阴极}}{FeS_2} \underset{\text{充电}}{\overset{\text{放电}}{\rightleftharpoons}} Fe + 2Li_2S + 4Al$$

或

$$\overset{\text{阳极}}{4LiAl} + \overset{\text{阴极}}{FeS} \underset{\text{充电}}{\overset{\text{放电}}{\rightleftharpoons}} Fe + 2Li_2S + 2Al$$

美国阿贡国家实验室与依哥公司、固而得公司共同研制的锂硫化亚铁电池包含多个由亚硝酸硼毡或 MgO_2 粉末分隔的垂直锂-铝（负极）电极和硫化亚铁（正极）电极。该电池使用氯化钾-氯化锂高温共熔物作为电解质，因此需要使用真空多叶容器。

目前，一个有发展前途的系统是固态 Li_4Si 与 $TiS_2/Sb_2S_3/Bi$ 配合使用。采用含有分散 LiI 的超细 Al_2O_3 粉末作为固态电解质。采用薄膜技术的伏打电堆为此类系统的最佳

结构，将提供低成本生产的可能性。

Li-TiS₂ 电池采用金属锂阳极和嵌入 TiS₂ 阴极。在相邻的硫层内插入锂离子后发生的电化学反应为

$$x\text{Li} \overset{\text{阳极}}{} + \overset{\text{阴极}}{\text{TiS}_2} \underset{\text{充电}}{\overset{\text{放电}}{\rightleftharpoons}} \text{Li}_x\text{TiS}_2$$

嵌入反应过程不会使得主体基质产生任何变化，仅存在 *c*-轴轻微膨胀。充电-放电过程完全可逆，且可以在室温下进行。尽管此类电池目前尚未上市，但其拥有的高能量密度、较长的使用寿命、防泄漏密封性以及显示充电水平的功能都使得其拥有巨大的吸引力。

氧化还原电池也可用于电力系统，包括可再充电的液流电池 $\text{TiCl}_3\text{TiCl}_4\text{FeCl}_3\text{FeCl}_2$。此类电池单元包含 2 个由薄膜隔开的电解质室。处于放电模式时，FeCl_3 被还原为 FeCl_2，而 TiCl_3 被氧化为 TiCl_4。氯离子（Cl^-）可以穿过电解质室间的薄膜，从而保持电池的电中性。氧化还原液流电池可在室温下使用，整体效率为 70%。与常规电池不同的是，此类电池中的活性电极材料发生变化后不会对循环寿命造成限制。

固态电池概念对于电力系统应用具有很大的吸引力。反应物质容器属于电池的组成部分，因此应消除其腐蚀性以便增加电池使用寿命。

自 21 世纪第一个 10 年中期以来，新式锂离子电池技术出现了快速发展。这些技术的发展提供了相当大的公共电网规模负荷平衡能力。在电动汽车中使用锂离子电池可以显著提升其性能，正在促成电动汽车和混合动力汽车未来 10 年在消费者中的大规模普及。

9.3　燃料电池

将燃料储存于外部是燃料电池区别于其他蓄电池的主要特征，而且相比铅酸蓄电池，燃料电池的使用历史更长。英国律师 W. R. Grove 于 1839 年首次从大体上展示了世界上第一个氢氧燃料电池。在过去的 40 年中，燃料电池取得了巨大的发展且已广泛应用于航天工业。

世界上多数针对蓄电池的研究活动都关注更为先进的电池材料，尤其是固溶体电极和固态电解质。应该注意的是，固态电解质也同样适用于电化学燃料电池。

电解质中的移动阳离子可以是金属离子，由向蓄电池外部电路提供电子的金属阳极产生，而燃料电池中的移动阳离子可以是 H^+（H_3O^+），由提供给阳极的氢气生成。简化后的输送模型如图 9-4 所示。

现考虑以下电化学浓度电池，其反应式为

$$\overset{\text{电极1}}{\text{X}(a_1)} \rightleftharpoons \overset{\text{固态电解质}}{\text{X 作为离子进行传导}} \rightleftharpoons \overset{\text{电极2}}{\text{X}(a_2)}$$

可以利用能斯特等式计算该电池的电动势为

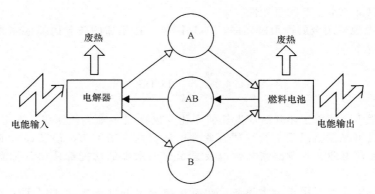

图 9-4 电化学燃料电池示意图

$$E = RT \frac{\ln\left(\dfrac{a_1}{a_2}\right)}{nF}$$

式中　　n——在电解质中将一个 X 原子或分子转变成离子形式所需的电子数量；

　　　a_1——电极 1 的活性；

　　　a_2——电极 2 的活性。

可以通过下列方式使用该电池：

（1）如果 $a_1 > a_2$ 且左侧持续增加 X、右侧持续减少 X，则可以得到一个能量源，即浓差燃料电池。

（2）如果在相反方向施以大于 E 的电压，则可以将 X 移动至另外一侧，这样也就是得到了一个离子泵或电解器。

燃料电池是一种能够持续、高效地将燃料和氧化剂的化学能转化为电能的电化学电池，目前已提议使用多种合成燃料，例如氢气、甲醇、氨气和甲烷。

氢氧燃料电池因为氢经济这一概念（如上文所述）而特别受关注。

燃料电池的基本功能包括：

（1）充电（或电解器）功能，在该过程中，化学物质 AB 被电化学分解为 A 和 B；

（2）储能功能，在该过程中，A 和 B 分开储存；

（3）放电（或燃料电池）功能，在该过程中，A 和 B 将再结合，同时产生电能。

在蓄电池中，电解器和燃料电池功能被合并在同一电池中。这种布置方式是出于方便考虑，而非出于必要考虑。

燃料电池整体反应为

$$H_2 + \frac{1}{2}O_2 \rightarrow H_2O$$

燃料电池很有吸引力的原因包括能量密度高、无污染以及电池效率高。从整体反应公式可以看出，必须将良好的氢或氧导体用作电解质。

氢氧燃料电池系统通常包含独立的电解器和燃料电池，且燃料电池地下储罐中储存有 25 个大气压的气体。将燃料电池和电解器组合在同一个电池中拥有明显的优势。从美国通用电气公司提议的固态聚合物电解质 NAFION 角度来看，沿着这个方向发展看起来很有前途。而相关的氢氯和氢溴系统的发展前景看起来更为广阔，且已在实验室条件下利用有用电流密度证明了氢溴电池（使用 NAFION 薄膜）拥有极高的效率。

氢卤素燃料电池和氧化还原系统拥有的特殊特点是额外能量储存容量的资本成本独立于电极成本，但与电解质和电池容器成本存在明显的关联。这些成本可能很低，尤其是氢氯系统，并且如果对可再生能源的依赖性很强（即在英国可超过 20%），则这种电池储能可能在电力系统应用方面非常有吸引力。然而其相对较大的尺寸可能会导致选址问题，而且这也意味着只有少数系统可以布置在靠近负荷中心的位置，而预期的运输成本节约可能也无法实现。

9.4 储能单元装配

如表 9-1 所列，电池单元电压 V_c 通常很低。电池电流受电压和电池内电阻 R_c 的限制。为了组装出强大的储能系统，需要使用特殊的串并联电池单元连接。该策略最初为用于电力系统的大型负荷调平装置而开发，不过当今的应用也从中受益。

如果储能额定功率容量 P_s 和电压 V_s 已知，模块中并联电池单元的数量 n_p 以及模块中串联电池单元的数量 n_s 计算公式为

$$n_s = \frac{V_s}{V_c}$$

$$n_p = \frac{I_s}{I_c} = \frac{P_s R_c}{V_s V_c}$$

有必要在每个模块中加入一定数量的冗余电池单元，以便将电池单元故障对储能装置维护的影响降至最低。建议每 5 个电池单元配一个冗余电池单元，即提供 20% 的冗余容量。这种冗余水平可以将每台装置 10 年内的预期模块维修操作次数减少至 1 次，而未安装冗余电池单元的装置为 60 次，拥有 10% 冗余容量的装置为 8 次。

每个模块中的电池单元应排列为 2 排，并由安装于 2 排电池之间的导体梁支撑。各电池单元都应连接至导体梁，并由焊接至梁的电池单元支撑箍固定。各模块端部需焊接一定数量的支撑箍用于安装"增强"电池单元。这种构造确保在电池使用寿命期间可以对损坏模块进行原位修复。这种维护概念可以大大降低电池的维修时间，原因是模块损坏后无需拆卸维修，这将大大简化中央储能装置支撑框架（包括支柱、纵梁和横向连杆）。模块支撑梁安装于纵梁处，并与主框架电气隔离。中央储能部分包括相互连接的电池单元模块、模块间母线、模块隔板、支撑框架和绝缘外壳。电池模块组件如图 9-5 所示。

表 9-1 电化学储能

组合	Pb-PbO₂（铅酸）	NiO-Cd（镍镉）	NiO-Fe（镍铁）	Na-S（钠硫）	Li-S（锂硫）	Li-TeCl（锂氯）	锌-空气	铁-空气	H₂-O₂（氢氧）
电解质	H_2SO_4	KOH	KOH	固态 β-Al_2O_3	共熔卤化物	共熔碱性卤化物	KOH	KOH	
发展状况	1~2MW装置	各种小型电池	经验证，牵引应用	原型电池（10kWh）	LiCl/LiI/KI 商业化生产	商业化生产（2~3kWh）	商业化生产	实验室电池	商业化电解器
工作温度/℃	-20，+50	-30，+50	10，50	300，400	430500	460	0，+60	0，+50	127227
使用寿命	500	2000	2000	2000	200	1000	100	200	2000
整体效率	75%	70%	60%	75%	75%	68%	55%	40%	42%
充电用时/h	5~8	4~7	4~7	7~8	5	7	5~8	4~5	
充电/放电周期/h	5/7	7/5	7/5	7/5	7/5	7/5	—	—	7/10
比能/（kJ/kgh）	86	100	144	432	500	—	290	180	120000
5h	144	110	200	504		—	360	290	120000
能量密度/（MJ/m³h）	252	216	360	612	200	—	290	290	8960
比功率，峰值	120	300	440	240		—	100	60	—
功率密度/（W/kg）	250	140	220	120	140	—	—	50	—
电压/V，开路	2.05	1.35	1.37	2.1~1.8	1.9	3.1	1.65	1.27	1.2
2h放电	1.9	1.2	1.2	1.7~1.4	1.3	2.9	1.2	0.7	—
相对资本成本/p.u.	1.0	2.0	1.25	0.65	0.3~0.5	0.43	3	0.92	1.15

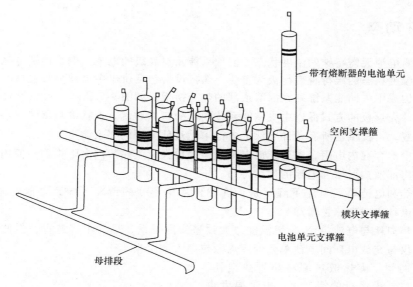

图 9-5　电池模块组件

　　各个电池单元都必须安装有外接熔断器，以便在短路状态下保护中央储能装置不受电池单元故障影响。此外，中央储能装置的任何接线端都必须安装熔断器，以便在外接系统故障时可以对电池单元进行保护。需要安装电力接触器和手动断路器，以便在待机模式或维护期间切断中央储能装置与直流母线的连接。

　　中央储能装置的简化电气原理图如图 9-6 所示。

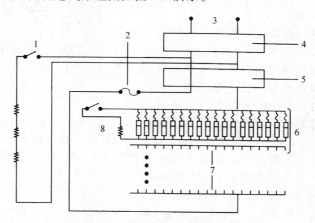

图 9-6　电池的简化电气示意图

1—备用加热器电路　2—母线熔断器　3—连接至直流母线　4—断路器　5—接触器　6—每个模块中并联安装了 18 个电池单元和熔断器　7—共计串联了 78 个模块　8—旁路加热器（每个模块一个）

9.5 热动态

铅酸蓄电池无需特殊的温度状态，但如果涉及更高级的电池，例如钠硫电池或锂硫电池，则温度状态的维持将变得极为重要。热控设备包括位于中央储能装置核心的电热器，以及构成中央储能系统外壳内部顶部的热交换板。如图 9-7 所示，可以通过倾斜层间隔板和外壳顶板的方式促进中央储能系统内部的自然对流。带状加热器包含模块旁路和储备装置，可提供在所有条件下保证电池单元最低温度的冗余能力。

由于电池存在内电阻，电池充放电期间会释放大量废热。内电阻将随着使用时间增加，采用内部散热可增加电池的使用寿命。

熵加热和电池单元电压下降（从而在输出功率不变的情况下导致电池电流增大）会导致放电结束时散热量增加。

电池热损耗与电池单元/环境温度差大致呈线性关系，尽管不容忽视，但此类损耗实际上仅仅与充放电期间电池单元的废热散热率大致相当。

充电期间，废热散热率将超过热损耗，而且在加热器未运行的情况下，电池温度也将上升。通常，充电后将进入保持状态。在该空闲时段内运行加热器将使电池温度恢复至需要的温度。

充电时段的电池内部升温速率明显大于放电时段。这是因为从长时间放电中恢复需要更高的充电速率，而且仅能得到电池单元内熵效应的轻微补偿。

因此，放电期间需要运行特殊的加热器并消耗一定能量。为了在放电期间减少加热器运行，应该合理利用充电期间电池中央储能核心部分所积聚的热量，使电池冷却至一定温度（如钠硫电池可冷却至 300℃）。这当然会限制储能保存期的允许时间，但采用这种做法后，每日调节储能将无需额外热量。

应该注意的是，热损耗不会影响系统的峰值功率需求。一旦电池充满，系统的可用功率足以运行加热器。此外，热损耗也不会影响所需储能容量。在储能寿命初期，冗余电池单元提供必要的能量来满足以额定能量输出长时间放电产生的加热器需求。当电池单元寿命终了时，进行长时间放电时无需运行加热器。

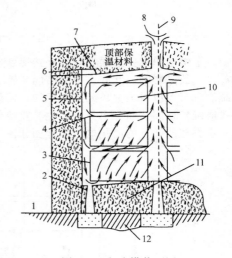

图 9-7　电池横截面图
1—地面　2—支柱　3—侧挡板　4—层间隔板
（带加热器）　5—外壁保温材料　6—冷却通风管
7—已冷却顶板　8—冷却通风口　9—电池中腔
10—模块层　11—底板保温材料　12—基础

9.6　功率提取

　　蓄电池或电池单元均使用直流电。由于所有电力系统使用交流电，因此使用此类储能技术时需通过功率变换系统将直流电转化为交流电。最高效的方式是使用基于晶闸管的整流器和逆变器。由于整流器和逆变器在运行期间均需要消耗无功功率，需要安装专门的无功功率补偿设备。因为电力系统的电压通常远高于储能工作电压，需要通过交流变压器将 AC-DC 变换器连接至电力系统。因此，电池储能功率变换系统应（至少）包含 AC-DC 整流器和 DC-AC 逆变器、无功功率补偿设备和交流变压器。

　　AC-DC 变换器存在 2 种不同的设计：

- 电网换相式；
- 强迫换相式。

　　电网换相式变换器的基建成本较低，而且在交流电力系统发生故障时，无需采取特殊措施保护储能装置。

　　而成本较高的强迫换相式变换器的主要优势则为允许将能量储存于 11/33kV 变电站（举例），确保即使从 33kV 侧断开连接，也可以从 11kV 侧向用户供电。如果不采用特殊设计，电池自身很难支持变电站负荷，但在电力系统稳定性维持以及所谓的不间断电力系统设计方面非常有价值。

　　电力系统电池储能示意图如图 9-8 所示。基于晶闸管的功率变换系统将在第 10 章中详细介绍。

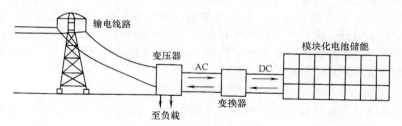

图 9-8　电力系统电池储能

第 10 章　电容器储能

10.1　理论背景

能量也能以静电场的形式储存。电容器就是一种能通过收集电荷建立电场从而进行储能的设备。电容器的电容 C 由单位能获得的电压和储存的电荷数 q 决定，即有

$$C = \frac{q}{V_c}$$

式中　V_c——电容器电压。

如图 10-1 所示，如果平板电容器的平板面积为 A，各板之间的距离为 d。则根据电容定义得出电容器的电容值计算公式为

$$C = \frac{kA}{d}$$

所谓的介电材料可以极化，如果将其用作储能介质，则使用该材料的电容器所储存电荷总量将增加。

可以通过被称为介电常数的常量 k 表示这种介质的属性，由于平板面积 A 和各板之间的距离 d 的基本单位为 m，所有 k 的单位为 F/m。仅在平板电容器各板间距很小时，电容器内的电场 E 才为均匀分布。为了使平板电荷保持分离、维持静电场，电介质的电子传导率必须很低，因此需要使用介电常数大的介电材料。

现考虑一个连接至恒压电源 V 的串联 RC 电路，如图 10-2 所示。开关闭合瞬间，可用基尔霍夫电压方程表示瞬态过程，即

$$V - i(t)R - V_c = 0$$

根据基本定义，电压和电荷可表示为 $V_c = q/C$ 和 $q = \int i(t)\,\mathrm{d}t$。此时，基尔霍夫电压方程为

$$V - i(t)R - \frac{\int i(t)\,\mathrm{d}t}{C} = 0$$

求微分并进行整理后，基尔霍夫电压方程可改写为

$$\frac{-R\mathrm{d}i(t)}{\mathrm{d}t} - \frac{i(t)}{C} = 0$$

或

$$\int \frac{\mathrm{d}i(t)}{i(t)} = -\int \frac{\mathrm{d}t}{RC}$$

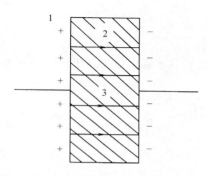

图 10-1　平板电容器
1—电容器电荷　2—电场　3—电介质材料

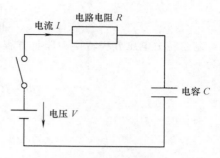

图 10-2　串联 *RC* 电路

方程求解见图 10-3，计算公式为

$$i(t) = I_0 e^{-\frac{t}{RC}}$$

式中　$i(t)$ ——在某一给定时刻 t 的电路电流；

I_0——在零时刻的电路电流；

R——总回路电阻，包括电容器内阻 R_i、连接线电阻 R_c 和电源电阻 R_s，即 $R = R_i + R_c + R_s$。

$t = 0$ 时刻的电流受到总电阻 R 的限制，即

$$I_0 = \frac{V}{R}$$

根据定义可以得出，时间常数 τ 为变化率恒定时，完成该过程所需要的时间。可通过求电流表达式的微分来计算时间常数，并需考虑到 $t = 0$ 时 $i(t)$ 等于 I_0。因此，时间常数等于电容乘以总电路电阻，即

$$\tau = RC$$

根据基尔霍夫电压方程，当 $t = \tau$ 时，电流等于 $0.37I_0$。整个充电过程已进行完毕后，电容器的充电时间等于 5τ。放电时间常数与充电时间常数完全

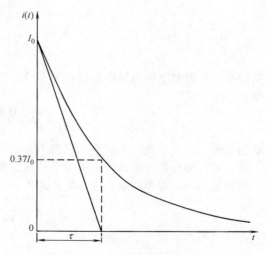

图 10-3　串联 *RC* 电路的瞬态响应

相同，但如果放电开始时的电流为零，则放电结束时的电流值将等于 I_0。

下面将计算电容器所储存的能量。因为电压可表示为每单位电荷的功或能量 W，

则有

$$V = \frac{\mathrm{d}W}{\mathrm{d}q} \text{或} \ \mathrm{d}W = V\mathrm{d}q$$

基尔霍夫电压方程转换为能量方程的方法是将方程各项乘以电荷。所得的能量方程为

$$V\mathrm{d}q - i(t)R\mathrm{d}q - \frac{q\mathrm{d}q}{C} = 0$$

或

$$\mathrm{d}W_{\mathrm{t}} = \mathrm{d}W_{\mathrm{r}} + \mathrm{d}W_{\mathrm{c}}$$

从能量方程可以得出，在电源所消耗的能量 $\mathrm{d}W_{\mathrm{t}}$ 总量中，一部分 $\mathrm{d}W_{\mathrm{r}}$ 作为热量在回路电阻中消耗；而另一部分 $\mathrm{d}W_{\mathrm{c}}$ 则储存于电容器内。所储存能量的增量计算为

$$\mathrm{d}W_{\mathrm{c}} = \frac{q\mathrm{d}q}{C}$$

因此，电容器所储存能量计算为

$$W_{\mathrm{c}} = \frac{0.5q^2}{C}$$

或者根据 $q = CV_{\mathrm{c}}$，该方程可重写为

$$W_{\mathrm{c}} = \frac{CV_{\mathrm{c}}^2}{2}$$

或

$$W_{\mathrm{c}} = \frac{qV_{\mathrm{c}}}{2}$$

充电阶段，外部电源提供给电容器的能量 W_{s} 总量为 qV_{s}。因此可以容易地计算出充电效率 ξ_{s} 为

$$\xi_{\mathrm{s}} = \frac{W_{\mathrm{c}}}{W_{\mathrm{s}}} = \frac{0.5qV_{\mathrm{c}}}{qV_{\mathrm{s}}}$$

充电结束时 $V_{\mathrm{c}} = V_{\mathrm{s}}$，此时的效率恰好为 50% ，该效率并不高。

唯一可以增加电容器储能充电效率的方法是控制电源电压 V_{s}，使得充电电流恒定。

根据定义得出体积能量密度计算公式为

$$w = \frac{\mathrm{d}W}{\mathrm{d}(\mathrm{Vol})}$$

在均匀场的情况下，w 恒定，则

$$w = \frac{W}{(\mathrm{Vol})} = \frac{0.5CV_{\mathrm{c}}^2}{(dA)}$$

在给定 V_{c} 下，电场所包含的能量将与电容值成正比，而该电容值又取决于电场所处的介质类型。

通过静电场和电压之间的关系 $E = V/d$ 以及平行板电容器的电容计算公式

$$C = \frac{\kappa A}{d}$$

能够得出

$$w = \frac{0.5\kappa A E^2 d^2}{(d^2 A)} = 0.5\kappa E^2$$

10.2　电容器储能介质

储存的能量取决于材料在电容器平板之间电场内的极化能力。与真空或干燥空气的介电常数（k_0）相比，多数绝缘体的相对介电常数（k_r）为 1 ~ 10，其关系式为

$$k = k_0 k_r$$

所有包含双极的材料均可极化，并拥有一个大于 1 的相对磁导率（也称为介电常数 k_r）。例如，将 $k_r \approx 2$ 的聚四氟乙烯应用于电容器平板之间时，该电容器所储存的能量将加倍。而有些化合物如钛酸盐的 k_r 值可达到 15000，可以将此类材料用作电容器介电材料，特别是在要求体积小、电容大的应用场合。应该注意的是，法拉是一个很大的单位，实际上，一般使用皮法（$1\,\text{pF} = 10^{-12}\,\text{F}$）或微法（$1\,\mu\text{F} = 10^{-6}\,\text{F}$）作为电容单位。将整个地球看作一个球形电容器时，其电容也远小于 $1\,\text{mF}$。为了计算地球径向场所包含的能量，假设为地球充入相对外太空达几 kV 的电压时，地球径向静电场所储存的能量数量级将为 1J。

计算结果显示，由于电容值很小，普通电容器仅能够储存很少的能量。例如，假设一个性能良好的绝缘体拥有 $10^7\,\text{V/m}$ 电场且 $k = 10^{-11}\,\text{F/m}$，其体积能量密度将为

$$w = 0.5 k E^2 = 5 \times 10^2\,\text{J/m}^3$$

当然，相比化学储能，该数值很小。

近年来，固态离子导体的发展提供了将电容为 1F 的电容器体积缩小至 $1\,\text{cm}^3$ 的可能性，而该数值远优于最好的介电材料。

多数电容器的内电阻 R_i 都极小。这意味着当电容器短路时，其功率密度将远高于内电阻高的化学储能装置。因此，电容器储能适用于要求超高功率电源的应用场合。对于同时涉及电化学过程的应用场合，此类储能介质未来将在车辆再生制动系统（对能量要求不高，但对功率要求极高）中扮演重要角色。

10.3　功率提取

电容器组储能装置所需要的功率变换（提取）系统与化学储能装置基本相同。该系统包含基于晶闸管的 AC-DC 变换器及所有相关设备：交流变压器、无功电源等。功率变换系统电路图如图 10-4 所示。对电容器组储能装置功率变换系统的主要

要求是：工作模式由充电变为放电时，中央储能装置的极性也必须改变。该要求使得功率变换系统的规模加倍，因此相比磁储能系统（将在第 11 章中讨论），也会使电容器组储能装置的成本加倍。

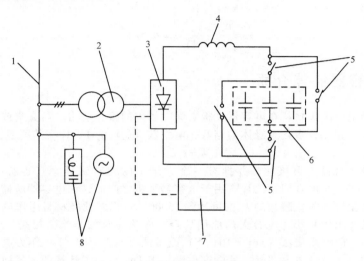

图 10-4 电容器组储能系统电路图

1—系统母线 2—变压器（功率变换系统） 3—晶闸管变换器（功率变换系统） 4—聚集线圈

5—极性开关（充放电控制系统） 6—电容器组（中央储能系统） 7—控制系统

（充放电控制系统）8—无功功率补偿

第 11 章　超导磁储能

11.1　基本原则

这种基于超导体开发的全新储能形式提供了在磁场中实现大规模储能的可能性。

考虑串联 RL 电路——超导磁储能（Superconducting Magnetic Energy Storage，简称 SMES）的简化示意图如图 11-1 所示。图 11-1 中的 R 指电压为 V 的电源和自感为 L 的电磁线圈之间的电路总电阻。总电阻 R 包含电源内阻和线圈电阻。线圈连接至恒压电源时，电流将随着时间变化而变化：$t = 0$ 时电流为零，磁场建立后电流将稳定为 I_{max}。如果图 11-1 中的开关闭合，瞬态储能过程将开始，而充电期间通过电路的电流 $i(t)$ 将增大，放电期间的电流 $i(t)$ 则将减小，其瞬态过程方程为

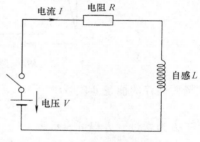

图 11-1　RL 串联电路

$$i(t) = \frac{V + e_{s}}{R}$$

式中　e_{s}——感应电动势（Electromotive Force，简称 EMF），其表达式为

$$e_{s} = -L\frac{\mathrm{d}i(t)}{\mathrm{d}t}$$

因为 $t = 0$ 时 $i(t) = 0$，瞬态过程方程的解为

$$i(t) = I_{max}(1 - \mathrm{e}^{-\frac{R}{L}t})$$

式中 $I_{max} = V/R$；时间常数为 L/R。电流曲线如图 11-2 所示。

将瞬态过程方程各项乘以 $i(t)\mathrm{d}t$ 可以得到能量方程为

$$Vi(t)\mathrm{d}t - Ri^{2}(t)\mathrm{d}t - Li(t)\mathrm{d}i(t) = 0$$

或

$$\mathrm{d}W_{s} = \mathrm{d}W_{r} + \mathrm{d}W_{m}$$

这里将外接电源提供的能量 $\mathrm{d}W_{s}$ 分为两部分，一部分为磁场能量（$\mathrm{d}W_{m}$）；另一部分为能量损失（$\mathrm{d}W_{r}$）。磁场建立需要消耗能量，而放电期间，能量可以在承担负荷的电路内以电流形式再次释放。

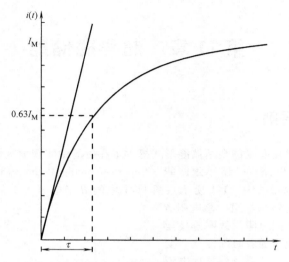

图 11-2 *RL* 电路中电流随时间变化曲线

磁场所储存的能量 $\mathrm{d}W_m$ 为

$$\mathrm{d}W_m = Li(t)\,\mathrm{d}i(t)$$

由于 L 为常量，方程可表示为

$$W_m = L\int_0^{I_{max}} i(t)\,\mathrm{d}i(t) = 0.5LI_{max}^2$$

电磁场所包含的能量由通过 N 匝电磁线圈的电流 I 决定。乘积 NI 被称为磁动势。利用线圈感应电动势的另一种表达式（$e_s = -N\mathrm{d}\phi/\mathrm{d}t$），则有

$$W_m = \int_0^\phi Ni(t)\,\mathrm{d}\phi = \int_0^B lAH\mathrm{d}B = \mathrm{Vol}\int_0^B H\mathrm{d}B$$

由于 H 和 B 之间存在近似线性关系，求解公式为

$$W_m = 0.5\mathrm{Vol}\mu H^2$$

或

$$W_m = \frac{0.5\mathrm{Vol}B^2}{\mu}$$

式中　ϕ——磁通量；

　　　B——电磁感应强度；

　　　l——磁场长度；

　　　A——磁场面积；

　　　N——线圈匝数；

　　　μ——磁导率；

　　　L——自感。

因此，任何时刻的储存能量都始终等于电感值与电流二次方之积的 $1/2$，或等于磁通密度与对整个磁场有效体积求积分所得磁场之积的 $1/2$。体积能量密度计算公式为

$$w = 0.5\mu H^2 = 0.5HB = \frac{0.5B^2}{\mu}$$

例如，强度为 $B = 2T$ 磁场中能够获得的能量密度约为 $2 \times 10^6 \mathrm{J/m^3}$，该数值与静电场中可实现的能量密度属于同一数量级或更高。然而相比化学电池，该能量密度仍较低。

可以将超导线圈连接至恒定直流电源。线圈的电流（内阻为 0 的纯电感）增大时，磁场和磁场所储存的电能也将增加。一旦电流达到 I_{max}，线圈端的电压将降至 0。在此阶段，线圈已完全充满并且可以根据需要长时间储存能量。与此相反，由铜绕组制成、拥有特定电阻的常规线圈则需要持续的功率输入才可以确保电流流动。

在超大型超导磁体中储存电力的想法乍一看很有吸引力，具体排列方式如图 11-3 所示。由于损耗可以忽略不计，这种储能系统的效率将很高，此外该系统还可以直接将能量输送至电气系统中，因此从理论上说可以建设成很大规模。

超导磁储能系统广泛应用于电力系统前需要解决以下问题：
- 杂散磁场补偿；
- 电磁力对导体和支持元件的影响；
- 防止突然出现正常传导区。

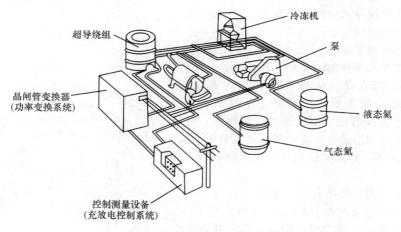

图 11-3 试验性超导磁储能系统的组成

下面将对这些问题进行更详细的讨论。

11.2 超导线圈

低温且存在高磁场、对于稳定电流的阻力为零时，超导体将能够承担很大的电流。除非超过临界值——温度 T_c、电磁感应强度 B_c、电流密度 S_c，否则超导体不存在电阻

且能够在不存在损耗的情况下承担很大的直流电流。相比为同一种应用设计的常规设备，拥有高电流密度的设备排列更紧凑。所有这些因素都证明超导体将在电力系统中发挥重要作用。

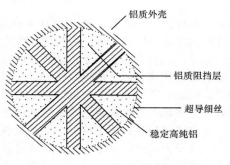

图 11-4　超导体横截面图

如图 11-4 所示，超导体通常是将 NbTi 或 Nb_3Sn 复丝嵌入铜或铝稳定基材中。目前主要使用的是制造工艺较为简单的 Nb_3Ti 超导体。$Nb_{47\%} \cdot Ti$ 的临界值范围为 0 至 T_c（$B = 0$，$S = 0$）$= 9.2K$，$B_c(T = 0, S = 0) = 15T$ 和 $S_c(B = 0, T = 0) = 10^4 A/mm^2$。$B$ 和 T 值变大的同时电流密度 S_c 将降低，例如 S_c（$B = 5T$，$T = 42K$）$= 2300A/mm^2$。如果超导体变为正常传导，电流传输至稳定基材，从而避免过热对超导体造成破坏。

由于铁磁反应材料不适用高于 3T 的电磁感应，用于超导磁储能的线圈通常被放置于 $\mu = 1$ 的空气或真空介质中。为了在线圈电流 I 给定的情况下获得更高的 W_m 值（受到超导体限制），应该通过选择合适的线圈几何形状尽可能提高储能总自感 L。

存在 3 种超导磁储能设计概念：

- 环形单螺线管；
- 串联同轴螺线管；
- 包含串联单线圈的环形、椭圆形或 D 形圆环。

利用长度/直径（纵横）比 P 描述螺线管。$P \gg 1$ 的长螺线管主要将磁能储存于线圈内，而 $P < 1$ 的扁平螺线管则将磁能储存于线圈外。在超导体数量给定的情况下，扁平螺线管的效率更高。如图 11-5 所示，螺线管的电磁力为径向膨胀、轴向压缩。

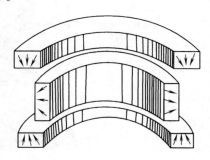

图 11-5　绕组应力图

包含单线圈的环形储能装置具有的外磁场最小，但使用的超导体数量约为其他类型装置的 2 倍。电磁力取决于单线圈的圆周坐标，并将产生指向圆环中心的径向力。

表 11-1 中给出了不同超导磁储能装置的超导线圈数值。所有数据均在工作温度为 1.8K、电流为 757kA、磁场为 6T 的情况下测得。

所有的电力系统超导磁储能项目均建议采用具有高磁场的线圈。例如，磁场为 5T 即相当于 100 个大气压力。因此大型线圈的设计将主要受到巨大电磁力的影响，这种力可能导致线圈爆炸或沿轴向压碎螺线管。控制此类力的自支承式结构成本将使得超导磁储能装置成本极高，因此所有大型超导磁储能系统提议均建议将绕组布置于在基岩中切割出来的环形隧道中。如果安装深度足够深，则极重的材料重量能够确保岩石中的力以压缩力为主，从而补偿超导磁储能系统的电磁力。由于绕组及其真空外壳和氦外壳很薄，因此只需挖掘少量岩石即可满足要求。

表 11-1　线圈参数

能量容量	3.6×10^{13} J	3.6×10^{12} J	3.6×10^{11} J
外径/m	100.5	74.5	34.6
内径/m	146.2	68.0	31.6
高度/m	16.2	7.5	3.5
匝数	2675	1240	576
感应率/Hn	2920	292	29.2
力/N	6.85×10^{11}	1.48×10^{11}	0.319×10^{11}

为了储存可应用于电力系统的能量，需要使用直径约为100m 的超大型线圈，而且通常需要使用给定能量所需的最少材料数量。

10^{13} J 范围内的超导磁储能系统应该根据串联同轴螺线管概念进行设计。最大为 10^9 J 的超导磁储能系统则最好根据环形单螺线管或环形圆环二者中最适合的方式设计。

图 11-6 给出了一个基于威斯康星大学的研究，10000MWh 或 36×10^{13} J 的超导磁储能系统的示意图。如图 11-5 所示，将绕组分为 3 部分的阶梯排列方式能够减小绕组端部的磁场和轴向压缩力，并提供额外岩架作为支撑。这种储能类型的规模和操作参数典型值请参考表 11-2。超导磁储能系统需要可靠稳定的地质构造，但按照采矿标准来说其规模不是很大。

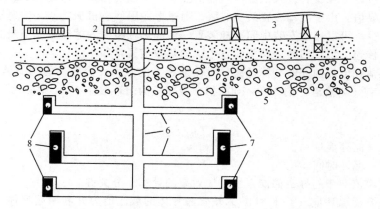

图 11-6　理论上的 10000MWh 地下超导储能装置（主绕组被分为 3 个部分）截面图
1—冷冻机　2—AC-DC 变换器　3—输电线路　4—保护线圈　5—基岩
6—进出巷道　7—绕组　8—低温恒温器

表 11-2　大型超导磁储能系统的典型参数

储存总能量	10000 ~ 13000MWh
可用能量	9000 ~ 10000MWh
放电时间	5 ~ 12h
最大功率	1000 ~ 2500MW
最大电流	50 ~ 300kA
最大磁场(出现于导体处)	4 ~ 6T
绕组平均直径	300m
绕组总高度	80 ~ 100m
地面下平均深度	300 ~ 400m
效率(假设每天一次完整充电/放电循环)	85% ~ 90%
变换器损耗	平均额定功率的 2%
冷冻机驱动功率	20 ~ 30MW

11.3　低温系统

超导磁储能装置的低温系统包含冷冻机（需要使用冷却剂）和低温储存容器（安装有超导线圈，该线圈需冷冻并与环境热隔离）。

冷却系统通常使用液态氦作为冷却剂，冷却剂可以放于液态氦槽中或通过强制循环使用。这样可以去除所有进入低温恒温器的热量，从而确保在任何位置的超导体温度均不会超过临界值。由于冷却装置效率有限，通过电源引线、机械支架和辐射输入的热量应该尽可能少。可以通过安装中间冷却装置，即隔热板将输入的热量减至最少。相比上文提及的热传递类型，超导磁储能装置电流的热效应通常很小。

冷冻机消耗电能的同时会降低超导磁储能装置的效率。冷冻机的功率消耗 P_{ref} 范围约为冷却功率（热输出）的 300 ~ 1000 倍。冷冻机的循环效率 ξ_{cyc} 计算公式为

$$\xi_{cyc} = \frac{E_s}{E_s + t_{cyc} P_{ref}}$$

式中　E_s——储存能量；

　　　t_{cyc}——循环时间。

循环效率值对于超导磁储能系统整体效率的计算十分关键。

由于需要低温环境（约 1.8K）来增强超导体的载流能力并利用超流体氦 II 提供的增强热传递，线圈冷冻与隔热均为极难解决的技术性问题。

必须将包含超导线圈的环形容器安装于真空层中，以防止外界热量进入冷却部分。同时，需要通过热导率尽可能低的特殊支架将机械应力由线圈传递至支撑岩石。建议采

用导体和容器壁的波纹排列，以便降低导体张力并允许因磁压和热收缩作用而导致的导体运动。此外，允许采用低温恒温器薄壁，该设备通常包含多块隔热板，如图 11-7 所示。每块隔热板都已冷冻至规定温度以尽量减少最低温度（1.8K）时的热负荷。此外，每个支架上都有一个或多个点需要冷冻，如图 11-7 和图 11-8 所示。

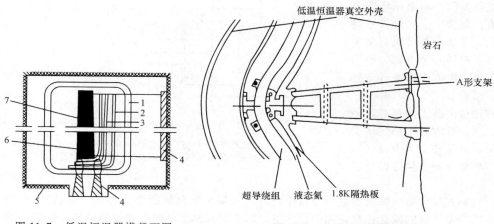

图 11-7　低温恒温器横截面图
1—80K 隔热板　2—20K 隔热板
3—4.2K 隔热板　4—低温恒温
器支架　5—巷道　6—1.8K 液
态氦　7—超导绕组

图 11-8　绕组支架横截面图

11.4　功率提取

事实上，可以将超导线圈作为可变直流电源。将该电源接入恒压交流电力系统时需要使用特殊的功率变换系统。此类整流系统和逆变系统已被用于将直流连接线路接入交流电力系统。通过调节晶闸管的触发角，可以在一次电力系统频率循环内平稳、快速地改变充电或放电率，甚至可以快速更改状态。

如图 11-9 所示，典型的超导磁储能装置包含 2 个串联连接的 6 脉冲整流桥，整流桥的直流侧与超导线圈连接，整流桥的交流侧通过交流变压器连接至电力系统。

由于变换器会消耗大量无功功率，因此无功补偿器将成为此类超导磁储能装置能量变换系统的重要组成部分。

此类功率变换系统的一个优点是效率较高：预计功率变换器（AC-DC 和 DC-AC）将损耗 3% ~ 8% 的总储存能量。在线圈电流（I_d）给定的情况下，需要计算有功功率 P 和无功功率 Q 所需的触发角。通常的计算间隔为 30ms。

触发角 p 小于 90°时，变换器将以整流模式运行并将作为交流电力系统的负荷，视在功率 $S = P + jQ$。如果将 p 设置为大于 90°，变换器整流平均电压将变为负值，有功功率 P 的符号将变化，而变换器将成为交流电力系统的一个电源，原因是仅单向电流能够通过变换器。因此，$p > 90°$时，三相桥式整流器工作在有源逆变状态。可以利用描述伏安平面运行状态的环形 PQ 图很容易地解释变换器的整流/逆变功能。

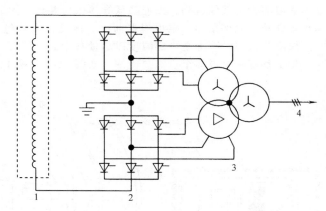

图 11-9 超导磁储能基本电路
1—超导绕组 2—AC—DC 变换器
3—星形-三角形变压器 4—连接至三相交流系统

对桥式整流器的触发角进行适当控制即可实现超导磁储能装置有功功率消耗/产生和无功功率消耗的独立、快速和平稳控制，因此所有基于晶闸管变换器的储能装置均可用于稳定电力系统。

电网换相桥式变换器的触发角最大为 $p_{max} = 140°$，可避免出现换相失败。显然，以逆变模式运行时，该限制将使得变换器的操作范围大幅缩小。交流母线电流的谐波影响也会使变换器运行产生额外限制。很难从晶闸管触发角的角度对该限制进行量化，原因是交流母线电压和电流的总谐波畸变（Total Harmonic Distortion，简称 THD）取决于交流电网参数和方案。

仅能通过晶闸管桥式整流器在有限范围内实现对有功功率和无功功率的同时控制，而这当然会限制超导磁储能装置维护电力系统稳定的作用。另一方面，由于门极可关断晶闸管（Gate Turn-off Thyristor，简称 GTO）方面的最新进展，可设计出一种能实现四象限运行的有功功率与无功功率控制的变换器。采用这种设计有可能大大提升超导磁储能装置作为电力系统稳定器的有效性。

11.5 环境与安全问题

螺线管电磁线圈存在的一个明显问题是外部杂散磁场的补偿问题。磁场减弱程度大致与到线圈中心的距离三次方成反比。如图 11-6 所示，要使磁场减弱至几 mT，与超导磁储能装置中心间的距离必须长达 1km，而该距离也不够长。例如，地球磁场约为 1/20mT。如图 11-10 和图 11-6 所示，由于在仅拥有合理距离和深度的情况下无法获得足够的磁场减弱，因此需要在超导磁储能系统中安装与超导磁中央储能装置的磁力矩相等、方向相反的保护线圈。使用半径大很多的线圈后，需要的安培匝数更少且储存的能量将仅降低几个百分点。

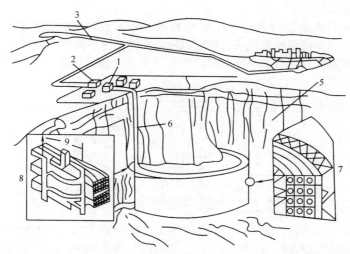

图 11-10　采用图 11-6 所示主绕组的 10000MWh 地下超导磁储能装置概念的总平面图
1—冷冻机　2—变换器　3—输电线路　4—保护线圈（图中未显示）　5—岩石
6—进出巷道　7—超导绕组　8—低温恒温器　9—液态氮

　　杂散磁场的减弱程度大致与距离的四次方成反比，1km 距离外磁场将减弱至十分之几的 mT。外部磁场必须减弱至何种程度才能够避免对人、输电线路、飞机和鸟类导航、附近的黑色金属等产生负面影响这一问题目前尚未经过调查研究，但看似该问题与高压输电线路的相关问题差别不大。

　　与其他类型的超导设备相同，超导磁储能装置在运行中也始终存在突然出现正常传导区及其膨胀的风险，即所谓的"淬火"现象。为了将淬火风险出现的可能性降至最低，建议使用较为稳定的超导体并尽量缩短超导体与冷却管之间的距离。这样，也就可以通过热传导消除所有欧姆热以及利用冷却剂防止邻近区域温度上升超过临界温度的方式抑制正常传导区。不过，由于这无法完全消除出现个别淬火的可能性，因此还需要安装外部保护系统。由于材料在低温环境中的热容很低，超导电性的丧失将导致释放欧姆热从而使得温度大幅升高并造成超导线圈损坏（可能发生爆炸）。检测并处理淬火现象对于任何超导磁储能系统都十分关键。

　　超导线圈有电感而无电阻，在正常运行时，仅等同于电动势。任何额外的电压升高都很有可能由于正常传导区所致，这也意味着发生了淬火现象。因此，淬火检测系统应该基于对圆环单线圈电压或螺线管线圈段电压以及电流对时间导数的测量。如果电压的测量值与在对应时间内依据电流一阶导数计算所得的电动势不同，则表明淬火现象已经出现，必须采取保护措施。

不过，涡流也会通过磁耦合产生寄生电压，从而造成类似淬火的假象。因此，最好的方法是将电压差与某一特定阈值电压进行对比。该阈值电压应考虑到测量中的不确定性以及涡流的影响。

电气淬火检测系统还应该包含能够控制最大线圈温度和磁感应的热量监控系统（如图 11-11 所示）。安装该系统后，将可以随时把储能电流控制在最大允许值，避免出现因超出超导体的临界值（如果实际值已知）而造成的淬火现象。

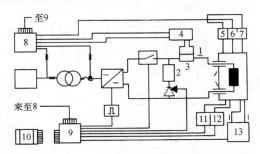

图 11-11　超导磁储能装置控制与保护系统基本排列方式（未包含网络控制）
1—低温恒温器和电源引线　2—放电电阻　3—分流器　4—电流测量装置　5—磁感应测量设备
6—氦温度测量设备　7—线圈电压测量设备　8—测量值处理　9—主设备　10—控制面板
11—加热器触发控制　12—旁路晶闸管触发控制　13—液态氦冷冻装置

检测到淬火现象后，必须立即对损坏线圈进行放电，防止发生局部过热，否则，正常电阻区会沿线圈绕组快速扩大并穿过线圈绕组释放欧姆热，这会对冷却回路造成严重影响。

有两种线圈快速放电方法：（1）所有中心储能线圈放电；（2）仅受影响的线圈放电。

根据第一种方法，将所储存电能释放回电力系统或利用安装在冷冻储能容器之外的电阻器将其转化为热量来完成去磁。中央储能装置的总电感很大，立即放电将需要高电压，而电压则受到功率变换设备（交流变压器和 AC—DC 变换器）以及连接冷冻储能容器（低温恒温器）的电源的严格限制。

另一种方法是利用内部欧姆加热器快速去磁并使所释放热量均匀分布，但由于采用此种方法时所有储存能量均释放于低温恒温器内部，因此不建议采用。线圈温度不会超过限制值，但在氦膨胀炸毁冷却管之前必须使氦蒸发。这将导致很长的降温期，在此期间超导磁储存装置处于待机状态。

可以利用如 psn 二极管或晶闸管之类的旁路对曲面中央储能装置线圈进行单独放电。加速器 HERA 和 CERN 的超导双极和 4 级磁体利用二极管进行旁路。由于超导磁储能装置线圈的电抗电压较高，需要使用晶闸管进行旁路。

旁路可使得中央储能装置正常运行并对损坏线圈进行再次冷却。在圆环形线圈中，由于磁场无法立即改变，每个旁路线圈都会降低中央储能装置的总电感，从而增大电

流。如果电流将要超过极限值（该极限值是超导绕组的实际临界电流或电源和 AC—DC
变换器的最大允许电流），则不得对任何其他线圈进行旁路，即使此线圈受到淬火现象
的影响。

由于电流在更高的线圈电压（因正常传导区电阻导致）下对旁路晶闸管的反应更
为迅速，因此有必要起动线圈加热器，以便形成一个正常均匀传导线圈，从而避免在淬
火起始区出现热点。剩余电流将继续在线圈内流动（随线圈温度下降而增加），从而阻
止线圈发挥超导功效。无论线圈是否被旁路，中央储能装置都必须进行放电，但旁路使
得保护系统可以节省几乎所有储存能量。

旁路也适用于螺线型中央储能装置，前提是其线圈被分为若干段。各段之间的磁性
连接高于圆环形单个线圈之间的磁性连接，这可以改善从线圈段到旁路的电流切换
效果。

为了在确保故障停机时间更短的同时实现全面节能，应该将超导磁储能保护系统设
计成具有选择性。通过对电流和线圈电压进行持续控制，可以立即检测到淬火现象。系
统通过测量温度、获取磁感应将电流控制在实际允许水平，并通过保持该电流与超导体
临界电流间的差值来降低淬火现象出现的可能性。如果出现淬火现象，保护系统将首先
起动旁路晶闸管和受影响线圈加热器并将 AC—DC 变换器切换至逆变模式，从而节省储
存能量或向电力系统放电。如果电力系统无法吸收能量，则需要将超导磁储能装置与电
力系统分离开，并由放电电阻消耗掉储存能量。如果有更多的线圈变成正常传导，则应
该对其进行旁路，除非电流超过允许范围。在这种情况下，需要起动所有加热器，且储
存能量由所有储能线圈的总电阻消耗。

11.6　项目与实现

早在 20 世纪 70 年代，英国、美国、德国、法国、日本以及俄罗斯就有多家公司投
入了超导磁储能技术的研发工作。从那时起，有许多超导磁储能项目被提出，但仅有很
少的项目被真正实施。美国、俄罗斯和日本在该技术领域处于领先地位。俄罗斯科学院
报告称，20 世纪 70 年代，俄罗斯已通过 6 脉冲晶闸管逆变器将世界上第一台装机容量
为 10^4J、额定功率为 0.3MW 的试验性超导磁储能装置连接至莫斯科电力系统。这台试
验性超导磁储能装置由高温研究所（IVTAN）制造，而该研究所此后也参与了一系列其
他超导磁储能项目。自 1989 年以来，这方面的研发工作一直在俄罗斯国家科学"高温超
导性"项目框架下进行。IVTAN 最新的成就是一台安装于研究所实验区的 100MJ、30MW
的超导磁储能装置，该装置连接至附近的莫斯科电力公司 11/35kV 变电站。22MW 和
100MW 同步发电机以及特殊设计的负载模拟器的电气特性为在正常和故障条件下进行超
导磁储能装置对电力系统行为的影响的全面试验提供了可能性。

该超导磁储能装置设计的主要参数如表 11-3 所示。正常模式下，超导线圈能够储
存或释放 50MJ 能量，而强制状态下则最多能够储存或释放 100MJ 能量，其时间常数最
大为 3s。为了扩大试验设施规模，线圈设计允许大幅修改超导磁储能装置参数。为实

现此目的，线圈被设成分段形式，且各段可采取串联或并联的方式连接。

表 11-3　小规模超导磁储能项目主要参数

参　　数	LASL 项目	IVTAN 项目	
		额定	强制
储能容量/MJ	30	50	80 ~ 100
额定功率/MW	10	20	32
绕组最大电流/kA	5.0	3	7.1
0.35Hz 周期振荡时的可用能量	11	18	25 ~ 30
电桥数量	2	4	4
电桥电压/kV	2.5	1	1
电桥电流/kA	5	5	8
工作温度/K	4.2	4.2	4.2
电感/H	2.4	11.1	3.96
磁场/T	3.92		
机械压力/MPa	280		
平均半径/m	1.29		
高度/m	0.86		
电流密度/(A/m^2)	1.8×10^9		
冷冻机负荷/W	150		
液态氦消耗量/(m^3/h)	1.5×10^{-2}		

电网换相晶闸管可逆变换器包含 4 个 6 脉冲整流器，每个整流器的运行电压为 1kV，电流为 5kA，最大允许 8kA 过负荷。每个整流器均通过自身的交流变压器连接至输电网。该方案灵活性高，且消耗的无功功率极少。

如果证实此类设备具有巨大吸引力，则将提议建造能够在电力系统中起到不同作用的商业试验超导磁储能装置（主要参数见表 11-4）。

表 11-4　负荷均衡超导磁储能装置

参数	LASL 项目	IVTAN 项目
储能容量/GJ	46000	3600
最大电流/kA	50	110
额定功率/MW	2500	500
放电持续时间/h	5.1	2
标称电压/kV	110	220
电感/H	37000	595
磁场/T	4.6	3.5
工作温度/K	1.85	4.2
线圈直径/m	300	890
线圈高度/m	100	8.8
线圈厚度/m	1.3	1.59

世界上第一台兼顾试验与商用目的的超导磁储能装置由 LASL 设计，并于 1982 年为 Bonnevile 电力公司建造。运行 5 年后，该装置被拆卸用于研究。装置主要参数见表 11-3，可将其与 IVTAN 方案进行对比。该 30MJ 装置已在长度为 1500km 的输电线路中被用作在电力系统中发挥振荡阻尼作用的稳定器。

LASL 还建议使用大型超导磁储能装置进行负荷均衡，如图 11-10 所示。该装置的参数见表 11-4，可将其与俄罗斯试验项目进行对比。

根据 LASL 报告，超导磁储能装置的建造成本基本包含以下几个方面：

- 超导绕组，45%；
- 支撑结构，30%；
- 现场装配，12%；
- 变换器，8%；
- 冷却系统，5%。

ACCEL 仪器公司研发小组已经设计出了 2MJ 的超导磁储能装置。Dortmunder Elektrizitäts 和 Wasserwerke 使用超导磁装置确保实验室工厂的电能质量，并通过变换器将超导磁储能装置连接至工厂电网。该系统被设计成可工作 8s，充电/放电状态的平均功率为 200 kW。超导磁储能装置中央储能系统线圈由 NbTi 复合基材超导体以及氦透明绕组组成，这可以减少磁体加磁期间的超导体交流损耗。超导 HTc 可以将热负荷从 300K 降低至 LHe 水平。该磁体系统的设计 LHe 为零损耗。利用 2 级制冷机对氦进行再冷凝。超导磁储能装置安装有复杂的淬火保护系统。

由于主要开支为超导绕组成本，将高温超导性效应应用于超导磁储能装置设计成为一个极具吸引力的选择。但不幸的是，此类高温材料的载流能量过低，无法应用于超导磁储能装置中。此外，近期日本 Musuda 和俄罗斯 Bashkirov 发表的文献都显示，尽管高温超导体可能导致热量减少和绝缘问题，但由于其基建成本节约仅占总基建成本的 3%，其所带来的经济影响将很小。

第12章 电力系统自身储能

12.1 作为飞轮的电力系统

这里应该提到的是，所有这些设备均为人工辅助储能设备。然而令人意外的是，电力系统本身在受到正确控制的情况下也可以作为储能设备，且无需额外的投资。

如果电力系统的电力需求出现任何变化，由于要从电网等效电容提取或向其输送能量，而电网等效电感会试图维持电流不变，这样电力系统电压就会出现小幅压降。电力系统可以作为电容器进行储能，但并不经常这样做，原因是此种储能方式对于电压偏差有一定要求。相同的概念同样也适用于电力系统作为磁能储能设备时。

电网电磁场能够储存大量能量，但仅在数十毫秒内可用。如果在超过该时间后电力需求持续发生变化，其频率将发生偏差。这意味着从发电系统的旋转部分中提取或向其输送能量——电力系统将发挥飞轮储能设备的作用。不过，电力系统的这一属性受到允许频率偏差的限制，因此旋转机械中仅有小部分积聚能量可用。然而由于存在多台发电机，所以这样一个飞轮的储能容量将足够满足几秒内的负荷需求变化。

俄罗斯、乌克兰和哈萨克斯坦公共电网由于所允许的频率偏差而得到的储能容量见表 12-1。

表 12-1 电力系统作为飞轮

公共电网	装机容量	频率由 50Hz 降至下列水平时的能量释放情况		
		49.8Hz	49.6Hz	49.0Hz
		$f = 0.2\,Hz^*$	$f = 0.4\,Hz^+$	$f = 1\,Hz^+_+$
	GW	GJ	GJ	GJ
中部	53.4	1.31	2.61	6.50
Volga 中部	21.6	0.69	1.37	3.41
乌拉尔	40.4	0.95	1.89	4.69
西北部	32.8	0.87	1.74	4.31
南部	55.5	1.34	2.67	6.63
北高加索地区	10.7	0.31	0.62	1.55
哈萨克斯坦	12.0	0.28	0.56	1.40
西伯利亚	42.4	1.34	2.68	6.67
联合系统	268.8	7.52	1.50	3.73

注：根据电力质量规定：

* 正常偏差。

+ 最大允许偏差。

+_ 每年允许出现 90h 的偏差。

　　串联至电力系统的储能装置的主要特征是，如果负荷需求发生变化，该装置会立即反应并提供足够的功率响应。

　　如果频率偏差超出电力系统规定，蒸气调速器将打开或关闭阀门并从热电厂锅炉蒸气焓中提取或向其输送额外能量。锅炉中储存的热能量足够满足数分钟内的负荷需求变化。因此，电力系统也可以作为热能储存系统。

　　总之，电力系统能够作为电容器储能装置、磁储能装置、飞轮储能装置或热能储能装置且无需额外投资。此时，发电机将作为功率变换系统，而热设备、旋转机械以及输电线路则作为中央储能装置。由于此类装置的储能容量有限，所以电力系统的内置储能容量仅能够满足短时间内的负荷需求波动。尽管如此，电力系统的这一基本属性使得互联电网能够使用少量间歇性可再生能源，且不会产生任何技术问题。

12.2　超高压电网互联

　　如果采用所谓的经度效应，具体情况可能会发生巨大变化。众所周知，经线上每间隔 1000km 即会产生 1h 的时差。日负荷曲线的形状表明，为了实现负荷均衡，能量储存储能阶段的开始时间必须距离释能开始时间 2 ~ 8h。如果电力系统覆盖两个区域，其中一个区域主要采用核能或火力发电，而另一个主要采用水力发电，且这两个由强大的输电线路连接的区域间的距离至少为 2000km，则互联系统可以使用内置抽水蓄能装置进行负荷均衡。

　　为了对此进行说明，假设互联系统中包含 2 个单独的部分，且由于存在时差，2 个部分的用电高峰需求并不会同时出现。基于水力发电站的系统 1 用电高峰需求开始出现时（或已经开始，具体取决于 2 个系统的时差），基于火力发电站或核电站的系统 2 已经处于用电低谷阶段。此时，发电所需的水可以储存于系统 1 的水力发电站水库中，而必需电力将由系统 2 的火力发电站或核电站备用容量发出并输送至系统 1。这就是内置抽水蓄能系统的储能模式。

　　而当系统 2 的用电高峰需求开始出现时，恒定负荷的火力发电站和核电站将负责为系统 2 的用户供电，而系统 1 的水力发电站（进入用电需求低谷期）将使用所储存的水为系统 2 提供峰值能量。这就是内置抽水蓄能系统的释能模式。

　　在这种内置抽水蓄能系统中，输电线路将充当实际抽水蓄能系统的水道，火力发电站或核电站将发挥泵的作用，水力发电站自身将作为发电机，而其水库则将作为中央储能装置。

　　如果利用强大的输电线路互联，欧洲和俄罗斯公共电网可以提供开发内置抽水蓄能属性的可能性。欧洲公共电网（包括俄罗斯）的大部分发电量主要集中于基荷燃煤发电站或核电站，而东西伯利亚和北欧有超过 80% 的发电站装机容量集中于大型水力发电站。伦敦和克拉斯诺雅茨克的时差是 9h。所有公共电网均以电气方式相互连接：一条跨海峡连接英国和法国的电气连接，该连接又经由德国和所谓的"Mir"系统首先与俄罗斯"中央"公共电网连接，然后经由乌拉尔与"西伯利亚"电网连接。横贯大陆的连接线路还未用于这个目的，但理论上可以制定如下方案：当英国出现夜间用电高峰期时，西伯利亚正处于夜间用电低谷期，因此此时的水力发电站峰值电能主要针对英国用户。而当西伯利亚出现夜间用电高峰期时，欧洲则处于夜间用电低谷期。欧洲基荷发电站将向西伯利亚供电，而不会降低负荷，西伯利亚当地的水力发电站则将储存水并供应受环境限制的最低电力以维持河道水流。相同的方法也适用于北欧水力发电站和俄罗斯"中央"公共电网，因为这 2 个地点也存在足够的时差，且能够建设相关输电线路。

西伯利亚公共电网也可以与北美电力系统相连，如图 12-1 所示。由于存在较大时差，负荷曲线差别提供了采用以下做法的可能性：利用西伯利亚水力发电站为美国供应用电高峰期电力，以及利用美国基荷发电站满足西伯利亚用电高峰期的用电需求。通过使用直流输电线路即能够克服标称频率差异问题。

需要解决的主要技术问题是远距离的输送大量电力的问题。最有前途的输电线路类型为高压直流 （High-Voltage Direct Current，简称 HVDC） 输电线路，目前正由美国、加拿大和俄罗斯开发。

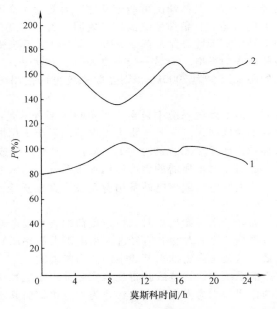

图 12-1 俄罗斯 （曲线 1） 和美国 （曲线 2） 公共电网负荷曲线对比

第 13 章　储能系统选择注意事项

13.1　储能技术对比

对前几章提供的信息进行总结时，有必要对大型电能储存的现状进行回顾，对具有不同特征的储能装置进行对比，同时也应该考虑到常规的替代装置。

抽水蓄能技术是目前唯一一种发展完善且可靠性较高的储能技术。全世界的商用抽水蓄能装置装机总容量超过 50GW，目前还有不少于 10GW 在建。这种储能技术类型的主要问题是有时很难找到合适的选址（2 个水库至少需要间隔 100m），该选址需邻近电网且拥有合适的物理特性。需要建造大规模土木工程，而且由于这些选址通常位于风景秀丽的地区，减少建设方案对于环境的影响这一点十分重要。对此，有许多提案建议将其中一个水库建于地下几百米深处。

一种将能量储存成利于发电形式的方法是将压缩空气泵送至地下储罐。相比抽水蓄能技术，该项技术拥有明显优势：空气储存洞室可以位于硬质岩石或盐穴中，这为洞室选址提供了多种地质构造选择，而且这种储存方式的能量密度更高，也就是说，对于同样的经济上切实可行的装置而言，其规模更小。在给定地下储罐体积的情况下，最好选择储存压缩空气，原因是为了保证与压缩空气储能相同的功率输出，需要建造更深的抽水蓄能水库并且可能会遇到较高的地热温度。在盐穴中修建洞室时，每周储能的储存期延长成本极有可能低于抽水蓄能和其他储能方案。

显然，压缩空气储能的装置规模相对较小（最大为百万 kWh）且建造时间较短（最长为 5 年），其可能为公共电网带来的经济风险远小于经济上是不合理的抽水蓄能装置（约为 1000 万 kWh）。然而，这种技术也存在一个问题：由于压缩过程中空气温度会不断升高，因此储存前需要进行冷却以防止岩石断裂或盐穴蠕动。将空气输入汽轮机驱动发电机前需要再次加热所储存的空气，该过程需要消耗一定量的燃料，还需要采用某种储热方式。对压缩空气储能装置不利的是，需要使用优质燃料如馏分油或天然气驱动燃气轮机。使用合成燃料甲醇、乙醇、氨气或氢气，代替天然燃料可以克服该缺点。甲醇的体积能量密度为汽油的 1/2，具有高腐蚀性且汽化温度较高。乙醇存在冷启动问题，因此需要采用歧管加热。最好将甲醇和乙醇用作汽油增量剂，但其实甲醇本身也是一种十分出色的汽轮机燃料。氨气是最不适用于内燃机的合成燃料。

通过电解水产生的氢气可以储存为压缩气体、液态或金属氢化物，然后利用燃料电池或常规燃气轮机发电机组将其转化为电力。氢气储能装置在选址和运行方面有很大的灵活性。氢气的运输可以利用完善的天然气运输技术，而且相比配电网络，这种技术所需的长距离管道输送价格更低且对环境的影响更小。

氢气作为储能介质的主要缺点是需要大体积储罐、易爆且很难确保储罐严格密封。

如液态氢之类的极低温易燃储能介质的使用不便、储能介质生产和储罐间转移所需的复杂工程设计以及此类作业的较高成本大大降低了基于液态氢的储能技术的吸引力。

金属氢化物也存在缺点，主要是"基质金属"的重量和较高的价格。对于静止型储能系统，金属价格是关键因素，而如果进行运输或将其用作车辆燃料，则价格和重量均为关键因素。从整体来讲，基于氢的储能系统价格较高、工艺复杂且效率相对较低。

目前，主要使用低成本石油和天然气大批量制造氢，且所制造的氢几乎全部用于化学目的，例如制造合成燃料如氨气、甲醇、石化产品以及炼油厂的加氢裂化工艺。用作燃料的氢在氢年产量中的所占比例低于 1%，因此目前很难确定大规模应用的氢的成本。显然，目前将氢作为燃料从经济角度来看很难与化石燃料竞争，同时，基于当前有机燃料价格上涨的趋势，该情况将一直持续到替代一次能源价格明显低于化石燃料时。氢的制造、利用和储存仍存在许多亟待解决的重要技术问题，但其仍是最环保的电力系统储能类型。

热能储存可以应用于电力系统的热能子系统或作为用户可以使用的二次热源。应用于电力系统的热能子系统时，热能储存装置并不是 1 台"独立"设备，而必须直接连接至蒸气发电机。利用专门用于增加蒸气的热能储存装置可产生最高达 50% 的功率波动，此蒸气将被引入调峰汽轮机，防止主汽轮机装置过负荷。装置的储能时间最好较长，以确保主汽轮机的运行能够尽量接近其设计负荷。因此，热能储存装置非常适合应用于电力系统负荷均衡。将热能储存装置连接至现代燃煤发电站时需要从循环中去除蒸气再热器，防止再热器管道过热。这意味着将产生相当多的功率相关成本和性能损失，解决该问题的方法是设计包含热能储存装置的燃煤发电站或直接采用压水反应堆。

在释能阶段使用调峰汽轮机产生用于进汽加热的蒸汽，而在储能阶段直接提取新蒸汽为中央储能装置储能，这样可以最大限度降低主汽轮机中的非设计蒸气流变化幅度。因此要将热能储存装置设在给水加热基本周期内，但这会降低灵活性，其原因是运行时的功率波动被限制在 20% 以内。

作为火力发电站的组成部分既存在优势也存在劣势。除成本需要低于调峰能力外，以下实际问题也需要接受严格评估：装置运行与维护的安全性、可用性、可靠性、灵活性和稳定性。

目前已结合火力发电站蒸汽循环对各种热能储存概念进行了研究，而且一些概念已有多年的应用经验，但根据蒸汽发电的现代计算结果来看，仅在地下带有内衬的洞室中储存加压水和在地上大气压力容器中进行油/岩石热量储存的概念被认为是经济可行的。

热能储存是现代压缩空气储能概念的重要组成部分，目前主要作为北半球居住房屋采暖的二次热源。另外该技术非常适合用作冷储存方式，从这个角度来看该技术具有相当大的竞争优势。

其他储能设备类型如飞轮、化学电池、电容器和超导磁储能装置拥有下列优点：
- 环保、无需使用冷却水、不会造成空气污染、噪声极小且选址难度适中。
- 功率反向时间极短，电力可以按需输送和消耗，在满足区域需求方面有更大的灵活性。

- 功率反向能力有助于应对紧急情况。

飞轮技术目前正处于积极开发阶段，主要应用于车辆和大规模储能的脉冲发电，也可能以较小的模块形式应用。飞轮存在一系列储能优势。首先，针对持续时间短的储能-储存-释能循环而言，飞轮的效率非常高。其次，由于飞轮材料存在限制因素，仅可将其应用于较小的模块中，这对于大型电力系统是一个缺点，但对于小规模应用而言则为优点——可以将飞轮制作为不同的尺寸，可安装于配电系统中任何需要的位置。飞轮不会对储能-释能循环的次数和频率造成限制，且十分环保。尽管飞轮能够快速吸收和释放能量，但近期的研究表明，即使采用最先进的设计，飞轮的成本对于大型电力系统应用来说仍较高。在电力系统应用中，飞轮的应用领域主要集中在配电系统部分。

化学电池适用于电力系统供给侧和需求侧的许多储能应用。电池拥有如下出色特性：

- 可以直接储存和释放电能。
- 由于模块化，电池应用灵活性很高。
- 基本没有环境问题。
- 无需机械辅助设备。
- 通常制造交付周期较短。

估算表明，目前可用的 Pb-PbO$_2$ 和 NiO-Fe 电池成本与基荷核电站负荷均衡的目标成本相当。许多其他系统如 Na-S 和 Zn-Cl$_2$ 电池（均处于高级开发阶段）、Zn-Br$_2$、Li-FeS 和固态 Li-Sb$_2$S$_3$，均由于能够大幅节约成本而拥有极佳的发展前景。另一种拥有良好发展前景的电池是将固态 Li$_4$Si 与 TiS$_2$-Sb$_2$S$_3$-Bi 相结合的电池，这种电池采用将 LiI 分散到超细 Al$_2$O$_3$ 粉末中的固态电解质。反应材料密闭由电池自身完成，且能够消除材料的腐蚀性。伏打电堆所采用的薄膜技术将为此类低成本系统的生产奠定基础。

由于电池采用模块化构造，因此电池装配可以在工厂内完成，这可以降低场地成本、缩短建造交付周期。由于选址要求不高、非常安全、少污染、低噪声，化学电池对环境影响很小，这确保可以把电池合理地分散布置在靠近用户的小型装置。相比其他方案，这种应用方式可以节省输电成本。

靠近用户布置的电池可以平衡配电网络负荷、降低变电站所需装机容量。也可以将此类电池用作区域供暖方案中的辅助热源，利用每日充电—放电循环期间产生的电池废热，并配合用户房屋内的热能储存装置共同供暖。目前有大量研究和开发工作都致力于制造低成本、高能量密度且可靠性高的电动汽车电池。

用于太阳能发电的电池储能是目前发展最快的应用领域之一。如今的多数应用都同时安装可再充电的化学电池和太阳电池，光照不足时即可以使用化学电池。由于通过大规模生产降低了太阳能电池的生产成本，对太阳电池的关注大大增加。

与电池相同，电容器也采用模块结构，因此可以在工厂完成标准装置的装配，这不但可以缩短从规划到安装的交付周期，也可以降低基建成本。相比电池，电容器储能装置的主要缺点是能量密度过低，但由于电容器的内阻很低，其功率密度非常高，可以在必要的场合下利用此类装置来增加功率。

超导磁储能方案能够直接储存电力，因此效率极高，但其价格也十分昂贵。从经济角度来看，超导磁储能方案仅适用于超大规模的电力系统。尽管此类方案属于高科技领域，但并不存在无法解决的技术问题。不过，由于必须使用大型装置，需要拥有这方面的经验，而这种经验只能通过使用小型且经济效益不佳的设备获得，因此其开发和发展成本较高。

不同储能设备的主要量化参数见表 13-1。总结如下：热能储存、压缩空气储能和抽水蓄能技术的反向时间相对较长，因此相比反向时间较短的飞轮储能、化学电池储能和超导磁储能技术，其应用范围将受到限制；另一方面，如图 13-1 所示，热能储存、压缩空气储能和抽水蓄能技术适用于电力系统中的大型装置，而规模较小的飞轮储能，或具有模块化构造的化学电池和电容器，则较适用于供给侧的较小规模装置，也可以作为电力系统需求侧的分散储能装置。只有超导磁储能装置可以应用于电力系统中的任何位置，不过，如果考虑到经济因素，这种从技术角度来看很有吸引力的储能类型的应用前景还很不明朗。图 13-2 显示了电力系统中各种储能装置的可能位置。

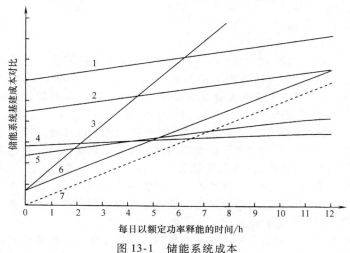

图 13-1　储能系统成本

1—氢气　2—热能　3—飞轮，超导磁体　4—压缩空气燃气轮机　5—地下抽水蓄能
6—先进电池　7—可分散选址的先进电池

从环保角度看，压缩空气储能概念看起来非常有吸引力。该概念使用可再生能源制造出的氢气，而氢气又被作为储能介质或作为压缩空气储能装置的燃料。缺点是目前成本较高，但随着燃料价格的升高，该缺点的影响将逐渐降低。另外一个更具发展前途的概念是组合使用不同类型的储能设备，以便更好地利用各种技术的属性。最重要的实例如下：将热能储存装置用作隔热压缩空气储能装置的重要组成部分。压缩空气储能装置和飞轮的组合或抽水蓄能装置和化学电池的组合这种方案也非常有前途，一方面可以获得更多的储能容量；另一方面能够获得更快的响应速度。然而，所有方案都必须具有一定的经济合理性，其中价格最低、工艺最简单的方案是在火力发电站的锅炉回路中储存额外的热水。

表 13-1　可选储能技术对比

类型	效率(%)	相对功率部分	基建成本能量部分	合理能量容量/J	能量密度/(J/m³)	建造交付周期/年	使用寿命/年	循环数	反向时间/s	选址建议
飞轮储能	85	0.7	30	10^9	10^8	3	20	无限制*	0.1	邻近用户负荷终端
抽水储能+	80	1.0	1.0	10^{13}	$10^{6‡}$	8	50	无限制*	10	地质考虑因素
压缩空气储能	$f_{ccf}^{*}=1.3$	2.1	0.4	10^{12}	10^5	3	25	无限制*	360	地质考虑因素
氢作为合成燃料储存+	50　$f_{fhr}=4300\text{kJ/kWh}$	8.6	0.6	10^{12}	10^9	3	25	无限制*	360	邻近燃气轮机
热能储存	75	2.5	3.0	10^{11}	10^9	12	30	无限制*	数十分钟	火力发电站的一部分
电池储能	80	0.6	6.0	不限	10^8	2	10	500	0.01	邻近用户负荷终端
电容器储能	80	0.6	5.5	不限		2	10	10^7	0.01	邻近用户负荷终端
超导磁储能	90	0.6	14.0	10^{13}		12	30	10^6	0.01	电力系统变电站,发电机末端

* 预期使用寿命内无限制。
+ 电解＋燃气轮机。
‡ 针对100m水头。

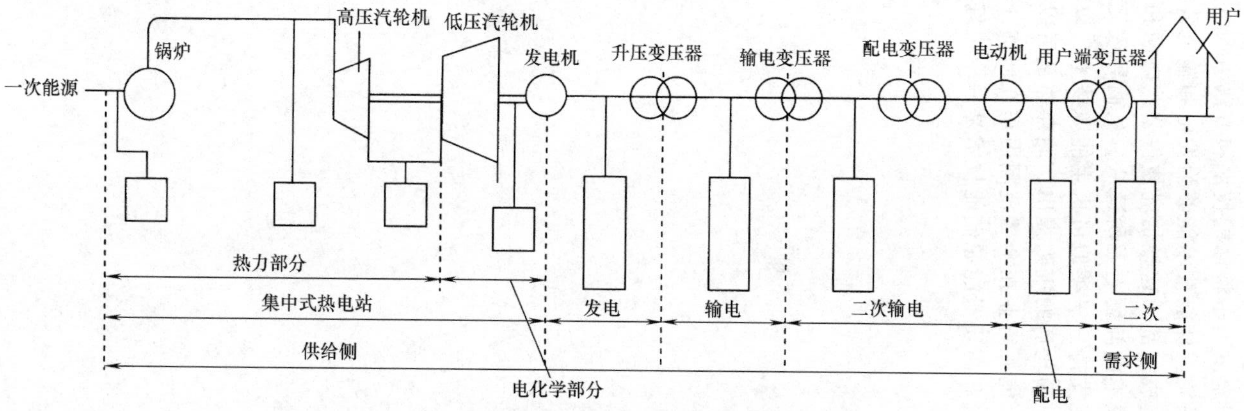

图 13-2　采用分散式储能的典型公共电网电力系统

由于缺少指导各地公共电网和投资者的规范，储能技术的应用受到了限制。目前尚未制定出关于将储能技术和方法引入电力系统的整体策略，尤其是输电和发电分开的电力系统。储能技术能够为发电和输电公司带来利益，而这又会立即在储能技术控制问题上造成混乱。这种情况使得公共电网和投资者在应该如何对待储能技术投资以及如何回收成本的问题上无所适从，从而导致无人愿意投资。应该为这些技术提供更多的资金和制度支持——类似可再生能源技术，以鼓励建造更多的储能装置。

简化后的规则提出，储存热量可以节省能源，而储存电力则可以节省资本投资。如今，能源行业在全球范围内正在面临一次能源和资本投资方面的资源危机，因此研究低质量和高质量能源储能技术是一个很好的选择。

第三部分　电力系统储能
注意事项

第 14 章 储能系统集成

14.1 问题界定

由于电力公共电网需求侧具有每时、每日以及每季变化的特征，而供给侧的装机容量又固定不变，因此储能技术的利用十分必要。为了以最小的成本适应不断变化的需求并同时保证可接受的可靠性，公共电网需要合理规划和运行其发电资源，确保与负荷特征相匹配。在规划决策阶段，要求提供有关储能装置对电力系统可靠性和经济性的影响信息，而此信息接下来会被用作电力系统模型的决策变量。将储能技术引入电力公共电网的主要目标是提高系统的负荷因数、进行峰值负荷调节、提供电力系统储备以及有效降低发电的总体成本。同时也必须满足各种储能和释能状态的系统约束条件。

需要考虑新引入装置的成本相关因素，包括对装置性能特征的经济评估。需要考虑在电力系统中集成分散式储能装置可能产生的影响，包括分散式储能装置对于系统稳定性和旋转备用要求的影响。

储能设备的经济情况对电力系统的初始基建投资以及运行和维护成本都存在影响。如图 14-1 所示，很明显，电力系统存在一定的储能额定功率和储能容量，而这种使用将会保证电力成本最少。为了提供低成本电力服务，储能系统的生命周期成本必须在调峰和中间负荷应用方面与更为常规的动力源（如燃气轮机和联合循环机组）相比具有竞争力。周转效率和预期使用寿命也会对系统的经济性评估结果产生影响。能否成功将储能装置集成到公共电网中主要取决于储能装置的类型和设计、系统需求的平衡以及相关基建成本和运行成本。

将储能装置引入到初始设计未包含此类装置的电力系统中不仅仅涉及经济方面的影响，还需要考虑发电扩建规划的所有方面。一个关键的方面是对不同渗透水平的储能系统的成本效益进行评估以及对以下参数的敏感度进行分析：

- 系统平均日负荷因数与负荷密度因数；
- 发电设备、输电线路以及储能方式的基建成本及其上涨趋势；
- 燃料价格及其上涨趋势；
- 储能效率。

将储能装置加入到电力系统必将产生一种新的发电组合。储能装置可能会取代部分调峰容量并需要更多的基础容量来取代中间容量。任何电力系统供给侧发电装置组合都应该满足需求侧的主要要求，即满足其负荷曲线。

现考虑以下情形：为了满足负荷曲线要求，配备了以下装机容量：N_{b0} = 基础电源容量，N_{i0} = 中间电源容量，N_{p0} = 峰值电源容量。该结构未安装储能装置。现在，把基

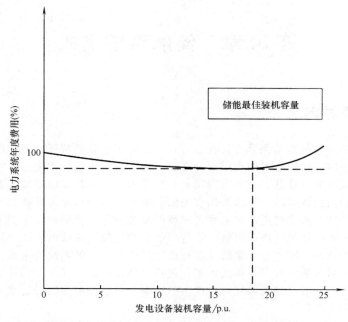

图 14-1　电力系统年度费用与储能装机容量关系图

础容量提高 δN_b。该容量将产生多余能量 E_c，其计算公式为

$$E_c = \sum_{i=1}^{t_h} (N_{b0} + \delta N_b - L_i)\, t_i$$

式中　t_h——用电需求低谷持续时间。

该多余能量可用于储能装置储能，以便在用电峰值需求期释能。这种方法可以降低峰值与中间电源的容量需求。中间电源的装机容量会降低相等的 δN_b。

储存能量的释能容量 P_{sd} 可以减少峰值容量，该值可以根据储能装置的能量平衡进行计算，即

$$P_{sd} = \frac{E_c}{\xi_s t_p}$$

式中　t_p——用电需求峰值持续时间。

因此，储能装置引入电力系统将产生一种全新的供给侧组合。此种结构变化可以用方程组表示为

$$N_{b1} = N_{b0} + \delta N_b$$
$$N_{I1} = N_{I0} - \delta N_b$$
$$N_{p1} = \frac{N_{p0} - \delta N_b t_h}{\xi_s t_p}$$

如果储能装置安装位置邻近发电站，则上述结构变化为唯一必要的变化。

由于某些储能技术可以在邻近用户的位置使用，输电线路中的所有功率流也将发生变化。

例如，如果储能装置安装于第 i 条输电线路的末端，则该装置也将同时影响变电站和输电负荷。这些变化会导致能量损耗发生变化（希望可以减少损耗）。

如上文所述，显然，将储能装置引入电力系统会彻底改变系统供给侧的结构。

因此，人们将面临一个明确的优化问题，说明如下：将电力系统的年度费用表示为所有系统元件的装机容量和系统燃料消耗的函数，并最大限度降低此年度费用，同时满足一系列系统约束条件，可表示为

$$\min f(x) = CX$$
$$Ax < b$$

式中　$f(x)$——电力系统成本函数；

　　　　x——变量向量；

　　　　A——矩阵，由约束条件集合得出；

　　　　b——约束条件表达式右侧。

显然，进行定量评估时需要使用包含储能装置的电力系统特殊数学模型。

14.2　电力系统成本函数

首先，模型取决于电力系统基建成本、分期偿还成本、生产既定数量能量所需燃料价格的非线性年度费用表示，其中包括储能损失和最为重要的储能基建成本。

上述任意一项均为若干变量的函数，需要对这些函数进行仔细研究。

电力系统基建成本 K_{pws} 包含发电站成本 K_{pp}、变电站成本 K_{ss} 和输电线路成本 K_{tl}，即有

$$K_{pws} = K_{pp} + K_{ss} + K_{tl}$$

电力系统供给侧发电站基建成本取决于发电结构，可表示为

$$K_{pp} = \sum_{i=1}^{n_1} K_{bi}^* N_{bi} + \sum_{i=1}^{n_2} K_{li}^* N_{li} + \sum_{i=1}^{n_3} K_{pi}^* N_{pi}$$

式中　K_{bi}^*、K_{li}^*、K_{pi}^*——第 i 个基础负荷电源、中间负荷电源和峰值负荷电源的单位额定容量成本；

　　　　N_{bi}、N_{li}、N_{pi}——满足基础负荷、中间负荷和峰值负荷需求的第 i 个电源的标准装机容量。

电力系统装机容量中必须包含必要的储备容量 N，因此有

$$N_{pws} = \sum_{i=1}^{n_1+n_2+n_3} N_i + N_r = L_b + N_{rb} + L_l + N_{rl} + L_p + N_{rp}$$

式中　L_b、L_l、L_p——负荷曲线的基础、中间和峰值部分；

N_{rb}、N_{rl}、N_{rp}——基础设备、中间设备和峰值设备的储备容量。

为了进行长期规划，通常会简化储备容量评估并将其确定为满足负荷要求所需功率容量的 13%～20%。应该提到的是，储备容量必须大于基准电力系统中最大装置的装机容量。

变电站的基建成本取决于多个因素：变电站电压等级、额定功率、变电站类型和许多其他因素。引入储能装置会影响电力系统功率流，并进而影响变电站的基建成本。因此，变电站基建成本中涉及变量和常量，即

$$K_{ss} = \sum_{i=1}^{p} C_{ssi} + \sum_{i=1}^{p} K_{ssi}^{*} P_{imax}$$

式中　p——电力系统中变电站的数量；

　　C_{ssi}——第 i 个变电站的常量部分（电压和方案）；

　　K_{ssi}^{*}——第 i 个变电站的单位额定容量成本；

　　P_{imax}——第 i 个变电站的额定容量（最大计算功率）。

输电线路基建成本是电力系统总成本的重要组成部分，因此必须包含在总成本计算中。但在规划初期，可以利用每公里长度和每兆瓦额定功率的规定成本 K_{tl}^{*} 简化电力系统模型中的对应部分。

输电线路模型可表示为

$$K_{tl}^{*} = \sum_{i=1}^{m} K_{tli}^{*} l_i P_{tli}$$

式中　l_i——第 i 条输电线路的长度；

　　P_{tli}——第 i 条输电线路的额定功率流；

　　K_{tli}——第 i 条输电线路每公里每兆瓦成本。

所有上述电力系统经济计量模型元素均独立于基准电力系统的电气状态，并构成了年度费用的常量部分。变量部分包括燃料成本、能量损失补偿成本（通常包含在燃料成本中）、分期偿还和维护成本、员工工资等。

维护成本也取决于热能装置加载情况，但该依存关系存在某些不确定性，因此该模型未考虑这种依存关系。因此，维护成本与分期偿还成本以及员工工资在模型中被表示成与基建成本存在一个线性依存关系，可表示为

$$A = \sum_{i=1}^{n_1} a_{bi} K_{bi}^{*} N_{bi} + \sum_{i=1}^{n_2} a_{li} K_{li}^{*} N_{li} + \sum_{i=1}^{n_3} a_{pi} K_{pi}^{*} N_{pi} + \sum_{i=1}^{p} a_{ssi} C_{ssi} +$$

$$\sum_{i=1}^{p} a_{ssi} K_{ssi}^{*} P_{imax} + \sum_{i=1}^{m} a_{tli} K_{tli}^{*} l_i P_{tli}$$

式中　a_{bi}——第 i 台基础装置的分期偿还系数；

　　a_{li}——第 i 台中间装置的分期偿还系数；

　　a_{pi}——第 i 台峰值装置的分期偿还系数；

　　a_{tli}——第 i 台输电线路的分期偿还系数；

　　a_{ssi}——第 i 台变电站的分期偿还系数；

　　燃料成本超过该变量部分的 60%，并且取决于发电站装置的状态，尤其是各台装置的燃料消耗曲线及当前负荷。存在的问题是，燃料消耗曲线仅为装置负荷的一阶线性函数。事实上，二者间存在非线性关系，而且，为了计算储能装置对于电力系统经济效益的影响，必须考虑该非线性关系。

　　输电线路的能量损失也取决于其状态，并且也是线路电流对应功率的非线性函数。在当前模型中，燃料消耗曲线用一个二次方近似值表示，其公式为

$$b_f = A(N - N_{min})^2 + B(N - N_{min}) + C$$

式中　b_f——燃料消耗量，t/h；

　　　N——当前发电功率，MW；

　　　N_{min}——技术限制的最小发电功率；

A、B、C——近似系数，不同类型电力装置各不相同。

　　表 14-1 列出了俄罗斯电力系统所安装的各种供电装置区别。此近似值仅对基础和中间燃煤、燃油或燃气发电站有效。由于恒定加载，核电站的燃料消耗量被假定是恒定不变的。燃气轮机的燃料消耗量是负荷的线性函数。而针对水力发电站，尤其是各种可再生能源（小型生物质燃烧发电装置除外），燃料消耗量及相应的燃料成本并不适用。

　　在给定时间内满足负荷曲线要求所需的燃料成本 K_f 可以表示为

$$K_f = \sum_{j=1}^{n} \sum_{i=1}^{T} C_{fj} b_{fj}(N_i) t_i$$

式中　C_{fj}——第 j 台发电装置的每吨燃料成本；

　　　b_{fj}——第 j 台装置的燃料消耗量；

　　　N_i——当前发电功率；

　　　t_i——N_i 恒定持续时间；

　　　T——时间段；

　　　n——发电装置数量。

表 14-1　燃料消耗曲线近似系数

燃料类型	额定容量 /MW	最小负荷 /MW	C t	系数	
				B /(t/MW)	A /(t/MW²)
石油	800	350	120.44	0.266	0.496×10^{-4}
石油	300	150	41.16	0.239	0.65×10^{-4}
煤炭	300	180	56	0.3	0.36×10^{-4}
天然气	200	120	42	0.295	0.5×10^{-4}
石油	200	120	38	0.330	0.15×10^{-2}
煤炭	200	120	48	0.259	0.85×10^{-3}

　　显然，储能装置的经济计量模型也应该包含在电力系统模型中。按照年度费用计算

时，整体电力系统的经济计量模型可以表示为

$$f(x) = R_{pp}K_{pp} + R_{ss}K_{ss} + R_{tl}K_{tl} + A + K_f + R_{es}(K_p^* P_s + K_e^* E_s)$$

式中，各个不同的 R 均表示对应基建成本 K 所需要的回报率。使用上述所有公式可完整表示上式为

$$\begin{aligned} f(x) = {} & R_{pp}\Big(\sum_{i=1}^{n_1} K_{bi}^* N_{bi} + \sum_{i=1}^{n_2} K_{Ii}^* N_{Ii} + \sum_{i=1}^{n_3} K_{pi}^* N_{pi}\Big) \\ & + R_{ss}\Big(\sum_{i=1}^{p} C_{ssi} + \sum_{i=1}^{p} K_{ssi}^* P_{imax}\Big) + R_{tl}\sum_{i=1}^{m} K_{tli}^* l_i P_{tli} \\ & + \sum_{i=1}^{n_1} a_{bi}K_{bi}^* N_{bi} + \sum_{i=1}^{n_2} a_{Ii}K_{Ii}^* N_{Ii} + \sum_{i=1}^{n_3} a_{pi}K_{pi}^* N_{pi} \\ & + \sum_{i=1}^{m} a_{tli}K_{tli}^* l_i P_{tli} + \sum_{i=1}^{p} a_{ssi}(C_{ssi} + K_{ssi}^* P_{imax}) \\ & + \sum_{j=1}^{n_1+n_2+n_3} \sum_{i=1}^{T} C_{tj}b_{fj}(N_i)t_i + (R_{cs} + a_{cs})K_e^* E_s + (R_{pts} + a_{pts})K_p^* P_s \end{aligned}$$

仅在以方程和非方程形式表示出系统约束因素时才可以将包含储能装置的电力系统供给侧经济计量模型应用于电力系统分析。

14.3　系统约束条件

经济计量模型中提到的所有电力系统状态参数均需要符合需求侧的某些要求或系统约束条件。

首先，整个系统和各节点都需要达到功率平衡。这意味着，在第 i 个时刻，必须满足功率平衡方程，即

$$\sum_{j=1}^{n_1+n_2+n_3} N_j \pm P_s - \sum_{i=1}^{m} \delta P_i - \sum_{l=1}^{k} L_l = 0$$

式中　N_j——超出用户需求的对应装置发出的功率。

发出功率与消耗功率之差为功率损耗，即

$$\delta P_j = \sum_{i=1}^{n} N_i - \sum_{i=1}^{k} L_i$$

式中　n——发电装置数量；

　　　k——用户数量；

　　　δP_j——基准时间第 j 时段内的功率损耗。

电力系统负荷曲线需求侧的相关信息为主要可用数据，而这些信息对于计算功率损耗十分必要，否则将无法获得所需的发电功率。公共电网的平均功率损耗约占总负荷需求的 7% ~ 12%，且损耗程度主要取决于电力系统的电气状态。

储能装置的安装位置对于公共电网的功率流影响较大，而功率损耗取决于储能装置

的地址和状态，因此必须考虑到相关储能装置的选址问题。

公共电网的功率损耗等于电网所有部分的损耗之和。通常需要考虑的 2 个不同类型的电网部分为输电线路和变压器。输电线路的功率损耗 δP_{tl} 计算公式为

$$\delta P_{tl} = \delta P_{cor} + \delta P_{wr} = U^2 g_{cor} + \left(\frac{S}{U}\right)^2 r_{tl}$$

式中　δP_{cor} ——电晕现象导致的损耗；

　　　δP_{wr} ——输电线路导线内的损耗；

　　　U ——输电网电压；

　　　g_{cor} ——与电晕损耗有关的有效电导；

　　　r_{tl} ——线路电阻；

　　　S ——输电线路末端需求侧视在功率（包括有功功率和无功功率）。

变压器的功率损耗 δP_{tr} 计算公式为

$$\delta P_{tr} = \delta P_{oc} + \delta P_w = \frac{\delta P_{oc} + \delta P_{sc} S^2}{S_{rt}^2}$$

式中　δP_{oc} ——变压器的开路功率损耗；

　　　δP_{sc} ——变压器的短路功率损耗；

　　　δP_w ——变压器的线路功率损耗；

　　　S ——经过变压器的当前视在功率；

　　　S_{rt} ——经过变压器的额定视在功率。

为了易于运算，通常可以简化这些公式：使用标准 LP 包时对其进行线性化。

包含储能装置的所有发电机组装机容量应该大于最大负荷需求，即

$$\sum_{i=1}^{n_1} N_{bi} + \sum_{i=1}^{n_2} N_{li} + \sum_{i=1}^{n_3} N_{pi} + P_s > \sum_{i=1}^{k} L_i$$

由于储能装置在夜间用电低谷期间储能，基础负荷电源的装机容量与储能容量之差应该大于最小负荷需求，即

$$\sum_{i=1}^{n_1} N_{bi} - P_{sc} > \sum_{i=1}^{k} L_{imin}$$

所有基础装置的装机容量应该小于平均负荷需求，即

$$\sum_{i=1}^{n_1} N_{bi} < \frac{1}{T} \sum_{i=1}^{T} L_i t_i$$

水力发电站用水量 θ_{kg} 和火力发电站燃料消耗量 B_{mg} 的等参条件为

$$\sum_{j=1}^{m} \theta_{kj}(N_{kj}) - \theta_{kg} = 0$$

$$\sum_{j=1}^{m} B_{mj}(N_{mj}) - B_{mg} = 0$$

给定时间段 T 内的储能装置能量平衡公式表示为

$$\sum_{j=1}^{m} (E_{cj} - E_{dj} - \delta E) = 0$$

各时间间隔的储能功率限制条件为

$$P_{cmin} \leqslant P_c \leqslant P_{cmax}$$
$$P_{dmin} \leqslant P_d \leqslant P_{dmax}$$

储能装置第 j 个储能—释能循环周期的可储存能量限制条件为

$$E_0 \leqslant E_{dj} \leqslant E_s$$
$$0 \leqslant \sum_j E_{cj} \leqslant E_s$$

各时间间隔的第 i 个发电站容量限制条件为

$$N_{imin} \leqslant N_i \leqslant N_{imax}$$

式中　N_{imin}——第 i 个发电站的最小允许容量；

　　　N_{imax}——第 i 个发电站的最大允许容量。

各时间间隔内第 i 个节点的允许电压限制为

$$V_{imin} \leqslant |V_i| \leqslant V_{imax}$$

输电线路导线的加热条件为

$$|I_t| \leqslant I_{lperm}$$

式中　I_{lperm}——通过第 l 条输电线路的最大允许电流。

各时间间隔内，第 l 条输电线路的系统稳定限制条件为

$$|P_{tl}| \leqslant P_{tlmax}$$

式中　P_{tlmax}——电力系统稳定条件下，通过第 l 条输电线路的最大允许功率。

上述包含储能装置的电力系统经济模型包括电力系统成本函数和一系列系统约束条件，可以根据这些模型研究引入储能装置后可能产生的供给侧结构变化并找出给定电力公共电网的电源与储能装置的最佳组合。

从经济模型可以看出，引入供给侧结构的储能装置的额定功率和储能容量最优值取决于一系列参数，例如基础、中间和峰值负荷供电设备的单位设备成本、设备的燃料成本、负荷曲线参数以及储能效率。研究储能装置的经济价值时，需要考虑 4 个主要因素。

首先，存在一个与储能装置所提供能量的唯一性有关的增强系数；其次，由于储能装置可能会取代在其他情况下需要的电源，存在发电容量方面的好处；第三，由于引进电力调度和能量消耗管理，存在能量利用率方面的好处，包括系统开发延期所带来的好处；最后，由于使用更低成本燃料，存在生产成本方面的好处，同时也可实现更高的发电效率。

这 4 个因素代表了使用储能装置的年度收益 B_s，事实上也是下列各项的总和：

- 回收能量的价值；
- 取代容量带来的好处；
- 利用率方面和延期投资带来的好处；
- 维护方面的好处；
- 能量生产成本方面的好处。

如果年度收益高于储能装置的年度费用，则证明引入储能装置的做法是合理的。可以利用储能经济模型获得针对特定目标的单位额定功率成本，而此成本可以表示为针对特定目标的单位能量容量成本的函数，即

$$K_{pts} = \frac{B_s - (R + a)K_1 E_s}{P_s (R + a)}$$

图 14-2 显示了这种依存关系，但应该提到的是，各组储能参数的年度收益 B_s 的精确计算需要使用特殊的算法。对于储能装置的引入，可以考虑采用设计标准对该算法进行简化。

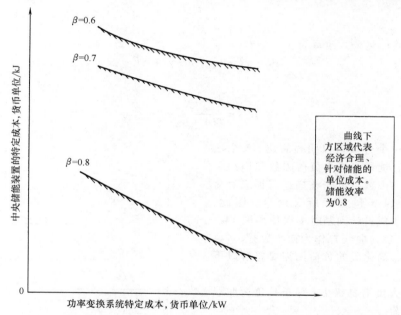

图 14-2　在各种最小负荷因数 β 下针对特定目标的中央储能装置成本与针对特定目标的功率变换系统成本之间的关系

14.4　储能装置引入的设计标准

电力系统扩建计划这一设计问题的最佳解决方案必须满足某些要求，其中 3 个主要要求为
- 在给定时间内产生电力系统需求侧所需要的发电量；
- 能够满足最大用电需求；
- 拥有足够的灵活性，可以满足最低用电需求。

应该提到的是，可以在上述 3 个要求的基础上计算所有其他要求。

现考虑图 14-3 所示的负荷曲线 2 步近似法，其中的 L_{min}、L_{max}、t_{min}、t_{max} 分别代表最

小和最大负荷及其持续时间。该负荷所消耗的能量 E_1 为

$$E_1 = L_{\min}t_{\min} + L_{\max}t_{\max}$$

如图 14-3 所示，负荷相似期 T（天、星期等）包括 $t_{\min}$ 和 $t_{\max}$，因此 $t_{\min} = T - t_{\max}$。根据负荷曲线参数的定义，则最小负荷因数为

$$\beta = \frac{L_{\min}}{L_{\max}}$$

最小负荷持续时间因数为

$$\gamma = \frac{t_{\min}}{T}$$

可以将能量公式改写为

$$\beta L_{\max}\gamma T + L_{\max}(T - \gamma T) = E_1$$

或

$$L_{\max} = \frac{E_1}{T(1 + \beta\gamma - \gamma)}$$

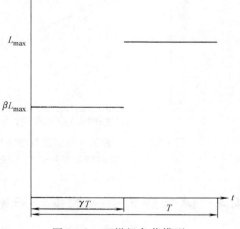

从后一个公式可以明显看出，3 个参数——消耗能量、最小负荷因数和最小负荷持续时间因数可以完整描述双梯级负荷类型，图 14-3 包含了所有信息。因此，解决储能集成设计问题时可以使用图 14-3（而非用日负荷曲线）作为初始数据。

为此，简化后的负荷图需要符合以下要求：

● 最大负荷梯级 $L_{\max}$ 等于日负荷曲线的最大负荷。

● 系数 β 和 γ 分别代表最小负荷因数和负荷密度因数。

● 2 个图包含的持续时间 T 相同，即有

$$E_1 = \sum_{i=1}^{n} L_i t_i$$

图 14-3　双梯级负荷模型

现在，可以对储能装置发挥负荷调平功能时所需要的最大额定功率容量进行估算。由于在公共电网的负荷曲线中 $\gamma > \beta$，计算公式可写成

$$P_s = (1 - \gamma)L_{\max}$$

为了确定相关能量容量，需要根据下述标准计算所需释能时间 T_d。

现考虑 2 种不同的扩建计划：引入或不引入储能装置。不引入储能装置的电力系统成本函数为

$$f(x_0) = RK_0 + U_0$$

引入储能装置的电力系统成本函数为

$$f(x_i) = RK_i + U_i$$

式中　K_0——未引入储能装置的电力系统的基建成本；

　　　U_0——未引入储能装置的电力系统的燃料成本；

　　　K_i——引入储能装置的电力系统的基建成本；

　　　U_i——引入储能装置的电力系统的燃料成本；

　　　R——电力设备贴现率。

显然，如果两个函数的差值 $\delta f(x) = f(x_i) - f(x_0)$ 为正数，则将储能装置引入电力系统在成本上是划算的，即

$$\delta f(x) = R(K_i - K_0) + U_i - U_0 > 0$$

因此，可以制定以下标准：如果此差值的一阶导数（相对于新引入储能装置的容量 N_s）为负值，则增加系统容量就是合理的。因此，方程式为

$$\frac{\mathrm{d}[\delta f(x_i)]}{\mathrm{d}N_{si}} = \frac{\mathrm{d}[R(K_0 - K_i) + (U_0 - U_i)]}{\mathrm{d}N_{si}} = 0$$

或

$$\frac{R\mathrm{d}k_i}{\mathrm{d}N_{si}} + \frac{\mathrm{d}U_i}{\mathrm{d}N_{si}} = 0$$

即为引入新储能装置的设计标准。

可以利用负荷曲线的 2 步近似法以及安装有储能装置的电力系统经济计量模型改写上述标准：如果储能装置的周转效率 ξ_s 满足下列不等式

$$\xi_s > \frac{RK_b^* + K_{fb}\gamma T \dfrac{\mathrm{d}f_f(P_h)}{\mathrm{d}N_s}}{K_{fp}\gamma T \dfrac{\mathrm{d}f_f(P_p)}{\mathrm{d}N_s} + \dfrac{R(K_p - K_{pts} - K_c t_d)\gamma}{\gamma - 1}}$$

则在常规电力系统中引入储能装置就更加高效。

显然，目标效率（定义为解不等式所得到的结果）对于某些参数十分敏感，例如电源和储能装置特定成本、燃料成本、燃料消耗曲线形状以及负荷曲线参数变化。根据敏感性分析的结果判断，储能装置的目标效率约为 75%。

可以使用标准电力系统扩建规划软件以及基于上述标准的特殊算法计算出将储能装置引入电力系统供给侧所需的最佳储能参数。

第 15 章　储能对电力系统瞬态的影响

15.1　问题界定

任何电力公共电网都存在功率波动，即所谓的瞬态。在此类状态下会出现频率和电压振荡，降低了公共电网向用户输送电力的能力。如何抑制振荡这一问题由此产生。

为了对电力系统进行分析，可以将问题分为独立解决的 2 个子问题。首先，由于需要通过现有输电线路平稳传输电力，并且要确保小扰动下的瞬态电能质量，就出现了稳态稳定性这一子问题。该问题一般出现于正常状态下，且为电力系统永久问题，因此该问题已包含在第 14 章提到的电力系统约束条件中。

其次，电力系统必须在出现如短路之类的强烈扰动问题后立即恢复，因此在电力系统规划设计阶段中必须仔细考虑瞬态稳定时的抗干扰能力这一子问题。

这种将问题分开考虑的方法是合理的，原因是这样可以对不同的振荡持续时间加以考虑，从而可以将不同的分析方法和不同的简化方式用于电力系统描述。

使用所谓的电力系统稳定器（PSS）、静止无功补偿器（SVC），以及在出现强烈扰动时使用并联电阻制动器即可以很好地解决振荡阻尼问题。某些反向时间短的储能系统类型也会影响这些子问题的解决。利用等效发电机角速度偏差作为反馈信号，储能装置可以生成或消耗有功功率，从而抑制有功功率振荡。在使用电压偏差作为反馈信号的情况下，储能装置可以通过控制无功功率的生成或消耗来维持所需电压水平。除热能储能装置之外的所有类型的储能装置在安装有合适的调节器并正确选择反馈增益的前提下均可用于此目的。

这些情况下的主要问题是找到储能装置的关键参数（额定功率、能量容量和反向时间），以确保抑制由相关功率波动造成的振荡。

对引入储能装置（而非 PSS 和 SVC）的有效性进行分析时通常采用的电力系统模型的配置如下：最基础的单机、双回路输电线路、无穷大母线系统，相当于利用全长 200km、额定电压为 500kV 的输电线路将 2000MW 常规火力发电站（包含连接至大型电力系统的 4 个 500MW 发电机组）连接到大型电力系统。这并不是一个纯学术示例，俄罗斯、加拿大和美国公共电网中已存在许多采用此种配置的方案。

为了对电力系统出现瞬态时储能装置能够发挥的作用进行调查，需要构建合适的数学模型。该模型应该包含可描述电力系统机电和电磁部分的瞬态特性的元素。

15.2　模型描述

待分析的公共电网包含以下元素：

• 等效发电机，在忽略调速器作用的情况下，其机械输入功率 P_m 被认为是恒定的。事实上，这种假设为储能释能时间设置了限制条件——应该在数秒内完成释能过程；

• 自动电压调节器（AVR）（如方框图 15-1 所示）和相关电压；

• 双链输电线路，用 π 型电路表示；

• 储能装置，用数学模型表示，如第 2 章中所述；

• 无穷大母线系统，用恒定电压和恒定频率表示。

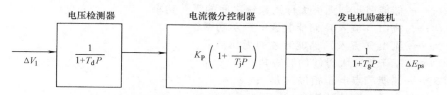

图 15-1　自动电压调节器框图

T_d、T_j、T_g—电压检测器、微分控制器和励磁机的时间常数

该公共电网数学模型是一个描述系统中各元素性能及其相互作用的方程组。

该模型包含 4 个方程式，分别对机械和电磁瞬态过程以及公共电网的有功功率和无功功率平衡进行了描述。这些方程为

（1）等效发电机转子运动方程或转矩方程：

$$\frac{T_j d^2\delta}{dt^2} + \frac{D_m d\delta}{dt - (P_m - N_{gs})} = 0$$

（2）转子绕组中的电磁瞬态过程——磁场绕组方程中的磁链变化：

$$\frac{T_{do} dE'_q}{dt + E'_q} - E_{qe} + I_d(x_d - x'_d) = 0$$

（3）储能节点的有功功率和无功功率平衡方程：

$$N_{gs} - N_{sb} \pm P_s = 0$$

$$Q_{gs} - Q_{sb} \pm Q_s = 0$$

（4）发电机终端与储能节点之间以及此节点与无穷大母线系统之间的有功功率和无功功率，表示为如下大家所熟悉的方程：

$$N_{gs} = \frac{E_q V_s \sin(\delta - \delta_s)}{x_1}$$

$$Q_{gs} = \frac{-V_s^2 + V_s E_q \cos(\delta - \delta_s)}{x_1}$$

$$N_{sb} = \frac{V_s V_b \sin\delta_s}{x_2}$$

$$Q_{sb} = \frac{V_s^2 - V_s V_b \cos\delta_s}{x_2}$$

式中 T_j——发电机惯性常数;

     T_{do}——等效发电机 d 轴开路瞬态时间常数;

     D_m——发电机阻尼因数;

     P_m——发电机机械输入功率;

     N_{gs}——发电机终端与无穷大母线系统之间的有功功率;

     N_{sb}——储能节点与无穷大母线系统之间的有功功率;

     Q_{gs}——发电机终端与无穷大母线系统之间的无功功率;

     Q_{sb}——储能节点与无穷大母线系统之间的无功功率;

   $\pm P_s$——流出(流入)储能装置的有功功率;

   $\pm Q_s$——流出(流入)储能装置的无功功率;

      δ——基于无穷大母线的转矩角;

      δ_s——储能节点电压相位(角);

      I_d——定子电流 d 轴投影;

     x_d——d 轴同步电抗;

     x_t'——变压器电抗;

     x_{11}——发电机与储能装置间的输电线电抗;

  $x_1 = x_d' = x_t + x_{11}$;

$x_2 = x_{12}$——储能节点和无穷大母线间的输电线电抗;

     V_g——发电机终端电压;

     V_s——储能节点电压;

     V_b——无穷大母线电压;

     E_q——x_d'后电压;

     V_q——V_g 的 q 轴投影;

    $E_q' = V_q + I_d x_d'$;

    E_{qe}——磁场绕组电压。

在借助本模型并进行一定合理程度的简化后,就可以针对储能装置对电力系统稳态和瞬态稳定性的影响进行分析。

15.3   稳态稳定性分析

现考虑一个安装有储能装置的电力系统,如图 15-2 所示。

具有合适参数、调节器以及增益选择正确的储能装置必须要维持电力系统的稳态稳定性,并维持储能装置所在节点处的恒压状态。假设所有关键参数与增益均已知,利用

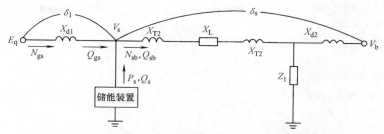

图 15-2　安装有储能装置的简化电力系统示意图

常用软件即可确定安装储能装置后电力系统是否稳定以及电压偏差值。通过改变参数和增益，可以得到确保所需电压偏差以及输电线路稳定输送电力的可能性的储能装置的边际参数和关键增益值。

在这种情况下，可以根据以下假设简化模型：

- 定子电路、阻尼电路和输电线路的电磁瞬态过程不予考虑；
- 由于自动电压调节器是一种能够高效提供稳态稳定性的设备，这里所关注的重点为研究发电机未安装自动电压调节器的电力系统的稳定性，在此类系统中，储能装置必须实现这种调节功能。

假设 P_{m} 和 E_{q} 恒定不变，将上述 4 个方程在一个工作点进行线性化，可得：

（1）转矩方程：

$$\left[T_{\mathrm{j}}P^2 + \frac{\mathrm{d}N_{\mathrm{gs}}}{\mathrm{d}(\delta - \delta_{\mathrm{s}})} \right]\delta(\delta - \delta_{\mathrm{s}}) + T_{\mathrm{j}}P^2\delta\delta_{\mathrm{s}} + \frac{\mathrm{d}N_{\mathrm{gs}}}{\mathrm{d}V_{\mathrm{s}}}\delta V_{\mathrm{s}} + \frac{\mathrm{d}N_{\mathrm{gs}}}{\mathrm{d}E_{\mathrm{q}}}\delta E_{\mathrm{q}} = 0$$

（2）磁场绕组磁链变化方程：

$$T_{\mathrm{do}}P\frac{\mathrm{d}E'_{\mathrm{q}}}{\mathrm{d}(\delta - \delta_{\mathrm{s}})}\delta(\delta - \delta_{\mathrm{s}}) + T_{\mathrm{do}}P\frac{\mathrm{d}E'_{\mathrm{q}}}{\mathrm{d}V_{\mathrm{s}}}\delta V_{\mathrm{s}} + \left(T_{\mathrm{do}}P\frac{\mathrm{d}E'_{\mathrm{q}}}{\mathrm{d}E_{\mathrm{q}}} + 1 \right)\delta E_{\mathrm{q}} = 0$$

（3）有功功率平衡方程：

$$\delta N_{\mathrm{gs}} - \delta N_{\mathrm{sb}} \pm P_{\mathrm{s}} = 0$$

（4）无功功率平衡方程：

$$\delta Q_{\mathrm{gs}} - \delta Q_{\mathrm{sb}} - \delta Q_{\mathrm{s}} = 0$$

式中　δ——与工作点的偏差变量。

这些方程的雅可比矩阵为

$$D(P) = \begin{bmatrix} d_{11} & d_{12} & d_{13} & d_{14} \\ d_{21} & d_{22} & d_{23} & d_{24} \\ d_{31} & d_{32} & d_{33} & d_{34} \\ d_{41} & d_{42} & d_{43} & d_{44} \end{bmatrix}$$

式中　$d_{11} = T_{\mathrm{j}}P^2\mathrm{d}N_{\mathrm{gs}}/\mathrm{d}(\delta - \delta_{\mathrm{s}})$；

$d_{12} = T_{\mathrm{j}}P^2$；

$d_{13} = \mathrm{d}N_{gs}/\mathrm{d}V_s$;

$\mathrm{d}_{14} = \mathrm{d}N_{gs}/\mathrm{d}E_q$;

$\mathrm{d}_{21} = T_{do}P\mathrm{d}E'_q/\mathrm{d}(\delta - \delta_s)$;

$d_{22} = 0$;

$d_{23} = T_{do}P\mathrm{d}E'_q/\mathrm{d}V_s$;

$d_{24} = T_{do}P\mathrm{d}E'_q/\mathrm{d}E_q + 1$;

$d_{31} = \mathrm{d}N_{gs}/\mathrm{d}(\delta - \delta_s) \pm \mathrm{d}P_s/\mathrm{d}(\delta - \delta_s)$;

$d_{32} = \mathrm{d}N_{sb}/\mathrm{d}\delta_s \pm \mathrm{d}P_s/\mathrm{d}\delta_s$;

$d_{33} = \mathrm{d}N_{gs}/\mathrm{d}V_s \pm \mathrm{d}P_s/\mathrm{d}V_s - \mathrm{d}N_{sb}/\mathrm{d}V_s$;

$d_{34} = \mathrm{d}N_{gs}/\mathrm{d}E_q$;

$d_{41} = \mathrm{d}Q_{gs}/\mathrm{d}(\delta - \delta_s) - \mathrm{d}Q_s/\mathrm{d}(\delta - \delta_s)$;

$d_{42} = -\mathrm{d}Q_{sb}/\mathrm{d}\delta_s - \mathrm{d}Q_s/\mathrm{d}\delta_s$;

$d_{43} = \mathrm{d}Q_{gs}/\mathrm{d}V_s - \mathrm{d}Q_s/\mathrm{d}V_s - \mathrm{d}Q_{sb}/\mathrm{d}V_s$;

$d_{44} = \mathrm{d}Q_{gs}/\mathrm{d}E_q$。

被假设为能够确保稳态稳定性且能够取代自动电压调节器的储能系统的相关电力系统要求见表 15-1。

表 15-1　储能参数系统要求

应用	位置	储能容量 /J	额定功率 /p. u.	储能/释能时间/s	响应时间 /s
改善稳态稳定性和电压稳定度	发电机终端与电气中心之间	10^7	0.05	0.02	0.02
运转备用与频率调节	负荷中心	10^8	0.13	0.36	0.12
确保瞬态稳定性以及停电的应对措施	发电机终端	10^8	0.4	0.36	0.12
负荷调平	负荷中心	10^{13}	0.37	2×10^4	120
多功能使用	—	10^{13}	0.4	2×10^4	0.12

引入储能装置的重要意义是，该装置能够同时控制有功功率和无功功率，使得二者随时达到所需有功功率 δP_s 和无功功率 δQ_s（可随意改变）。为了达到简化目的，假设储能装置的有功功率和无功功率可以瞬间改变。该假设是合理的，原因是相比功率波动时间，这些功率控制的时间常数已足够小。

与利用静止无功补偿器确保电力系统稳定性的常规运行相同，储能装置的无功功率用于 V_s 恒压控制，从而可以利用下列公式得出 δQ_s，即

$$\delta Q_s = -K_v \delta V_s$$

去除电力系统线性化数学模型中的 δV_s、$\delta \delta_s$ 和 δQ_s，可以获得系统状态方程为

$$T_s \delta \delta'' + D_m \delta \delta' + a' \delta \delta = b' \delta P_s$$

为了提高后者方程中的功率波动阻尼，对储能装置的有功功率进行合理控制，使得

δP_s 可表示为

$$\delta P_s = -K_d \delta \delta'$$

可以计算由线性化数学模型得出的系统状态方程特征值，能通过特征值分析确定反馈增益 K_d 和 K_v。对于不同的 K_v 和 K_d，功率波动模式对应的特征值请参考图 15-3，其中，储能装置安装于发电机终端处（图 15-3 省略了共轭特征值）。其他特征值对稳态稳定性影响较小。

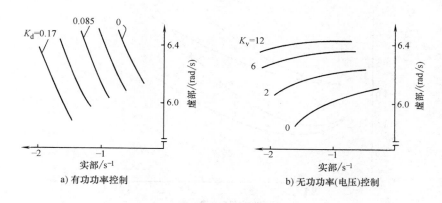

图 15-3　随控制增益变化而变化的特征值

可以将有功功率和无功功率的同时控制有效性与利用静止无功补偿器进行的无功功率控制（$K_d = 0$ 时）以及有功功率控制（$K_v = 0$）的有效性进行对比，对比如图 15-3 所示。如果完全利用静止无功补偿器进行无功功率控制，则增益 K_v 增加时，同步功率将增大（参见图 15-3 复平面中的特征值向上移动）。如图 15-3 所示，阻尼提升幅度很小。

在纯粹有功控制的情况下，增益 K_d 增加时，功率波动阻尼将增强（图 15-3 复平面中的特征值向左移动），而同步功率基本保持不变。

对比这些结果发现，对有功功率和无功功率进行控制时，适当选择 K_v 和 K_d 可以增大同步功率、增强阻尼。图 15-4 显示了等效发电机不同功率输出时的特征值实部变化情况。储能装置同时控制有功功率和无功功率所产生的稳定效应可以确保电力系统稳态稳定性最大达到 1.4 p.u.，前提是合理选择增益 K_d 和 K_v。

数字仿真和已报道的实验数据表明，相比静止无功补偿器的控制，储能装置的有功功率和无功功率同时控制的效果更为显著，且采用储能方式进行所提稳定控制时，输送吞吐量明显增加。

通过改变储能装置的额定功率可以确定保证稳定性所需的最小功率。该值约为相关发电机输出功率的 5%。可以根据不规则功率振荡频率（约为 1Hz）估算所需释能时间。储能装置的能量容量等于额定功率乘以释能时间。

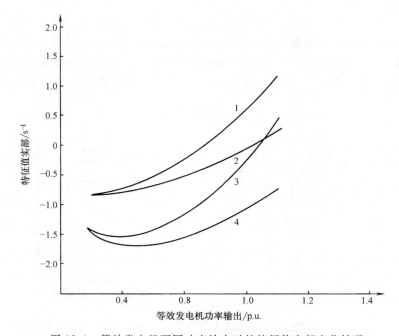

图 15-4   等效发电机不同功率输出时的特征值实部变化情况
1—未安装储能装置   2—仅进行电压控制   3—仅进行有功功率控制   4—同时进行有功功率和无功功率控制

15.4   确保瞬态稳定性的储能参数

瞬态稳定性的定义为电力系统在出现大扰动后恢复正常状态的能力。大扰动包括短路或电力系统部件非计划连接或断开，如突然的负荷损失或发电机、变压器和输电线路等的损坏。

在改善瞬态稳定性方面，储能装置可以起到与并联电阻制动器相同的作用。但二者也存在区别：并联电阻制动器仅消耗能量，而储能装置则可以在 3 种状态下工作，即储能（消耗能量）、储存和释能。此外，并联电阻制动器的功率消耗取决于电力系统电压，且其降低程度与电压的二次方下降成正比。与之相反，储能装置可以控制其所在节点的电压，该节点的有功功率消耗或输出可以实现独立控制。

因此，可以认为储能装置提升瞬态稳定性的有效性始终高于同等尺寸的电阻制动器。

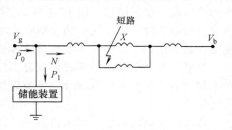

图 15-5   安装有储能装置的电力系统简化电气示意图

假设储能装置已连接至电力系统发电机终端，如图 15-5 所示，且通常处于储存模式。正常状态下通过输电线路传输的有功功率 N_{gh}^{norm}（表示为转矩角 δ 的函数）可表示为

$$N_{gh}^{norm} = \frac{V_g V_h \sin\delta_0}{x_n} = P_0$$

式中　V_g——发电机母线电压；

V_h——输电线路电压（在无穷大母线处）；

δ_0——正常转矩角；

x_n——V_g 和 V_h 之间的电力系统电抗；

P_0——汽轮机的机械功率。

这里考虑一种故障模式，即储能装置所处节点与无穷大母线之间的线路出现三相短路。此时未损坏线路部分将无法传输有功功率，因为所有发电功率均已转移至短路点。此种故障为局部故障，损坏部分将在一定时间 t_{cutoff} 后与电力系统断开连接。未损坏线路部分传输的有功功率小于正常状态，出现故障后的传输功率 N_{af} 计算公式为

$$N_{af} = \frac{V_g V_h \sin\delta}{x_{ud}}$$

式中　δ——故障发生后的转矩角；

x_{ud}——包含未损坏输电线路在内的电力系统电抗。

与此同时（在识别故障的时间 t_{rev} 内），或甚至在更早的时候，可以将储能装置转换至储能模式，并在该状态下运行一段时间 t_c（如图 15-6 所示）。此时的有功功率平衡公式为

$$N_{af} + P_s - P_0 = 0$$

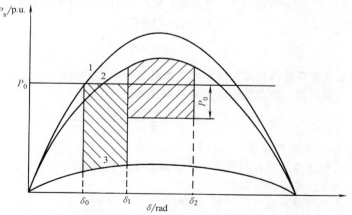

图 15-6　发电机有功功率输出与故障状态期间和结束后
转矩角之间的关系（储能装置处于储能阶段）

1—正常状态特性　2—发生故障后的状态特性　3—故障特性

P_0—汽轮机功率　δ_0—正常状态角　δ_1—切除故障角　δ_2—切除储能装置连接，储能状态结束

经过时间 t_s 后，当再次处于储存模式时，储能装置被切换成释能模式并持续一段长度为 t_d 的时间（如图 15-7 所示）。储能装置的目标是使等效发电机的转子返回稳定位置，所处转矩角为 δ_4，而角速度为 0。

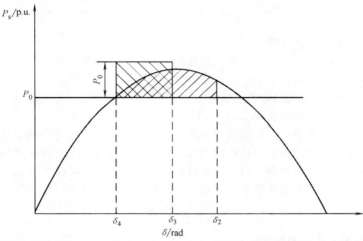

图 15-7　发电机有功功率输出与故障状态期间和结束后转矩角之间的关系（储能装置释能后断开）
δ_2—储能装置断开，储能状态结束　δ_3—释能状态开始
δ_4—释能状态结束，储能装置断开

为了解决这个问题，需要以完全、不进行线性化的方式利用电力系统数学模型计算出转矩角的时间依存关系。从数学角度讲，使用储能装置的目的是为了同时满足以下 2 个条件：

$$\delta(t_c + t_s + t_d) = \delta_{st}$$

$$\left.\frac{d\delta}{dt}\right|_{t = t_c + t_s + t_d} = 0$$

首先，储能装置需要消耗被加速的发电机转子释放出的所有多余能量。根据二次方相等规则，可以得出储能装置的最大所需功率容量为

$$P_s = \frac{N_{af}(\cos\delta_{cutoff} - \delta_{cr}) - P_0(\delta_{rev} - \delta_0)}{\delta_{cr} - \delta_{rev}}$$

式中　δ_{rev}——与 t_{rev} 对应的转矩角；

　　　t_{rev}——发现故障且储能装置已转换至储能模式的时间；

　　　δ_{cutoff}——与 t_{cutoff} 对应的转矩角；

　　　t_{cutoff}——故障线路从输电线路断开的时间。

如果在储能装置被切换至储能模式的同时故障被局部化，则 δ_{rev} 将等于 δ_{cutoff}，这一点也适用于并联电阻制动器，即

$$\delta_{cr} = \pi - \arcsin\left(\frac{P_0}{N_{af}}\right) = 关键转矩角$$

从该公式可以看出，最大所需 P_s 值取决于一系列参数，包括等效发电机的转动惯量、正常状态下的转矩角、功率反向时间、故障切除时间、有功功率（可通过未损坏线路传输）等。相关函数请参考图 15-8 ~ 图 15-10。

如图 15-8 所示，P_{max}^{af} 减小时所需的 P_s 值将增大。由于"故障后"状态中未损坏线路需要传输所有发电功率（即 $P_{max}^{af} > P_m$），可以将储能装置所需功率容量的最大值定义成一个 T_j、t_{rev} 和 t_{cutoff} 的函数。

如图 15-9 所示，当转动惯量 T_j 减小时，P_s 值将增大。这意味着，为了维持稳定性，功率越大的发电机需要更强大的储能装置。其转子相对轻于小型发电机转子。

故障切除时间对所需 P_s 值影响较大，t_{cutoff} 越小，则所需 P_s 值越小。当 $t_{cutoff} > 0.16$ s 时，P_s 值会急剧增大。

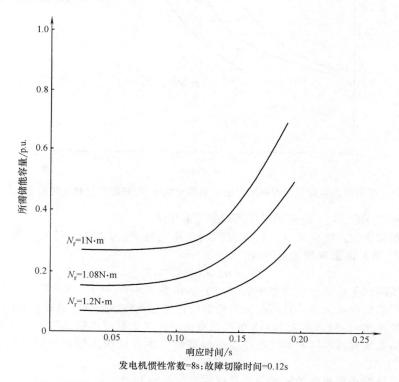

发电机惯性常数=8s；故障切除时间=0.12s

图 15-8   所需储能容量与储能装置处于故障后不同传输功率响应时间之间的关系

从图 15-9 中可以清楚看到，功率反向时间小于故障切除时间，即

$$t_{rev} < t_{cutoff}$$

对于并联制动器而言，t_{rev} 不能小于 t_{cutoff}。对于完全受控储能装置而言，t_{rev} 可以等于故障识别时间，范围是 $0.06 \sim 0.1 \, \text{s}$。如果储能装置按照图 15-6 和图 15-7 中给出的曲线

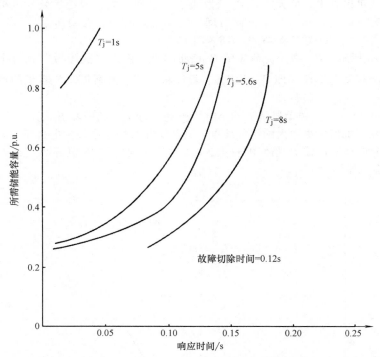

图 15-9　所需储能容量与具有不同发电机惯性常数 T_j 的储能装置响应时间之间的关系

工作，则除 P_s 和 t_{rev} 外，还需要确定所需能量容量 E_s。

假设在储能和释能模式下，储能装置的功率消耗 P_s 为常数，则为了确保稳定性，必须确定 P_s 值和能量容量 E_s，存在

$$E_s = \max\{P_s t_c, P_s t_d\}$$

求解该问题所得结果（请参考表 15-2）为函数 $E_s = f(P_s)$，该函数符合上述条件。该函数曲线形状也取决于一系列电力系统参数：发电机转动惯量、故障切除时间等。有关函数请参考图 15-11。从图 15-11 中可以看出，曲线上有一点的 dE_s/dP_s 导数为负值，这意味着储能装置成本函数存在最小值。该值将反映保证瞬态稳定性的最佳储能参数 E_s^{opt} 和 P_s^{opt}。

用于保证瞬态稳定性的储能装置系统要求参见表 15-1。

表 15-2　保证不同转动惯量的瞬态稳定性所需的储能功率和容量

$T_j(s)P_m/MW$	功率	容量	MW	能量	储能	MJ	能量	释能	MJ
10	7.5	5	10	7.5	5	10	7.5	5
300	500	800	300	500	800	300	500	800
70	n/s	n/s	78.4	n/s	n/s	8.4	n/s	n/s

（续）

$T_j(s)\,P_m/MW$	功率	容量	MW	能量	储能	MJ	能量	释能	MJ
	80	n/s	n/s	66.4	n/s	n/s	9.4	n/s	n/s
	90	90	n/s	60.3	07.1	n/s	10.8	7.2	n/s
	100	100	n/s	55.0	87.0	n/s	11.0	7.0	n/s
	110	110	n/s	45.1	79.2	n/s	11.0	7.7	n/s
	120	120	n/s	46.8	74.4	n/s	10.8	7.2	n/s
	130	130	130	48.1	71.5	135.2	11.2	7.8	3.9
	140	140	140	49.0	68.6	112.0	11.0	7.0	4.2
	150	150	150	51.0	67.5	102.0	10.5	7.5	4.5
	160	160	160	51.2	64.0	96.0	11.2	8.0	4.8
	170	170	170	52.7	61.2	91.8	10.6	6.8	5.1
	180	180	180	54.0	59.4	90.0	10.8	7.2	5.4
	190	190	190	55.1	49.4	87.4	11.4	7.6	3.8
	200	200	200	58.0	50.0	86.0	10.0	8.0	4.0

注：n/s 表示不稳定。

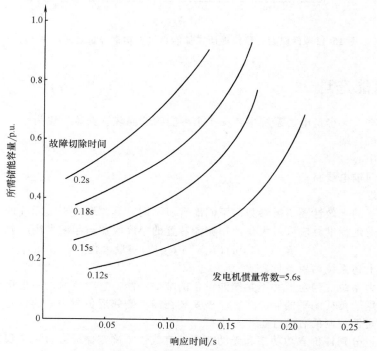

图 15-10 所需储能容量与不同故障切除时间的响应时间之间的关系

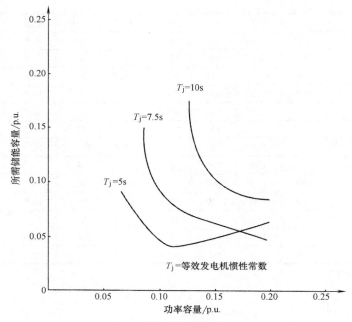

图 15-11　确保瞬态稳定性所需储能容量与功率容量之间的关系

15.5　储能选址

一般而言，大容量电力系统中存在 4 个可能的储能装置安装位置为
- 发电机终端；
- 负荷中心；
- 系统间输电线路；
- 用户端。

储能装置的有效性随所需参数的不同而有所不同，具体取决于实际选址位置。可以制定如下的选址标准：应该最大化使用储能装置的年度收益与年度费用之差，即

$$B_s - (R + a)(K_e K_s + K_{pts} P_s) \rightarrow 最大化$$

前提是符合上述系统约束条件。

控制电力系统的稳定性并不是储能设备的唯一功能，它对负荷调平也很有利。从经济角度看，用于负荷调平的储能装置应该安装在需求侧邻近负荷中心的位置，但评估各个位置对稳定性控制的有效性也十分重要。

可以通过分别评价有功功率和无功功率的有效性来确定储能装置用于稳定性控制的最佳安装位置。

从第 15.4 节可以看出，在发电机终端附近，通过控制有功功率的方式改进阻尼效果最佳。在输电系统的阻抗中心，通过无功功率控制电压效果最佳（这可以通过对使用静止无功补偿器控制电力系统稳定性进行调查得到证实）。综合考虑这些效果可以看出，发电机终端与输电线路中点间的区域为储能装置在长距离大容量输电系统中的最合理的安装位置。

为了对储能装置安装位置的效果进行量化评估，需要基于频率约为 1Hz（此频率在转矩角 δ 振荡中占主导位置）的功率振荡模式计算阻尼成分（$e^{-\sigma t}$）。表 15-3 显示了未安装控制设备时的增量 σ（s^{-1}）。从表 15-3 可以总结得出，从技术角度讲，发电机终端为最有效的储能装置安装位置。

由于储能装置在电力公共电网中发挥各种不同功能，可以综合考虑所有针对储能装置的不同的电力系统要求。

表 15-3 储能装置安装位置评估

储能装置位置（与发电机的等效距离）l /km	控制	
	使用静止无功补偿器 σ /s^{-1}	使用组合受控储能装置 σ /s^{-1}
0	0.5	2.4
50	0.7	2.1
100	0.6	1.4
150	0.4	0.7
200	0.2	0.35

注：来源："Kovada, Y., Mitani, Y., Tsuji, K. and Murakami, Y.: Design of control scheme of SMES for power system stabilization with a facility of voltage control. Osaka 'Diagaku Chodenkokogaku Jikken Senta Hokoku（Japan）', vol. 8, 1990, pp. 106 ~ 110. "

15.6 多功能储能装置参数选择

参考第 14 章和第 15 章提及的有关储能装置参数的电力系统需求后可以得出如下结论：选择正确的参数后，可以将相关储能装置用作多功能设备并解决电力系统中存在的多种问题。

建议在为多功能储能装置选择参数时按照如下顺序进行：

（1）指定所需储能装置功能，按过程持续时间升序排序以确定储能装置所需的最长释能时间。

（2）确定负荷调平及确保系统瞬态稳定性所需的额定功率和相关能量容量，并选择最大额定功率。

（3）使用上一步选择的额定功率确定保证系统瞬态稳定性所需的反向时间。

（4）确定额定能量容量以及负荷调平和确保系统瞬态稳定性所需的能量容量。

应该提到的是，使用多功能储能装置的最重要参数为反向时间，而该时间的期望值仅能通过飞轮或基于晶闸管变换器的超导磁储能装置、电池和电容器获得。其他参数如额定功率和能量容量以及所需释能时间，则可以通过任何类型储能设备获得，前提是正确选择参数。

因此，将不同类型的储能设备组合在一起使用是合理的。在这种情况下，可以选择超导磁储能装置或电池储能参数以确保稳定性，而选择压缩空气储能或抽水蓄能装置参数以便进行负荷调平。

多功能储能装置或组合装置的系统要求汇总请参考表 15-1。

第 16 章　电力系统储能优化机制

16.1　电力系统储能机制

在电力系统中储能装置的使用存在 3 种可能性：
- 强制状态；
- 最佳状态；
- 储备状态。

计划负荷曲线与额定负荷曲线一致时将出现强制状态；储能装置必须确保系统中的功率平衡。强制状态可以通过 2 种不同的方式出现：

（1）用电低谷期，负荷需求将低于全部已安装发电设备的最低需求。储能装置被储能，以便在用电峰值需求期可以使用所储存能量。

（2）用电高峰期，负荷需求超过总发电量。此时，储能装置需要以额定功率容量释放所储存能量。所需能量已在前一个用电低谷期积累。

储能装置的全部额定功率和能量容量均用于强制状态的情况很少发生，原因是储能装置参数已在"满足冬季用电峰值需求和夏季用电低谷需求"的条件下选定。储备容量已全部使用，但发电量仍不足的状态可以称为非计划状态。

储能装置的部分额定功率和能量容量未用于满足强制负荷需求时将出现最佳状态。可以使用储能装置剩余装机容量以最佳方式更改发电机组负荷，将消耗能量的燃料成本降至最低。

还可以将未使用的或多余的储能容量用作旋转备用容量。

当需要旋转备用容量时，采用储备状态可以节省燃料。表 16-1 显示了恒定载荷如何减少产生给定能量所需的燃料消耗。

表 16-1　燃料消耗　　　　　　　　　　　　　　　　（g/kWh）

汽轮机类型	燃料	额定输出 /MW	年平均负荷		
			100%	80%	60%
K-215-130-1.2	煤炭	200	339	343	359
	石油		326	330	342
	天然气		322	325	337
K-320-240-3	煤炭	300	329	336	350
	石油		317	325	336
	天然气		313	320	331

（续）

汽轮机类型	燃料	额定输出/MW	年平均负荷		
			100%	80%	60%
K-500-240-4	煤炭	500	322	337	355
K-800-240-5	煤炭	800	330	336	351
	石油		316	322	333
	天然气		312	317	328

然而，在最佳状态中使用储能装置以节省燃料的情况仅能够在某些情况下实现——取决于所用能源的类型、其发电曲线及储能效率。因此，为了确定在何种状态下使用储能装置更为高效，需要首先解决以下问题：

最大化
$$FS_i(P_{sL}) + FS_r(P_{sr})$$

约束条件
$$P_{sl} + P_{sr} + P_{sf} - P_s = 0$$

式中　FS_i——最佳状态下节省的燃料；

　　　FS_r——储备状态下节省的燃料；

　　　P_{sl}——最佳状态所使用的储能功率容量；

　　　P_{sr}——储备状态所使用的储能功率容量；

　　　P_s——强制状态所使用的储能功率容量。

显然，决定在某一特定状态下是否使用储能装置是一个最优化问题。该问题与储能设计问题之间的主要区别是，在该阶段，所有额定储能参数均已知且作为约束条件相关的额外限制条件。

如果涉及储能装置的最佳状态，将使用给定时间内火力发电站（电力系统供给侧）生产用户（同一个电力系统的需求侧）所需电力所用燃料的成本来表示成本函数。

最佳储能调度计划的主要目标是确定基准系统中，储能装置在何种状态下所使用的燃料成本最低。

该问题可用如下表达式描述，同时受到上述系统及储能装置约束条件限制

最小化
$$K_f = \sum_{j=1}^{m} t_j \sum_{i=1}^{n} F_{cij}(N_{ij})$$

式中　t_j——用户负荷曲线用恒定负荷 L_i 近似时的时间间隔持续时间；

　　　n——发电机组数量（等于基准电力系统中的发电节点数量）。

$$F_{cij}(N_{ij}) = K_i B_{ij}(N_{ij})$$

式中　K_i——第 i 台发电机所用燃料价格。应该提到的是，如果 $K_i = 1$，燃料成本函数将成为燃料消耗函数。

16.2　优化机制标准

考虑安装有储能装置的电力系统发电曲线中的 2 个梯级：①高峰部分，容量为 N_p；

②低谷部分，容量为 N_h。每个梯级都存在一种加载发电机组的组成方式。众所周知，其负荷将基于以下标准确定：

$$\mu = \frac{k_i}{1 - \sigma_i}$$

式中 σ_i——第 i 台发电机功率损耗的相对增量；

k_i——第 i 台发电机燃料成本函数的相对增量；

μ——拉格朗日乘数。

假设每个梯级都存在等效发电机组，且其负荷和相对增量分别为 N_p 和 N_h、k_1 和 k_2。为了给储能装置加载能量，可以将用电低谷梯级的发电负荷 N_h 增加 δN_h。事实上，该增量即为储能装置的储能功率 $P_{sc} = \delta N_h$。

此时，可以将用电高峰梯级的发电负荷 N_p 降低 δN_p，从而与储能装置的释能功率保持均等，即 $\delta N_p = P_{sd}$。储能阶段（即梯级 N_h 期间），储能装置所累积的能量在储能周期 t_c 内的计算公式为

$$E_c = N_{sc} t_c$$

释能计算公式为

$$E_d = N_{sd} t_d$$

利用储能装置的数学模型可得

$$E_d = \xi_c \xi_s(t) \xi_d E_c$$

$$\delta N_p = \frac{\delta N_h \xi_s t_c}{t_d}$$

$$N_{sd} = \frac{N_{sc} \xi_s t_c}{t_d}$$

式中 t_d——梯级 N_p 的持续时间；

t——梯级 N_h 和 N_p 的间隔时间。

可能的燃料节省函数等于安装储能装置后的燃料成本与未安装储能装置的燃料成本之间差值为

$$\delta K_f(P_c) = K_{f2}(N_p) t_d - K_{f2}(N_p - P_d) t_d - [K_{f1}(N_h) t_c - K_{f1}(N_h + P_c) t_c]$$

$$= [K_{f2}(N_p) - K_{f2}(N_p - \xi_s P_d t_c)] t_d - [K_{f1}(N_h) - K_{f1}(N_h + P_c)] t_c$$

应该提到的是，P_c 和 P_d 会受到储能参数限制条件的约束，即

$$0 \leqslant P_c \leqslant P_s$$

$$0 \leqslant P_d \leqslant P_s$$

如果发电高峰期（储能装置处于释能状态）的燃料成本下降幅度大于发电低谷期（储能装置处于储能状态）的燃料成本增长幅度，则证明使用储能装置经济合理。

燃料成本之间差值对 P_s 的一阶导数公式可表示为

$$\frac{d[\delta K_f(P_s)]}{dP_s} = \left[\frac{\xi_s dK_{f2}\left(N_p - \dfrac{\xi_s P_c t_c}{t_d}\right)}{d\left(N_p - \dfrac{\xi_s P_c t_c}{t_d}\right)} - \frac{dK_{f1}(N_h + P_c)}{d(N_h + P_c)} \right] t_c$$

极值条件可表示为

$$\frac{\mathrm{d}[\,\delta K_{\mathrm{f}}(P_{\mathrm{s}})\,]}{\mathrm{d}P_{\mathrm{s}}} = 0$$

　　该条件可能产生不同的结果：数值可以反映出使用储能装置后的最大或最小燃料节省幅度。最大或最小取决于二阶导数 $\mathrm{d}[\,\delta K_{\mathrm{s}}(P_{\mathrm{s}})\,]/\mathrm{d}P_{\mathrm{s}}$ 的符号。在起动阶段，当储能装置未参与满足负荷需求时，如果该导数为负值，则使用储能装置将导致燃料成本增加。如果该导数为正值，则使用储能装置是合理的。因此，（仅）在负荷曲线的高峰时段与低谷时段之间燃料成本差值对储能装置储能容量的一阶导数为正值时，即条件

$$\xi_{\mathrm{s}}\frac{\mathrm{d}K_{\mathrm{f}2}(\,N_{2}\,,P_{\mathrm{s}})}{\mathrm{d}P_{\mathrm{s}}} - \frac{\mathrm{d}K_{\mathrm{f}1}(\,N_{1}\,,P_{\mathrm{s}})}{\mathrm{d}P_{\mathrm{s}}} = 0$$

才是最佳储能调度标准。可以将该标准作为最佳储能调度算法的基本原则。也就是说，如果不能以给定准确度满足该标准，就应增加储能装置的储能容量。问题是需要计算该导数数值。

　　电力系统中的所有火力发电站均可由一个拥有对应燃料成本函数的等效发电机组代表。根据微分定义，因储能装置参与满足负荷曲线需求而导致的函数增量可以表示为

$$\delta K_{\mathrm{f}} = \frac{P_{\mathrm{s}}\mathrm{d}K_{\mathrm{f}}}{\mathrm{d}(\,N_{1}+P_{\mathrm{s}})}$$

该函数也等于 n 个项的总和，其中每项代表一个燃料成本函数，即

$$\delta K_{\mathrm{f}} = \sum_{i=1}^{n}\frac{\delta N_{i}\mathrm{d}K_{\mathrm{f}}}{\mathrm{d}N_{i}} = \sum_{i=1}^{n}k_{i}\delta N_{i}$$

式中　k_{i}——第 i 台机组的相对增量；

　　　　$\mathrm{d}N_{i}$——第 i 台机组的发电增量。

　　可以使用下列可保证合理准确度的方式进行简化，即

$$\delta\,\overline{N}_{i} = \frac{P_{\mathrm{s}}}{m}$$

式中　$\delta\,\overline{N}_{i}$——出现负荷变化的发电机组平均发电增量；

　　　　m——机组数量，$m < n$。

　　因此，成本函数的增量计算公式可表示为

$$\delta K_{\mathrm{f}} = \delta\,\overline{N}_{i}\sum_{i=1}^{m}k_{i} = \frac{P_{\mathrm{s}}}{m}\sum_{i=1}^{m}k_{i}$$

还可以获得方程式

$$\frac{\mathrm{d}K_{\mathrm{f}}}{\mathrm{d}(\,N_{1}+P_{\mathrm{s}})} = \frac{1}{m}\sum_{i=1}^{m}k_{i}\ \text{或}\ \frac{\mathrm{d}k_{\mathrm{f}}}{\mathrm{d}(\,N_{1}+P_{\mathrm{s}})} = \overline{k}$$

式中　$\overline{k}$——给定发电曲线梯级中，出现负荷变化的发电机组的相对增量平均值。

　　因此，最佳储能调度标准的实际形式可表示为

$$\overline{k}_{2}\delta_{\mathrm{s}} - \overline{k}_{1} = 0$$

式中　$\overline{k}_{1}$、$\overline{k}_{2}$——由于发电曲线相关梯级中增加储能装置而增加额外负荷的发电机组的平均相对增量。

该标准可以作为最佳状态算法的计算基础，该算法使用标准最佳电力系统状态计算方法。

16.3　单节点系统简化标准

对于不存在电网功率损耗且 $\sigma_i = 0$ 的简化单节点系统，可以按照如下公式计算，即

$$\gamma_i = K_i$$

且所需的导数为

$$\frac{\mathrm{d}[\delta K_f(P_s)]}{\mathrm{d}P_s} = -2P_s t_c \left(A_1 + \frac{A_2 \xi_s^2 t_c}{t_d} \right) - \frac{\mathrm{d}K_{f1}(P_s)}{\mathrm{d}P_d} + \frac{\xi_s t_c \mathrm{d}K_{f2}(P_s)}{\mathrm{d}P_s} = 0$$

最佳储能容量表达式为

$$P_s^{\mathrm{opt}} = \frac{\dfrac{\xi_s \mathrm{d}K_{f2}(P_s)}{\mathrm{d}P_s} - \dfrac{\mathrm{d}K_{f1}(P_s)}{\mathrm{d}P_s}}{2\left(A_1 + \dfrac{A_2 \xi_s^2 t_c}{t_d} \right)}$$

函数 $\delta K_f(P_s)$ 的二阶导数表达式为

$$\frac{\mathrm{d}^2[\delta K_f(P_s)]}{\mathrm{d}P_s^2} = -2t_c \left(A_1 + \frac{A_2 \xi_s^2 t_c}{t_d} \right)$$

由于燃料消耗曲线为凸起状，近似系数 A_1 和 A_2 为正值。则二阶导数为负值，且极值条件表示最大燃料成本函数差。因此，P_c^{opt} 代表储能装置最佳状态，也就是发电燃料成本最低的状态。

应该提到的是，可以根据相对增量的定义将最佳储能公式改写为

$$P_c^{\mathrm{opt}} = \frac{k_2^{\mathrm{syst}} \xi_s - k_1^{\mathrm{syst}}}{2\left(A_1 + \dfrac{A_2 \xi_s^2 t_c}{t_d} \right)}$$

仅在很少的情况下能够预先计算给定电力系统的系数 k_1^{syst} 和 k_2^{syst}，因此该公式无法用于直接计算，但可以将其用于算法构建。

假设计算开始时，发电曲线梯级 N_h 和 N_p 的对应增量 $k_{1(0)}^{\mathrm{syst}}$ 和 $k_{2(0)}^{\mathrm{syst}}$ 为

$$\delta = k_{2(0)}^{\mathrm{syst}} \xi_s - k_{1(0)}^{\mathrm{syst}} > 0$$

由于 $\delta \geqslant 0$，使用储能装置是高效的。将储能容量增加 δP_c，对应的释能容量增加 $\delta P_d = \delta P_c \xi_s t_c / t_d$，然后计算新的系统发电容量 $N_{h(1)}$ 和 $N_{p(1)}$ 以及对应的相关增量 $k_{1(1)}^{\mathrm{syst}}$ 和 $k_{2(1)}^{\mathrm{syst}}$。如果针对这些新值，$\delta \geqslant 0$，则再次增加储能容量即为合理行为，除非在给定准确度 A_c 的前提下 δ 值等于 0。

因此表达式

$$\delta = k_2^{\mathrm{syst}} \xi_s - k_1^{\mathrm{syst}} - A_c = 0$$

为最佳储能装置状态标准。

该表达式还可以用于确定节省燃料条件下的最小允许储能效率，并被推荐在考虑电力系统扩建规划问题时使用。目标效率可表达为

$$\xi_s \geqslant \frac{k_{\mathrm{h}}^{\mathrm{syst}}}{k_{\mathrm{p}}^{\mathrm{syst}}}$$

如果所安装的储能装置的效率低于所提到的储能与释能梯级的相对增量比，则在最佳状态使用储能装置即为不合理行为，因此，应该仅在储备状态下使用。

最小储能效率值取决于发电机组的燃料消耗曲线、发电机的负荷及基荷和峰荷发电机所用的燃料成本。

16.4 优化机制算法

现考虑火力发电系统中用于日常调节的储能装置最佳状态。已知信息为：

（1）日负荷曲线逐步近似：将负荷曲线分为 m 个梯级，各梯级的持续时间为 t_j，通常 $m = 24\mathrm{h}$，$t_j = 1\mathrm{h}$；

（2）各时段的总负荷需求 L_j 已给定，假设该值在 t_j 期间内为恒定值；

（3）发电机组结构和发电曲线逐步近似（梯级数及其持续时间相同）；

（4）各机组的燃料消耗曲线和燃料成本；

（5）储能效率、额定功率和能量容量。

应该提到的是，如果除传统能源外电力系统还包含储能装置，则仅在一种情况下负荷曲线会与发电曲线一致，即完全不使用储能装置时。如果使用了储能装置，这两种曲线将不一致，而且从经济角度看，二者将代表电力系统经济计量模型中的不同方面。负荷曲线反映了所供应能量的数额，而发电曲线则反映了所发电力的燃料成本。

如果考虑的是多级发电曲线，则储能装置的储能和释能状态将出现在多个梯级中。

在给定时间段内，电力系统的发电结构可能发生改变，因此，燃料成本的相对增量等价特征也将发生变化。

算法包含 6 个步骤：

（1）计算开始时，需要将发电曲线中最小和最大相对增量 $k_{\min}^{\mathrm{syst}}$ 和 $k_{\max}^{\mathrm{syst}}$ 的 2 个梯级进行比较。如果最佳状态标准 $\delta < 0$，则将储能装置用于该特定负荷曲线是不合理行为，并且多余容量仅可用于执行旋转备用职能。

（2）如果最佳状态标准为正值，则在具有 $k_{\min}^{\mathrm{syst}}$ 的梯级中将发电容量增加 $\delta k_{\min}$ 视为合理做法。对于增量值为

$$k_{\min(1)}^{\mathrm{syst}} = k_{\min}^{\mathrm{syst}} + \delta k_{\min}^{\mathrm{syst}}$$

的情况，可以在对应时段中为所有已加载机组确定新的发电容量。可在如下条件下得到所有发电机组的新负荷 N_j，即

$$\frac{\mathrm{d}K_{\mathrm{f}i}(N_i)}{\mathrm{d}N_i} = \frac{\mathrm{d}K_{\mathrm{f}2}(N_2)}{\mathrm{d}N_2} = \cdots = \frac{\mathrm{d}K_{\mathrm{f}n}(N_n)}{\mathrm{d}N_n}$$

从技术角度讲，这意味着对于储能装置的储能状态，最经济的发电结构为额外加载。该梯级的储能装置储能容量等于总负荷与发电负荷之间的差值，并需要将该容量与其额定功率容量 P_s 进行对比。

$$P_{ci} = N_j - L_j$$

如果 $P_{cj} > P_s$，则需要降低 δk_{min}^{syst}。供应给储能装置的能量为

$$E_{cj} = (N_j L_j) t_j$$

储存在中央储能装置的能量为

$$E_{sj} = (N_j L_j) t_j \xi_s$$

应该提到的是，在发电曲线的很多梯级中都会出现 E_s，因此需要检查所有可能的储能间隔。这些间隔被称为"可能储能梯级"。可表示为

$$N_j \leqslant \frac{\sum_{j=1}^{m} L_j t_j}{\sum_{j=1}^{m} t_j}$$

必须对所有符合下列条件的发电曲线间隔执行该算法的第 2 步，即

$$k_j^{syst} < k_{min(1)}^{syst}$$

（3）对于所有储能装置储能的时间间隔，必须对储存至中央储能装置的能量进行计算，即

$$E_c = \sum_{j=1}^{m} E_{cj}$$

然后需要将该能量与额定能量容量 E_s 进行对比，如果 $E_c \geqslant E_s$，则需要降低 δk_{min}^{syst} 并重复步骤（2）。

（4）需要降低 δk_{max}^{syst} 的最大相对增量。相对增量的新值 $k_{max(1)}^{syst}$ 的计算公式为

$$k_{max(1)}^{syst} = k_{max(0)}^{syst} - \delta k_{max}^{syst}$$

根据"相对增量相等"原则，针对 $k_{max(1)}^{syst}$ 的新值，需要在对应的负荷曲线梯级上确定新的发电容量 N_j。

从技术角度讲，这意味着最不经济的发电机在用电峰值需求期减负荷。

储能装置释能容量的计算公式为

$$P_{dj} = L_j - N_j$$

$$E_{dj} = (L_j - N_j) t_j \xi_d$$

释能状态也可能发生于多个间隔期间，因此有必要检查所有可能发生释能的时段。表达式为

$$N_j > \frac{\sum_{j=1}^{m} L_j t_j}{\sum_{j=1}^{m} t_j}$$

所有 $K_j > K_{max(1)}$ 的间隔都需要执行步骤（4）。

（5）对于所有储能装置处于释能状态的间隔都需要计算中央储能装置的释能，即

$$E_{d} = \sum_{j=1}^{m} E_{dj}$$

然后需要根据能量平衡原则将该能量与所储存能量进行对比，即

$$E_{d} - \xi_{s} E_{c} = A_{c}$$

此处 A_{c} 为给定准确度。未满足能量平衡要求时，需要改变 δk_{max} 值并重复步骤（4）和（5）。

（6）需要根据最佳状态标准检查已完成状态，即

$$\delta = k_{max(k)} \xi_{s} - k_{min(k)} - A_{c} > 0$$

如果 $\delta > 0$，则需要重复步骤（2）~（6）直到 δ 等于 0 为止。

图 16-1 显示了莫斯科附近的格尔斯克抽水蓄能装置最佳状态计算结果。

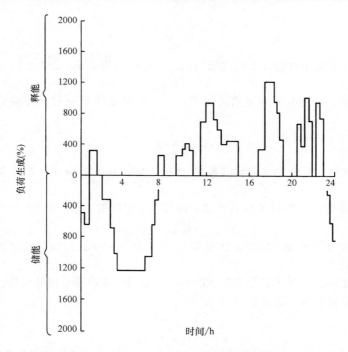

图 16-1　电力公共电网在典型冬日负荷需求下的储能独立状态优化结果

第 17 章　储能与可再生能源

17.1　为什么使用可再生能源[一]

　　人们对可再生能源的兴趣可以追溯到 1973 年。这一年对于能源消费者来说是极为糟糕的一年。石油输出国组织（OPEC）卡特尔刚开始发挥影响力之初，在英国举办了一个为期 3 天的工作周活动，活动中，人人都声称全球的石油将要用尽。某些人也称在未来的 20 年内，全球几乎所有资源都将枯竭（罗马俱乐部，1972 年；舒马赫，1973 年）。因此，我们需要永远不会用尽的可再生能源。

　　而结果是，任何资源都未用尽。尽管我们的石油用量越来越大，但是每年新增的石油储量几乎都能提供未来 30 年的使用。地球上的煤炭足够使用数百年，而且还发现了巨大的天然气储量。最重要的是，在接下来的 13 年里，核能容量增加了 6 倍（直到发生切尔诺贝利灾难，核能的开发才暂时中止）。因此，到 20 世纪 80 年代，似乎地球上存在着足够的能源，而且没有人特别关注这些能源是否为可再生能源。

　　悲观主义者并没有抓住要领，即通常人类已知的任何商品资源的储量仅有 20 年。资源勘探的价格十分昂贵，在已知资源足够满足未来 20 年生产需要时，没有公司愿意去探索更多的资源。

　　然而，人们对于可再生能源的兴趣并未消失，这源于另一个原因：全球变暖。1997年，京都会议召开。与会国赞同全球气温正在升高这个观点，认为致使该情况发生的原因是大气中的"温室"气体，尤其是二氧化碳浓度急剧上升，并且这些气体均为人为排放。174 个国家签署了针对温室效应的京都议定书，但是尽管各国一致同意气候变化是由人为排放温室气体导致的，却仅有 34 个国家签署了协议附录 1，赞成限制其国内温室气体的排放。世界上的多数国家（超过 80%）并未签署。多数国家都对是否需要限制其国内的温室气体排放量持严重怀疑的态度。

　　这些国家明显无意限制燃煤发电站工作以减少温室气体排放，并认为这种做法将损害其经济发展。他们认为，相比贫穷，气候变化所带来的影响仅能够排在次要位置。这些国家在 2009 年 12 月召开的哥本哈根国际会议所编制的 COP15 协议（该协议鼓励各国限制其温室气体排放但并不强制执行）中明确陈述了其观点。

　　哥本哈根协议的 3 个主导国家美国、中国和印度均为燃煤发电站的重度依赖国，而且尽管其拒绝限制温室气体排放，但这些国家仍由于建造风力发电站而在 2008 年（签署 COP15 前的最近一个整年）的风力发电排名中居于领先水平。这些国家的风力发电

　　○　17.1 节为联合编写，用语索引（*en concordance*）自 D. T. Swift-Hook，17.4 节部分以其工作为基础。

站装机容量占全球风力发电站装机容量（27GW）的 61%。第二年，也就是 2009 年，这些国家的风力发电站装机容量占全球装机容量（37GW）的比例增加至 65%。

这产生了一个明显的问题：如果这些国家不同意限制其温室气体排放，他们为什么如此积极地建造可再生能源发电站，且其积极性甚至超过了那些急于限制温室气体排放的国家？答案十分简单：风和阳光——可再生能源的主要来源是免费的且无处不在。它们不像石油一样产自海湾，也不像天然气一样产自西伯利亚。在受到威胁或能源输送管道被切断时，这些国家将不需要支付外币购买能源，也不需要为了保护能源供应而打仗。可以说，使用可再生能源能够避免国际冲突的发生。因此，能源供应的安全性是世界各国如今对可再生能源感兴趣的主要原因。

2010 年发生的墨西哥湾漏油事故提醒我们，无论是友好国或敌对国之间都可能发生国际纠纷。美国总统奥巴马曾向英国石油公司索赔数十亿美元的赔偿金。如果采用可再生能源代替石油，将能够避免此类石油勘探/开采事故的发生。因此，避免环境污染也是促进可再生能源发展的契机之一。

当代经济体认为燃料进口具有破坏性。究其原因并非是进口燃料需要支付的费用，而是燃料价格存在不确定性。自 2007 年 7 月起石油价格急剧上涨，6 个月内，其价格就已翻倍，达到每桶 140 美元。而在接下来的 6 个月中，石油价格又骤跌至每桶 40 美元以下。随后的 6 个月中，石油价格又再次翻倍，并对相关消费者和生产者（英国和俄罗斯等国既为消费者又为生产者）造成了同样严重的干扰。价格稳定对于任何国家经济体的健康发展都是至关重要的。

由此可以看出，可再生能源又存在另一个巨大优势。一旦建成，即可提供免费能源，因此可再生能源为资本密集型。几乎全部成本都用于基建支出，这种费用需要在建设初期支付，且自那时起的边际成本几乎为零。任何价格都不会比此更稳定。

各国竞相开发可再生能源的最后一个原因是这种能源很便宜。美国加州能源委员会（California Energy Commission）于 2008 年针对发电成本进行的详尽而权威的研究显示，风能这种可再生能源是目前比其他能源形式成本略低的能源。此外还存在其他几种可与此竞争的技术——天然气、煤炭、水能、地热能均处于比风能发电成本高 10% 左右的范围内（核能不包含在此范围内）。因此，虽然严格来讲风能比其他能源略便宜，但准确的说法是，风能是目前成本最低的能源之一。

但人们坚定地认为，风能在不久的将来将真正成为成本最低的能源。因为风电装机容量的增加速度明显快于任何其他类型的发电站。一条众所周知的生产工程原理指出，产量增加时，价格会发生实际下降。当产量翻倍时，预期节约至少为成本的 10% 或 15%。规模经济会带来一定的节约，同时"学习曲线"适用于从手机和缝纫机到汽车和飞机等的任何工业生产。人们确信，这将继续适用于风能和太阳能。

到 2010 年为止，全球范围内的风电装机容量已经在 15 年（或更多年）里每 3 年翻一番（英国的风电装机容量几乎每 2 年就能翻一番）。尽管出现了世界范围内的金融危机，但该增长速度并未出现放缓的迹象。随着风电装机容量的持续增加，风能成本将不可避免地降低，幅度为每 2 年或每 3 年降低 10% 或 15%，逐渐与其他能源拉开差距并最终成为成本最低的能源。欧盟的目标及立法将使该增加速度持续至 2020 年或更久。例如，英国的目标是到 2020 年，将使用可再生能源生产出 15% 的最终消耗能源，这需要可再生能源发电量占总发电量的 35% ~40%。

大规模使用可再生能源可以提高能源供应的安全性。将

- 降低对进口燃料的依赖；
- 在贸易和支付之间获得更好的平衡关系；
- 促使燃料价格趋于稳定；
- 避免军事和政治冲突；
- 降低环境污染水平，包括二氧化碳排放量。

早在 1881 年，世界上第一个公共电力供应系统在英国萨里郡高达明建成。那时人们就发现，相比使用燃气发电为公共照明设施供电，采用可再生能源如水力发电的价格更低。19 世纪 90 年代，随着水力发电系统的快速普及，其相关的抽水蓄能技术也在意大利和瑞士发展起来。由此可以看出，可再生能源与储能技术在电力系统中的共存历史已经超过 100 年。

过去，人们使用风车或水车提供间歇式的可再生能源，方式是通过风车抽水或研磨谷物以及使用风车或水车锯木材。研磨的谷物、抽出的水和锯好的木材的消耗并非与其加工过程（取决于可用的风或水流）同时发生，因此从技术角度讲，储能技术的应用早于发电技术的产生。水泵输送仍然是一种十分重要的应用，尤其是在某些农村地区，也可以作为小型水力发电站的储能方法。

如今，最常见的可再生能源利用目的（被动式太阳能除外）即为发电。而最终，电能将转化为机械能、热能、化学能或光能，为我们提供牵引力、驱动力、热量和照明以及化学能量的转换和储存。这样也就产生了以下问题：为什么在机械能和热能占能量需求的绝大部分的情况下，却需要将间歇能源产生的能量转化为某种中间形式呢？这个问题的答案可以归结于电力系统的某些特殊属性。以下列出了其中几项：

- 机械能—电能变换器强大、高效且易于控制。
- 输电线路效率高，能量能够可靠和经济地实现远距离输送。
- 多数发达国家广泛采用互联电力系统。因此，从"原则"上讲，从间歇源向电网发送变换后的能量较为简单易行。

相比固态或液态燃料能量，间歇式能源以电能的形式提供能量更为经济划算，因为电能的每 kWh 燃料成本更高。这是因为电能是"高等级"能量，在使用燃料发电时，卡诺循环将使得转换效率很低。

17.2　可再生能源的类型

正如储能方式存在多种类型一样，可再生能源也存在多种类型，而且多数可再生能源都直接或间接的来自于太阳辐射。以下列出了间歇式可再生能源的类型有：

- 波浪能；

- 风能；
- 潮汐能；
- 水电能源；
- 太阳热能技术与太阳能光伏——被动式和主动式太阳能。

被动式太阳能直接利用太阳热量，而主动式太阳能则将辐射转化为电能，例如通过光伏效应。生物质通过光合作用将阳光转化为化学能。

太阳辐射的热量会使海面水温升高，从而使海面水温高于深海，海水温差发电即利用了该温度差。此外，太阳热量还会蒸发海水（以及其他地方的水），水蒸气上升至高空会形成云，而云层又将降水，从而驱动水力发电。

随着热空气在赤道上升并在两极处下降而对大气进行差温加热会形成平流层风，而风吹过地面和海面以及地球自转偏向力都会使得风向发生改变。风吹过海面就会形成波浪。

月球引力场推动地球的潮汐运动，可以使用浸入水中的涡轮机捕捉能量（与风力机捕捉气流中的能量的方式相同）或通过建造堰坝形成泻湖，在高潮时储存水并于低潮时释放（类似水电站）。

地热能与太阳能不同，虽然通常也被称为可再生能源，但从地热排出口提取热量会使得地球内部温度降低，因此该能源并不是取之不竭的，而且此种热量需要一定的地质时间才能够恢复。

本书将不对海水温差发电（OTEC）、地热发电（GTEC）以及生物燃料进行讨论，因为这些技术为非间歇性技术，且可以像新建火力发电站一样很容易地将此类技术融入电力系统中。

17. 2. 1　波浪能

将缓慢运动的水能转换为更容易使用和传输的形式（通常为电力）需要使用特殊的变换器。此类变换器在与波浪发生交互时必须固定，以抵抗波浪力的作用。有多种备选固定方法，包括：

- 固定或锚固于海底；
- 在同一个框架上安装多个变换器，从而捕获变换器之间的相对运动；
- 使用依赖设备质量和惯性的飞轮陀螺效应而产生的惯性力。

另一个转换原理被称为"漫溢"，即在波浪的作用下，水溢过水坝被储存起来，并在需要时通过涡轮机流出。

开发低的、可变频率的波浪运动以及将这种能量接入频率和电压均固定的电网系统是一个复杂的问题，而该问题可以通过不同的方式解决。已经提出了各种液力和机械系统来解决该问题，但使用空气作为工作流体最为常见。或者利用阀门整流空气，或者使得空气向前和向后流过涡轮机（例如韦尔斯涡轮机），此类涡轮机始终沿同一方向旋转，与气流方向无关。

直流电力系统可以聚合多台小型交流发电机所发的电。而电力电子技术的快速发展也使得这项技术越来越实用和经济。

在多数情况下，波浪能变换设备的设计主要适用于居住在海岸线附近的小规模独立用户。此种情况下，波浪能变换设备一般会安装于海岸或海岸附近。相比远离海岸数km 的设备，这种安装方式使得设备的维护以及电能的收集更为简便。由于未连接至电网的社区的电力需求通常很小，用于此目的的波浪能变换设备额定功率范围将为 5 ~ 500kW。北爱尔兰和挪威都安装了此类设备。由于是一种安装在独立电力系统中的间歇式电源，此类电源需要使用备用电源（通常为柴油发电机）以及提供柴油机起动时所需能量的储能系统。

过去，波浪能是最受欢迎的间歇式能源之一，尤其是在英国。但 20 世纪 80 年代早期英国能源部对其进行了详细的评估后提出，虽然据称挪威的海岸线开发项目实现了非常乐观的能源成本，但波浪能发电的成本未来很难降至经济划算水平。目前波浪能发电机看似仅适用于某些适宜的沿海地区。

17.2.2　风能

到目前为止，在与其最为类似的能源——风能竞争时，波浪能一直未能取胜。许多发电站都安装了风力机，包括海岸和内陆地区。原则上，也可以将其安装于海上。世界各地可开发的风能资源丰富。如果平均风速超过 5m/s，则存在经济划算方式利用风能的可能性，具体取决于竞争能源的成本。这并不仅限于陆地风力机。该可能性同样也存在于海岸浅水区（深度约为 30m）的大型风电场。

此时有必要考虑风力机输出功率的时间尺度。如果查阅 Van der Hoven 于 1957 年编写的风速频谱分析，我们会发现，风湍流存在两个主要的频域。第一个是高频湍流（10 ~ 1000 个周期/小时），会对短期电力供应稳定性的保持造成一定困难。第二个是与天气锋面运动相对应的、可持续 5 ~ 200h 的湍流。

几个世纪前，农村地区的人们就开始使用风力机和风车来抽水和研磨谷物。然而，在随后的许多年中，风能利用技术的发展都处于停滞状态。世界各地的人们直到 20 世纪 70 年代中期才开始对风力应用产生浓厚兴趣。这里存在多个原因，包括 1973 ~ 1974 年的油价上涨，以及材料科学、航空技术和计算机技术获得的巨大发展等。这使人们可以更好地理解这些技术并开始建造大量风电场。

目前的风力机发展包含两条并行的路径，垂直轴和水平轴。水平轴风机更为人们所熟知且发展得更好，因为传统风车已经拥有数个世纪的使用历史。两种类型风力机的运作原理都是当叶片速率超过风速时产生的气动升力。理论上，两种类型的效率类似，但二者的操作模式存在本质差别。水平轴风力机叶片必须迎风向（偏航），而垂直轴风力机叶片则为全方向的。另一个本质差别是：水平轴风力机叶片在垂直面旋转从而产生正弦变化的自重应力，而且在忽略穿过圆形受风区的风速变化的情况下，对于给定风速，因风产生的应力将保持恒定。与此相反的是，垂直轴风力机的自重应力保持恒定，且气动应力为正弦变化，当叶片穿过塔架上游风面时，气动应力达到最大值。由于自重应力为非周期形式，垂直轴风力机可以做成较大的尺寸。

然而，如今所有可以用于商业发电的风力机均为带有管状塔架的三叶片式上风向水平轴风力机。

17.2.3　潮汐能

潮汐能所属类型与风能完全不同。尽管同为间歇式能源，但相比风能，潮汐能更容易预测，并且拥有每次出现即能够在数小时内提供大量能量的特征。

可用能量的变化将在多个时段内发生。在持续时间略小于 12.5h 的潮汐周期内，大潮期退潮发电可以持续 5～6h，而小潮期退潮发电可以持续 3h。潮汐坝每天可以在两个时段发电，所发电量和发电时间随着月亮周期的变化而变化。

如今存在两种不同的潮汐能量提取技术。第一种技术是捕捉潮汐能作为蓄水池势能。第二种技术基于直接从潮流中提取动能。比较而言，第二种技术能源相对分散，且仅在很小的范围内获得发展，例如用于导航浮标照明。因此，我们将对使用堰坝水轮机提取潮汐能这一概念进行说明，其中堰坝被设在河口或海湾位置，目的是形成较大的差异水头。

这种潮汐能提取技术十分简单：涨潮时水流入槽型蓄水池闸门（闸门已打开）并流经反向空转的涡轮机（可以作为无功电源）。满潮时关闭所有闸门，直到潮汐落至能够在堰坝产生足够的水头。然后起动水轮机持续发电数小时，直到水头（排空蓄水池与下一次涨潮之间的高度差）降至水轮机可以工作的最低限度。不久后，潮位和蓄水池水位将持平，此时打开闸门。以后重复该循环。

有些项目提议在单个蓄水池内使用潮汐能发电装置。在这种情况下，发电站的能量输出将取决于月亮周期脉动。可以在这种发电装置中结合使用抽水蓄能技术。也就是说，可以在潮水上涨时反向操作涡轮机，使得蓄水池中的水位上升至正常情况下无法达到的高度。与不采用抽水蓄能技术相比，这将增加下一次退潮时的能量输出。

另一类项目会采用两个蓄水池，其中一个在涨潮时储能；而另一个将在退潮时释能。在两个蓄水池中间安装涡轮机即能够为潮汐发电站增加高效的抽水蓄能设施，该设施能够补偿月亮潮汐发电的周期性，使其满足负荷需求。

抽水作业可以在用电需求低且电力系统中有剩余电力的夜间完成。在隔周出现的大潮—小潮周期中，此类时机通常恰好出现在小潮期或小潮期左右。这是非常有利的，原因是随后可以最大限度增加堰坝内的水位上涨，并能够在下一次上午的用电峰值需求期输出额外电能。

因此，潮汐能与风能的装置规模不同。使用风能的独立风力机规模很小——有利于安装在用户邻近区域。而使用潮汐能时，其规模将很大——例如 Severn 堰坝以及其他额定输出为 7200MW 的潮汐堰坝概念。如果项目的运行时间或/和成本超出规定界限，其经济效益将快速恶化。

17.2.4　小规模水电能源

利用水和风产生机械能的历史可以追溯到几个世纪前，最初人们将该项技术应用于研磨谷物，此后又广泛应用于工业目的。自 1881 年以来，人们开始将该项技术应用于直接发电。同样是在 1881 年，人们利用水电能源驱动首个发电站为萨里郡高达明的民众供电。

水电能源是一种依靠降雨的可再生能源，存在一定的地形要求，即可以利用的高度差或"水头"。甚至几英尺的水头也可以利用，但需要大量流动的水——水力发电需要使用水流产生的势能或动能。可以根据额定容量将水力发电站分为以下几种类型：

- 大型——额定容量等于或大于 50MW；
- 小型——额定容量为 5 ~ 50MW；
- 迷你型——额定容量为 500kW ~ 5MW；
- 微型——额定容量等于或小于 500kW。

发达国家已经对较大规模水力资源进行了充分利用，如今的关注重点为规模较小的水力发电站。就英国而言，此类发电站的剩余潜能可能会小于 2TWh/年。而在一些欠发达国家，仍有许多资源尚未被利用，但作为一种低成本、技术要求低的发电方式，小型水力发电站仍受到关注。迷你型和微型水力发电站的技术进步最为显著，原因是其相对较低的能量密度使得经济限制非常严格。

1986 年，全世界的大型和小型水力发电站的年水电发电量为 180 万 GWh，而 2009 年已经增加至 230 万 GWh。可利用容量总量超过 950 万 GWh/年。阿根廷、巴西、加拿大、中国、印度尼西亚、墨西哥、挪威、土耳其以及俄罗斯各国的可利用容量已超过了 10 万 GWh/年。从这些数据可以明显看出，水电能源的发展潜力仍然有待开发。

尽管严格来讲水电能源属于间歇性能源，但通过储能装置可以更容易地对其进行调节，且与其他可再生能源相比，水电能源更趋于稳定。此种资源分布广泛，且发生战争或国内动乱时遭到破坏的可能性也较低。

17.2.5　太阳能热能技术与太阳能光伏

赤道附近的外层大气中，地球每平方米每秒会接收到来自太阳的约 1360J 的能量。即 $1.36kW/m^2$ 的功率。海平面将接收到约 $1kW/m^2$，或略高于 $1hp^{\ominus}/yd^{2\ominus}$ 的功率。太阳能的能量通量巨大，但是它是间歇式的。夜间以及天空有云层时都无法接收到太阳光。

太阳辐射自身的变化如图 17-1 所示，很明显，需要使用长期热能储存装置。一旦太阳能取代不可再生燃料，人们对于高效储能技术的需求将增加。

可以使用特殊的集热器收集太阳能并将其转化为热能，然后用于供暖、水加热、空调、冷冻、干燥、脱盐或温室，也可以通过热力循环将其转化为电力。可以将其称为采用热力循环的塔型和模块化太阳能发电站，或者也可以通过级联光伏设备直接将其转化为电力。

许多国家在很多年前就已开始使用太阳能热水（SWH）系统。太阳能热水系统广泛在以色列、澳大利亚、日本、奥地利和中国使用。"紧凑型"太阳能热水系统的储罐被水平安装于紧靠屋顶的位置。无需抽水装置，热水会自然流动至储罐中。在"泵循环"系统中，储罐安装于地面或地板处且高度低于集热器；循环泵会推动水或传热液

$\ominus$　1hp（英马力）= 745.700W。

$\ominus$　1yd = 0.9144m。

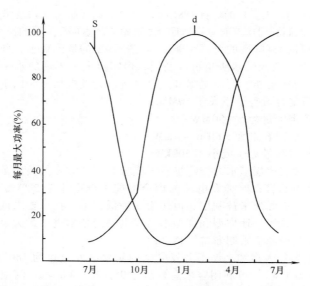

图 17-1　欧洲北部房屋的热量需求以及太阳能输入量的年度变化

d—国内耗电量　S—水平太阳辐射

　　体在储罐和集热器之间运动。太阳能热水系统被设计成可以在一年中的多数时间输送最佳数量的热水。然而即使在热带也存在下雨和多云天气，此时太阳能热水系统将无法提供足量的热水。因此，建议安装可以用电或带有天然气或其他备用燃料的太阳能热水系统。许多太阳能热水系统（如热虹吸系统）的集成储罐中都安装了整体式电加热器。安装太阳能热水系统时所有连接集热器、水箱、储罐（或"热水器"）以及最重要的温水出口的水管都需要安装有效的绝缘材料。大型太阳能热水系统的效率在经济上高于小型太阳能热水系统。

　　熔盐可以作为储热介质保存太阳能塔或太阳能槽式系统收集的热量，以在无法接收到太阳光时使用该热量进行发电。盐的熔点为 221℃（430℉）。在 288℃（550℉）的隔热"冷"储罐中，盐将始终保持液态状态。熔盐为 60% 的硝酸钠混合 40% 的硝酸钾，通常可以称之为硝石。硝石不易燃且无毒性，目前已有很多化学和金属行业将其用作传热液体，因此人们已经获得了将该系统应用于非太阳能装置的经验。抽送液态盐使其通过太阳能集热器板，此处集中的太阳能热量会将其加热至 566℃（1051℉）。然后将其送往热能储罐。热能储罐拥有极佳的隔热性能，其有效热能储存期最长可达一星期。电力峰值需求期，将热盐泵送至常规的蒸气发生器以生成与常规燃煤、燃油或核电站所用汽轮机/发电机类似的过热蒸气。100MW 的汽轮机工作 4h 将需要高度约为 30ft（9.1m）、直径为 80ft（24m）的储罐。目前西班牙正在开发多种抛物线槽型发电装置。

　　可以使用在某些半导体中出现的光电效应发电。将光能转化为直流电所需的光伏电池通常被组装成光伏阵列。当前用于光伏电池的半导体材料包含硫化铜硒化铟。由于可再生能源的需求不断增加,近几年,光伏电池的产量大幅增加。

温度升高时,随着电阻的升高,光伏电池的效率会降低。为了克服该缺点,人们设计出了光伏热能混合太阳能集热器或称混合式 PV/T 系统,该系统可以带走光伏电池产生的热量。此类系统结合了光伏阵列(可以将太阳辐射转化为电力)和太阳热能集热器(可以捕捉剩余能量、消除 PV 模块废热从而冷却电池、降低电阻提升电池效率)。

太阳能光伏发电技术已经普及至 100 多个国家,虽然目前其发电量仅占全球使用各种能源所发电量(4800GW)的一小部分,但现在已成为全世界发展最快的发电技术。此类装置可以安装于地面,有时也可以与农业活动结合在一起,或者固定于建筑物的屋顶和墙壁。连接至电网的光伏电力系统容量的年平均增加速度为 60%,2004 ~ 2009 年,已经增加至 21000MW,未连接电网的光伏系统容量也达 3 ~ 4000MW。随着技术的不断进步以及生产规模的不断扩大,自首次制造出光伏电池起,其成本一直呈稳步下降趋势。在净计量电价和财政奖励如太阳能发电的优惠上网电价政策的支持下,多个国家都开始采用光伏发电装置。德国、日本和美国 3 个主要国家的光伏发电系统装机容量约占全球总容量的 89%。2009 年,德国安装了 3800MW 的太阳能光伏系统,这是一项纪录;而 2009 年美国的系统装机容量约为 500MW。此前的纪录由 2008 年的西班牙保持,为 2600MW。

根据峰值瓦特(Wp)标准测试条件(STC)下的最大功率输出可测量光伏系统容量。特定时间点的实际功率输出可能会小于或大于该额定值,该值主要取决于地理位置、时间、天气状况、季节以及其他因素。为了从光伏阵列中获取显著收益,从技术角度讲,最好是安装季节性储能装置来满足夏季的峰值功率输出和深冬季节的峰值功率需求。太阳能光伏阵列的因数通常低于 25%,与风力机接近。

衡量间歇性可再生能源的未来发展前景的标准是全世界范围内这种资源的实际普及程度。目前使用率最低的为波浪能,潮汐能的使用率略有增加,使用最广泛的为风能、水电能源和太阳能。

17.3 使用可再生能源的独立电力系统中储能的作用

位于偏远地区的小规模电力系统尝试采用微型水电能源、太阳能和风能发电装置。由于存在输电线路成本和能量损耗,不建议将此类系统与公共电网相连。由于运输成本以及燃料成本的不断上涨,也不建议使用化石燃料发电机,如柴油发电机。采用太阳能和风能发电系统即可以消除这些因素,但需要考虑可再生间歇式能源(风力机、太阳电池板或潮汐堰坝水轮机)输出的时间结构。如果查阅 Van der Hoven 于 1957 年编写的风速频谱分析,我们会发现,风湍流现象存在两个主要频域。第一个是高频湍流(10 ~ 1000 个周期/h),会对短期电力供应的稳定性产生巨大影响。第二个是与天气锋面运动相对应的、可持续 5 ~ 200h 的湍流。后者在独立电力系统各个部件操作方面需要更为缓慢的控制。

因此，由于可再生能源的间歇性，需要采用一定的储能容量以满足昼夜循环的能量供需要求。

当谈到在独立电力系统中引入可再生能源这一问题时，我们面对的是将风力发电引入现有柴油发电机电网的问题。为了应对变化幅度较大的负荷，原始的柴油发电机规模通常很大。有时，为了为未来负荷增加提供安全的裕量和空间，柴油发电机的容量需要达到峰值负荷的 2 倍。不建议在小负荷时运行柴油发电机。建议最小负荷为总负荷的30% 时运行柴油发电机，以防止产生技术问题。即使处于零负荷空载状态，柴油发电机消耗的燃料仍将约占最大燃料消耗量的 30%；另一方面，峰值负荷所消耗的燃料可能达到平均负荷的 5 倍之多。因此，由于使用的燃料过多，未采用可再生能源的独立电网发电成本将很高。而引入风能或其他类型的可再生能源则能够有效减少燃料消耗量。

较为经济的风力发电装置的容量因数在 0.25~0.5 之间，具体取决于风力机的设计以及可用风能。为了对此进行说明，选择 0.33 作为典型的容量因数，相当于风以其额定速度吹动 1/3 周期，另 2/3 周期不吹动。仅使用风能的电力系统将有至少 2/3 的时间缺少功率，十分不稳定。

由于风能拥有较高的波动性，而且小规模独立电网的功率需求变化速度也相当快，因此，可能在某个时间点可再生间歇式能源能够提供全部独立负荷，而几秒后，就会出现功率严重缺乏。显然，此类系统需要使用某种后备装置（或在互联电网中称其为备用装置）。这将产生不同的风力机、柴油发电机、储能装置以及负荷控制装置组合。既然原始柴油发电机的规模非常大，建议将较小的柴油发电机与风力机和储能装置结合使用。最佳解决方案是风力柴油发电系统和长期储能装置组合使用。此种组合方式允许根据需要起动/停机柴油发电机（从而节省燃料），并消除有些时候不适用于电力用户的负荷控制。

如果太阳能装置能够满足较大部分的家用热水需求，则太阳能热水系统中的储能装置将为短期储能装置。另一种替代储能的方法是安装备用系统，该系统不仅包含常规的热水器，还包含为该装置供应燃料或电力的输送系统。公共电网为提供旨在满足这种临时性能量需求而进行的投资通常在电力用户总能量成本中作为"需求收费"出现：一个与备用热水器实际输送的能量无关的固定价格。用户储存太阳能加热的水并于太阳辐射较弱时使用这一方法可以减少、甚至消除对于外部备用系统的依赖，进而减少需求收费，并出现一个对应的总能量成本净减少。

从技术角度来说，储存太阳能加热水很简单，市场上也在出售相关设备。

17.4　间歇性来源的稳定电力

利用在具有备用容量的情况下供电量无法满足用电需求的概率对电力系统的供电稳定性进行定量描述。这种概率指的是所有拥有备用容量的供电装置同时发生供电失败的可能性。可接受的互联电力系统供电稳定性指在 100 年内，由电力短缺导致的连接断开仅会出现几次。原则上，电力系统能够供应最大达到其装机容量的电力，但是对于不同的用电需求水平，其供电能力具有不同的概率。

互联电力系统工作时几乎始终保留可用的备用容量（不同类型的备用容量约占装机容量的 20%）。系统操作人员需要优化发电厂的工作日程，以便最大限度降低发电成本。发电厂中任何用于稳定电力供应的具体元件的贡献与发电厂的正常运行关系不大。这些元件主要在每年很少出现的电力系统最大负荷期发挥作用。如果出于某种原因总体备用容量下降，则每一个可用元件对稳定电力供应的贡献增加。

没有哪个发电站可以实现 100% 的可靠性，并且可再生能源（如风能或太阳能）也和其他发电站一样都有一个在需要时可发挥作用的统计学概率。例如，英国核电站的全年可用度为 60%，主要的原因是计划性维护停运，但由于在峰值需求期的可用度为 85%，则核电站的置信容量即为装机容量的 85%。

间歇式能源有时候无法防止小规模电力短缺现象的出现。但是此类能源有时候却能够防止较大规模电力短缺现象的出现，而该现象是等效稳定能源无法补偿的。如果涉及的容量足够小，较大规模电力短缺几乎与较小规模电力短缺的可能性相同，因此从对电力系统供电稳定性的平均贡献角度讲，间歇式能源和稳定能源是相同的。虽然有的时候其他装置可用而风力发电装置不可用，但风力发电装置一旦能够工作，其对供电稳定性的贡献也就相对较多。需要额外的装机容量以便为负荷因数较低的装置提供年能源补偿。该装置可用时，某些常规装置必须停止发电：可再生能源的燃料成本为零。它所包含的含义令人惊讶：由于可再生能源的间歇属性，常规发电装置也变为间歇工作装置。

对于常规能源而言，尽管相比风能（每年有近 8 个月无法使用）略胜一筹，平均一个世纪内仅断电几次与一个月内断电几次之间的差别是非常巨大的。不仅针对风力发电装置，对发电站的所有独立发电装置的这种差别都需要说明。那么包含过多不可靠元件的电力系统如何达到如此之高的可用性水平？答案是多样性冗余。可以将冗余解释为备用容量或储备容量，拥有多样性属性是希望各种故障不要同时发生。也就是说，从统计的角度讲，这些故障是彼此独立的。风力机以及其他可再生能源的优点是可以增加总体供电多样性。需要注意的是，常规发电装置的规模几乎为风力或太阳能发电装置的 50 ~ 100 倍。

可用供电和最大用电需求都存在波动现象，但通过提供足够的储备容量或通过适合的储能方法（或二者同时采用）来分离各种平均水平的波动现象，则可以使得整体用电需求超过供电量这种情况很少发生。在供电安全方面存在要求绝对保证供电与实际上无法达到绝对保证供电之间的矛盾，因此必须接受一种有限、足够低的故障水平。

D. T. Swift-Hook 早在 1987 年就指出，由于电力系统符合统计学原理并且风能拥有间歇性，风能可以为稳定电力做出贡献，具体取决于风能可用时间。其分析显示，与其他能源一样，风能在第一阶段（渗透率最高为 20%）对稳定电力的贡献等于其平均功率。多数研究表明，渗透率较低时，间歇式能源对于稳定电力的贡献等于其在出现系统风险时的预期输出功率。这适用于所有能源，因为无法始终保证任何能源（常规或非常规能源）的输出功率。此外，任何发电机的全年平均功率也可以表示为年度总发电量。因此，年度发电量相同的能源对于系统稳定电力的贡献也相同，原因是其平均功率相同。年度发电量与核电站或燃煤发电站相同的足够数量的风力机对于系统稳定电力的贡献也相同。当然，有必要增加低可用性的装机容量以生成指定量的年度发电量，但评估每度电的成本时必须始终考虑到该因素。重要的是，使用可用性较低的能源提供相同年度发电量或平均功率所需备用容量恰好是提供相同数量稳定电力所需的正确容量。此处必须强调，为了确保电力供应的安全性，需要连续不断的电力输送，而非能量。

基荷期不需要使用备用发电容量；仅在峰值需求期内真正需要时使用。然而，可能需要使用额外的备用需求容量以从基荷能源（可再生能源和常规能源）中吸收过剩能量，而不是关闭其他基荷发电站（该做法不经济）。这将直接导致对于储能装置的需要。

17.5 使用可再生能源并网发电的综合电力系统中储能的作用

电力系统供给侧发电装置的任何组成部分都应该满足需求侧的主要要求：满足可变的负荷曲线。可再生能源输出同样具有可变性，且由于其燃料成本为零，可以将其处理为（不考虑输电线路损耗和载流容量限制）负向负荷。通常认为，对间歇式能源如风能、波浪能、太阳能和潮汐能进行大规模开发利用时需要使用储能装置。由于此类能源的输出可变性，实际上还会受到不可预测的天气变化情况的影响（潮汐能除外），电力系统必须通过调节常规发电装置的输出或以与满足不断变化的用电需求相同的方式安装储能装置，从而适应输出波动。由于电力系统需求侧具有小时变化、日变化和季节变化的特征，而供电侧的装机容量又固定不变，因此储能技术十分必要。

综合电力系统本身在受到合理控制的情况下也可以作为储能装置，且无需额外投资。如果电力系统中的电力需求出现任何变化，由于此时将从电网等效电容提取或向其中输送能量并且电网等效电感试图使电流保持不变，首先出现的现象将是小幅电压下降。因此，电力系统可以作为电容器组储能，但机会有限，原因是对于电压偏差存在特定的要求。相同的概念同样也适用于电力系统作为磁能储能设备的情况。

电网电磁场能够储存大量能量，但仅在数十毫秒内可用。超过该时间，如果电力需求仍持续发生变化，其频率将开始出现偏差。这意味着将从发电系统的旋转部分中提取或向其输送能量，从而使得电力系统发挥飞轮储能设备的作用。然而，电力系统的该属性将受到允许频率偏差的限制，因此旋转机械中仅小部分积聚能量可用。由于存在许多发电机，飞轮的储能容量将足够满足几秒内的负荷需求变化。

这些储能类型的主要特征是，当串联至电力系统时，这些储能类型会立即对负荷需求变化做出反应，从而提供足够的功率响应。

如果频率偏差超出电力系统允许的极限，蒸气调节器将打开或关闭阀门并从火力发电站锅炉的蒸气焓中提取或向其提供额外能量。锅炉中储存的热能足够满足几分钟内的负荷需求变化，因此电力系统也可以作为热能储存装置。

为了对上文进行总结，有必要指出，电力系统作为电容器、磁场、飞轮或热能储存装置的能力已被有效地包含在系统中，从而有一个"自由"属性：发电机作为功率变换系统，而热能设备、旋转机械设备以及输电线路将发挥中央储能装置的作用。但是此类装置的储能容量有限，因此电力系统的内置储能容量将仅能够满足短时间内的负荷需求波动。该属性允许在电力系统中使用可再生能源。

如果采用所谓的经度效应，具体情况可能会发生巨大变化。众所周知，每1000km长度经线会产生1h的时差。日负荷曲线的形状表明，为了实现负荷调平，储能装置储能状态开始的时间需要比释能状态开始的时间提前 2~8h。如果电力系统覆盖两个区域，其中一个区域主要采用核能或火力发电，而另一个主要采用水力发电，且这两个由足够强大的输电线路连接的区域间的距离至少为2000km，则互联系统可以使用内置抽水蓄能装置进行负荷调平。

在这种内置抽水蓄能的方案中，输电线路将充当实际抽水蓄能系统的水道，火力发电站或核电站发挥泵的作用，水力发电站自身发挥发电机的作用，而水库则发挥中央储能装置的作用。

需要解决的主要技术问题是大量电力远距离输送的问题。最有希望解决该问题的输电线路为高压直流（HVDC）输电线路，目前正由美国、加拿大和俄罗斯开发。因此电力系统无法吸收大规模间歇式可再生能源这个问题并不存在根本的技术原因。

现代的综合电力系统被设计为可以应对各种"冲击"，如与大型火力发电站的连接突然断开以及需求侧的不确定性。由于处理这些问题的工具已经存在，现在的关键问题是所引入的大量间歇性能源将在多大程度上增加满足供电和用电需求时的总体不确定性。额外的不确定性意味着需要使用额外的短期储备容量以确保电力系统的安全性。这些储备容量可能位于调峰燃气轮机或储能装置中。额外储备容量或储能装置的成本属于"可再生能源可变性成本"之一。第2个为备用成本，第3个为约束成本。

所有发电装置共用一个备用装置，其容量通常约占电力系统峰值需求的20%。因此无需针对可再生能源进行特殊备用容量准备。引入风能或其他可再生能源后，电力系统操作人员不是依赖于所有在峰值需求时可用的已安装的可再生能源额定功率，而是依赖于更低的容量，从低渗透率时大约为额定容量的30%降低到高渗透率时的大约为15%。置信容量低时，备用成本将适度增加。可再生能源输出超过电力系统需求时会出现约束成本。当可再生能源满足20%以上的电力需求时，会出现约束成本。

目前有很多处于各种发展阶段的新技术致力于降低与可再生能源可变性关联的成本。世界各国都在发展更为先进的天气预报技术，希望降低额外运转备用成本。多数其他措施可以整体降低电力系统管理成本。例如"智能电网"应用了一系列储能技术，包括可以降低旋转备用成本和短期储备成本的技术。使用电力系统本身作为储能装置并结合其他系统，包括"超级电网"，也可以为整个系统带来好处并促进各种可变可再生能源的消纳。使用电动汽车将能够减少整个交通运输系统的废气排放量，并且也可以作为需求侧的用户级储能装置。

大型电力系统可应对持续的电力需求波动，并且以适当的方式运行以便可以轻易地吸收这些波动。当间歇式（太阳能或风能）能源仅供应家庭、社区或电力公共电网所需的小部分电力时，储能装置可能不起作用，原因是即使太阳辐射较弱或无风，电力输送系统的其他组成部分（如燃油或燃气发电站或公共电网本身）也能够保持供电。因此可以忽略与间歇式能源关联的小比例（最多占总需求的 20%）波动。

从长远来看，可再生能源的发电量呈现逐渐增加的趋势。这将导致容量再混合，从而出现最佳火力发电站结构上的改变。导致最佳发电站混合结构改变的主要原因是一种简单的负荷持续效应：如果利用可再生能源在部分时间进行发电，热能发电装置需要提供的电能将少于不使用可再生能源发电时。相比基建成本高的发电站，燃料成本高而基建成本低的发电站将更具吸引力。运行因素可能会增强该效应：基建成本高的发电站主要进行基荷运转，且起动成本及部分加载成本通常较高。

可再生能源可以通过较为经济的价格满足基础和中间电力需求，从而补偿或与基荷发电站竞争。这种能源的间歇性特点将增强容量再混合的负荷持续效应。容量再混合的规模和价值很大程度上取决于电力系统需求侧和供给侧的成本和特征。可以考虑两种有竞争力的方案：基荷发电（核电站、大型常规发电站、水力发电站和可再生能源发电站）和将部分取代调峰发电的储能或者在可再生能源逐步取代常规基荷发电站情况下的调峰发电机组。

间歇式能源的利用率为零时，核电站容量（如未受约束）将完全主导最优系统。使用储能装置可以取代部分调峰容量并需要更多的基荷容量（包括可再生能源），而这将反过来取代中间容量。因此，在燃煤发电站和基荷核电站中安装储能系统后，公共电网将直接支持长期采用间歇式可再生能源发电。另一种方案认为调峰发电机组逐步取代核电站后，电力系统最佳结构也将发生巨大变化——调峰发电机组可以快速起动或停止，且成本较低。如果根据该方案重新优化电力系统，随着间歇式能源渗透率的持续增加，基荷发电站的容量将持续减少，而不是保持不变，被取代的容量与从冬季平均风力发电容量中移除的容量的差别不会过大。另一种间歇式能源——太阳辐射在冬季的影响较小。

将储能装置和/或可再生能源引入初始设计未包含此类装置的电力系统中不仅仅涉及经济方面的影响，还需要考虑发电扩建规划的所有方面。需要考虑新引入装置的成本相关因素，包括装置性能特征的经济评估。需要考虑在电力系统中集成分散式储能装置可能产生的影响，包括分散式装置对于系统稳定性、输电线路损耗以及运转备用要求的影响。

可再生能源的渗透率较低时无需使用备用容量维护系统稳定性，并且储能容量也不会发挥作用。采用间歇式能源产生的电能通常会输送至公共电网，公共电网的储备容量足够抑制间歇式输入带来的波动，这与电网平衡其电力负荷的方式相同。

只要电力系统中间歇式能源的渗透率不过高，互联电网即能够很容易地消纳可再生能源所生成电能的可变性。如果间歇式能源发电占总功率输出的大部分，则情况将发生变化。让我们考虑潮汐能、风能和太阳能的渗透情况。

如果潮汐堰坝的输出电力进入互联电网系统，则可关闭或限制运行成本最高的发电站，如燃气轮机发电站或常规燃煤发电站，以便以价值最大化的方式吸收潮汐能量。潮汐堰坝的输出可预测性意味着可以尽可能早地对这种潮汐能量吸收进行计划。如果电网系统不足以吸收潮汐发电每天产生的这种可预测、间歇式能量（该能量随着月亮周期的变化而变化），则双向发电系统将为首选系统，因为该系统在每次潮汐期间可以生成两小块能量，装置成本约需要增加 10%～15%。中国有许多超小规模发电站都选择双向发电系统，该系统可以为未连接至电网的局部社区供电。出于与太阳能发电和风力发电相同的原因，未安装储能装置的电力系统也能够适应由最大可达 5GW 的单个蓄水池堰坝发电脉冲的不定时输出。而规模更大的发电站（最高可达约 15GW）则明显需要使用储能装置，但需要将包含储能装置的潮汐发电站与拥有独立储能的发电站进行经济性对比。

最近的研究证明，在使用风能的情况下，尽管持续数秒至数分钟的波动将导致需要在常规发电装置内增加额外的调节职能，但在没有储能装置介入的情况下，英国电力系统（处于当前储备裕量范围内）也可以吸收最多 20% 的峰值需求，且会增加对储能系统施加的短期储备容量需求。大型兆瓦级电力系统中会包含许多风力机。如前文所述，如果各台风力机均分开安装（且将会分开安装），相比风力机安装于同一个地点的风电场，此种安装方式将能够使风力发电功率波动更趋于平稳。另一方面，近海风电装机容量的增加将导致价格发生变化，因为这些发电站的发电量取决于风而不是电力需求。风力发电便宜且"绿色"，但有些公共电网的装机容量过大，其常规装置无法随着风速的加快和变慢相应增加或减少发电量。

此外，获得强大的政策支持后，可再生能源技术的发展使得"热点领域"的发电量大幅增加，从而导致输电线路的输电能力遭遇瓶颈。输电系统不断老化，虽然已经架设了许多新线路，但输电走廊通行权也是一个问题。在需求侧采用系统储能装置和储能方法是自然的解决方案，可与调峰燃气轮机竞争。将储能装置安装于重要位置可以延迟建造新的发电站。

太阳能发电对于公共电网负荷曲线的影响请参考示意图（为了满足太阳能贡献需求的两个水平见图 17-2）。如果太阳能可以贡献 5% 的公共电网供电量，发电量将能够满足日间峰值需求并取代一部分常规发电容量。如果太阳能的贡献增加超过 15%，公共电网供给侧的常规发电设备将面临一个非常尖的晚间用电高峰。这种情况下，使用储能装置调平

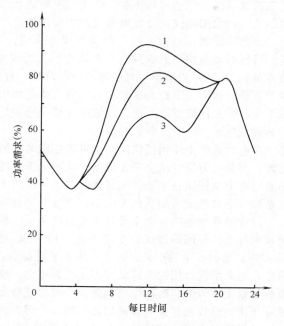

图 17-2　太阳能发电的影响
1—无太阳能贡献　2—太阳能贡献 5%
3—太阳能贡献 15%

常规发电设备负荷就是一种十分合理的做法。

夜间无法接收到太阳光，系统的负荷需求将出现一个明显提前的夜间高峰，而该高峰用电量需要由常规发电装置提供。系统级储能装置可以调平该高峰，使得基荷发电装置可以在恒载状态下相对高效地发电，而无需采用调峰汽轮机。太阳能系统尤其需要储能装置，原因是当前光伏电池的高成本使得包含合适的储能装置的电力系统经济划算。尽管当前最佳系统构成以及储能装置基建成本都存在不确定性，但太阳热能的就地储能将很可能能够承担其自身费用，尤其是当石油和天然气的实际成本持续上涨的时候。

将储能装置加入电力系统必将产生一种新的混合发电结构。储能装置可能会取代部分调峰容量并需要更多的基础容量来转移中间容量。因此，通过安装储能系统与燃煤发电站和基荷核电站短期共同运转，公共电网将直接支持长期采用间歇式可再生能源发电（见图 17-2）。

17.6　结论

可再生能源（特别是潮汐能、太阳能和风能）将在未来的电力系统供给侧结构中发挥重要作用。其间歇性一部分将由电力系统备用容量缓解，另一部分可以通过确定其在负荷需求曲线中的特殊位置，使用二次储能技术缓解。风能和潮汐能应归属于基础发电曲线，而太阳能仅适合发电曲线的中间区域。

可再生能源（包括风能）的燃料成本为零，因此根据价值顺序分类，应该允许在任何可行时刻使用该能源发电，并优先于火力发电站。当渗透率为 20% 时（等于总储备容量），系统可以消纳可再生能源的间歇性，且关闭低价值的燃煤或燃油发电站可直接节省最终成本。不过，这些关机和随后的起动代价十分昂贵且会影响常规发电站的使用寿命。引入储能系统不仅仅能够解决该问题，且存在足够容量的储能装置时，核电站的基荷发电量也不会受到影响。

在电力系统中使用任何间歇式可再生能源都能够节省燃料，原因是在可再生能源发电时，部分火力发电站会停止发电，从而无需燃烧任何燃料。如果可再生能源的渗透率不超过电力系统储备水平，则装置的起动—关闭不会产生任何技术问题。但基荷火力发电站和核电站将成为间歇式发电站，而这并不经济且会缩短装置的使用寿命。

设计储能装置的一个主要任务是负荷调平。根据电力咨询委员会（EAC，一个向美国政府提出行业问题建议的专家小组）的观点，美国电力行业的容量因数很低——低至 40%，而提高电网中的可再生能源水平可能会进一步降低传统发电能源的容量因数。因此，电力系统所用的间歇式可再生能源越多，储能装置的经济可行性就越强。即使储能装置处于储能模式时需要使用常规发电装置所提供的电力，但使用储能装置可以减少温室气体的排放量且拥有合格的碳信用额，因为该装置可以使电力系统中的所有发电装置以最佳设置运行。储能是一种"绿色"科技，它可以增强现有可再生能源装置数量且允许对整个电力系统进行优化。表 17-1 列出了涉及能量流的一些数据。

表 17-1　一个涉及能量流的相关数据

全球能量流估算	
达到地球的太阳辐射总量/TW	170000
反射回外太空的辐射量/TW	50000
到达地球的热量(总太阳能利用潜力)/TW	80000
蒸发(总水电能源利用潜力)/TW	40000
风能(总风能和波浪能利用潜力)/TW	340
光合作用(总生物质利用潜力)/TW	34
散发至地球外的自然热量/TW	32
潮汐能/TW	3

结　　论

储能装置融入电力系统这一问题是如今电力公共电网面临的最引人注意的问题之一。任何电力系统扩建方案都需要采用高效的电能储存。储能装置对于核电站、燃煤发电站和间歇性可再生能源的大规模开发利用都同样重要。

储能装置是否能够带来利益取决于系统中混合的其他装置：特别是系统中的大型基荷燃煤发电装置或核能发电装置所占比例是否已超出夜间用电需求，因此可利用低成本煤或基核储能。在这种情况下，储能装置作为对大型核能发电的补充，并成为大规模可再生能源发电的重要组成部分。因此，在短期内安装储能系统以便与燃煤发电站和基荷核电站共同运转后，公共电网将直接支持长期引入间歇性可再生能源发电。

随着电力公共电网的发展，未来将逐步在远离负荷中心的地点建造大型中央发电站。在城市和郊区建设新型发电站越来越受到环境和土地使用竞争的限制。模块化形式的发电站尤其适用于城区发电，特别是将其建于老旧发电装置已拆除的原有发电站区域内，以及输电和配电变电站处。可在夜间负荷时段充电且无需外部燃料供给的储能装置尤其适合安装于人口过多的市区内。

可以根据所需放电时间对所有的储能装置职能进行分组。在以下领域，储能装置将作为缓冲区，以补偿持续数小时的负荷波动：

- 公共电网负荷调平：提高负荷因数、减少市区环境污染、更好地利用可用装置及燃料。
- 供热和电力组合系统储能：不考虑负荷需求，通过为供热和供电提供最优划分的方式提升整体效率。
- 多种可再生能源的利用：减轻有限化石燃料资源的负担、改善人类生活环境。
- 远距离用户储能。
- 电动汽车储能：以取代汽油为长期目标，减少市区空气污染，提高公共电网设备利用率。

通过以下两种方式应对持续数分钟的波动：

- 工业移动供电装置储能：提供更好的工作条件。
- 不间断供电系统的一部分：提高供电可靠性，尤其是受限区域如仓库、矿井等。

秒范围主要表现形式为利用柴油风力发电机进行输出平滑，以及高能粒子加速器脉冲间的必要储能。

毫秒范围储能装置主要用于改善稳定性、频率调节、稳压处理，也可用于应对断电。

目前已经研发出了具有不同特征的各种类型的储能设备，因此有必要将储能装置和传统装置进行对比。

公共电网过去一直采用抽水蓄能水力发电作为大规模储能解决方案。不过，这种发电站仅在规模较大时较为经济，且建设需花费数年时间。美国和欧洲的抽水蓄能发电站可选地址数量正在逐渐减少。在电力系统中广泛应用的抽水蓄能容量达到50GW，另外还有10GW在建。这种储能技术的主要问题是并非随时都能找到合适的地址（两个蓄水池至少需要间隔100m，且地址需邻近电网并拥有合适的物理特性）。需要开展大规模土木工程，而且由于这些地址通常位于风景秀丽的地区，必须认真考虑建设方案对环境的影响。鉴于此原因，有许多提案建议将其中一个蓄水池建于地下几百米深处。

一个以便于发电的方式储存能量的方法是将压缩空气泵送至地下储气池。除抽水蓄能外，压缩空气储能是唯一可行的大容量储能方案。压缩空气储能装置利用非高峰电力驱动电动机，而电动机将空气压缩并输送至地下储气池中。在峰值需求期间，压缩空气被抽出并加热，然后送入膨胀汽轮机以驱动发电机。世界上第一台商用压缩空气储能装置建造于1978年，位于德国亨托夫市。相比抽水蓄能技术，该项技术拥有明显优势：空气储存洞室可以位于硬质岩石或盐穴中，这为洞室选址提供了多种地质构造选择，而且此种储存方式的储能密度更高，也就是说，此类储能装置的规模可以更小、在经济上更具可行性。对于给定的地下储气池体积，最好选择储存压缩空气，因为会产生与抽水蓄能相同的功率输出，而抽水蓄能蓄水池的规模需要更大并且可能会遇到较高的地热温度。在盐穴中修建洞室时，每周储能的储存期延长成本将低于抽水蓄能和其他储能方案。

显然，压缩空气储能装置的规模相对较小（最大为 $1 \times 10^6 \mathrm{kWh}$）且建造时间短（最长为5年），其可能远小于为电网带来的经济风险的经济上最不合理的抽水蓄能装置（约为 $1 \times 10^7 \mathrm{kWh}$）。然而，这种技术也存在一个问题：由于压缩过程中空气温度会不断升高，储存前需要对其进行冷却以防止岩石断裂或盐穴移动。将空气膨胀并输入汽轮机驱动发电机之前需要再次加热所储存的空气，该过程需要消耗一定量的燃料。需要使用热能储存装置。对压缩空气储能装置不利的是，需要使用优质燃料如馏分油或天然气驱动燃气轮机。使用合成燃料——甲醇、乙醇或氢气代替天然燃料可以解决该问题。甲醇的体积能量密度为汽油的1/2，具有高腐蚀性且汽化温度较高。乙醇存在冷起动问题，需要采用歧管加热。最好将甲醇和乙醇用作汽油增量剂，但其实甲醇本身也是一种十分出色的汽轮机燃料。

可以将通过电解水产生的氢气储存为压缩气体、液体或金属氢化物，使用燃料电池或常规燃气轮机发电机组即能够将其转化为电力。氢气储能系统装置的选址和操作存在较大的灵活性；氢气的运输可以利用完善的天然气运输技术。而且相比配电网络，此种储能装置所需的长距离管线输送的成本更低且对于环境地面的影响更小。

如今，主要使用低成本石油和天然气制造大批量的氢，且所制造的氢几乎全部用于化学目的，例如制造合成燃料如氨气、甲醇、石油化工产品以及炼油厂的加氢裂化工艺。用作燃料的氢在年产量中所占比例低于1%，因此目前很难确定将氢应用于大规模储能的成本。显然，目前将氢作为燃料很难与化石燃料进行经济竞争，且基于当前有机燃料价格上涨的趋势，该情况将一直持续到一次能源价格明显低于化石燃料时。目前氢的制造、利用和储存仍存在许多亟待解决的重要技术问题，但其仍是最环保的电力系统储能类型。

热能储存可以作为电力系统的热能子系统或用户二次热源。作为电力系统的热能子系统时，热能储存装置并不是一台"独立"设备，而是直接连接至蒸汽发电机。热能储存装置被设计为增加蒸汽，可以将功率波动最多提升 50%，所产生的蒸汽将经过调峰汽轮机，以防止主汽轮机装置过负荷。因此，热能储存装置非常适用于电力系统负荷调平。

热能储存装置作为火力发电站的组成部分既存在优势也存在劣势。除成本需要低于调峰容量外，以下实际问题也需要接受严格评估：装置操作与维护的安全性、可用性、可靠性、灵活性和稳定性。

人们结合火力发电站蒸汽循环对各种热能储存概念进行了研究，且其中有些概念已经拥有多年的使用历史，但根据最新计算，仅有将压缩水存储于加衬地下洞室中以及在地面、常压下进行油/岩热量存储（两者均用于蒸汽生成）从经济角度看具有吸引力。

热能储存是现代压缩空气储能概念的重要组成部分，且广泛作为用户的二次热源。此外将其作为冷藏设施也具有很强的竞争力。

其他储能设备——飞轮、化学电池、电容器和超导磁储能装置均拥有如下共同优点：

- 环保：无需使用冷却水、不会造成空气污染、噪声极小且选址要求适中。
- 功率反向时间极短，基本上可以按需进行电力输送和消耗，从而增加了满足区域要求方面的灵活性。
- 功率反向能力有助于应对紧急情况。

目前，飞轮处于快速发展阶段，主要针对汽车应用和大型储能应用的脉冲发电。飞轮存在一系列储能优势：用于短期储能—储存—释能周期时效率较高；由于材料存在限制，仅可将其应用于相对较小的模块中，这对于大型电力系统而言是缺点，但应用于小型装置则反而变为优点，因为可以将其制造为不同的尺寸且可以安装在配电系统中任何需要的位置；其本身不会限制储能—释能循环的次数和频率，且十分环保。尽管飞轮能够快速吸收和释放能量，但近期的研究显示，即使采用最先进的技术，飞轮的成本对于大型电力系统而言仍较高。在电力系统中，飞轮主要应用于配电部分。

化学电池适用于电力系统供给侧和需求侧的许多储能装置。电池拥有如下出色属性：

- 可以储存并释放电能。
- 模块化后应用灵活度较高。
- 基本无污染。
- 无需机械辅助设备。
- 通常制造周期较短。

反应材料密封由电池自身完成，不过应该消除材料的腐蚀性。伏打电堆所采用的薄膜技术将为此类低成本生产奠定基础。

电池的模块化构造使得电池可以在工厂内装配，这会降低场地成本、缩短制造工期。较低的选址要求、安全、少污染、低噪声使得化学电池成为对环境影响最小的设备，由此决定了其最佳应用位置为邻近消费者的小型装置。相比其他方案，此种应用方式可以节省输电成本。邻近消费者应用电池是为了使配电网络负荷平稳，从而降低变电站容量。也可将其用作区域供热方案中的辅助热源，利用每日储能—释能循环期间产生的电池废热并与用户的热能储存装置配合工作。

太阳能发电电池储能技术是目前发展最快的领域之一。在许多现代应用中，可充电化学电池都与太阳电池联系在一起。目前有大量研究和开发工作都致力于制造低成本、高能量密度且可靠性高的电动汽车电池。

与电池相同，电容器同样采用模块结构，允许工厂完成标准单元的装配，这缩短了从设计到安装的工期、降低了基建成本。相比电池，电容器储能的主要缺点是能量密度过低，但由于电容器的内阻较低，其功率密度非常高，因而在必要时可以用于增加功率。

超导磁储能方案能够直接高效地储存电力，但其价格也十分昂贵。超导磁储能方案仅适用于超大规模电力系统。尽管该领域为高科技领域，但不存在无法解决的技术问题，只是运转大型机组所需的经验仅能够通过使用小型、经济上不合理的设备获得。因此其开发和发展成本较高。使用位于日内瓦附近的大型强子对撞机可以帮助解决该问题——该设备与超导磁储能设备的参数类似。

总结如下，如热能储存、压缩空气储能和抽水蓄能技术之类的储能技术的响应时间相对较长，因此，相比响应时间较短的飞轮储能、化学电池储能和超导磁储能技术，其应用范围将受到限制；另一方面，热能储存、压缩空气储能和抽水蓄能技术适用于电力系统中的大规模应用，而飞轮储能（由于其尺寸有限）或化学电池和电容器（模块化构造）则更适合于电力系统供给侧的小规模应用，此外，也可以作为电力系统需求侧的分散储能装置（非常有前途）。仅超导磁储能装置可以应用于电力系统中的任何位置，但考虑到经济因素，该项技术的应用前景目前来看非常渺茫。

结合各种不同类型的储能设备以便优化使用不同的技术属性这种想法看起来更有发展前途。第一个例子为采用热能储存装置作为其重要组成部分的隔热压缩空气储能装置。另一种拥有发展前景的概念是组合使用压缩空气储能装置和飞轮，或者抽水蓄能装置和化学电池，这样一方面可以获得更多的储能容量，而另一方面能够获得更快的响应速度。然而，所有概念都必须可以从经济角度证明其合理性。从环保的角度来看，压缩空气储能（包含使用由可再生能源生成的氢气作为储能介质和压缩空气储能装置燃料）拥有很大的吸引力。不幸的是，这种概念的成本在可预见未来都会相当高，但随着燃料价格的不得上涨，其可行性会提高。其中价格最低、工艺最简单的方案是在火力发电站的锅炉回路中储存额外的热水。

所有这些设备均为人造辅助储能设备。然而令人惊讶的是，电力系统本身在受到合理控制的情况下也可以作为储能装置，且无需额外投资。

如果电力系统的电力需求出现任何变化，由于电网等效电感试图使电流保持不变，从电网等效电容提取或向其输送能量的过程中首先会出现小幅压降。因此，电力系统可以作为电容器储能，但机会有限，原因是对电压偏差存在一定要求。相同的概念同样也适用于电力系统作为磁性储能设备时。

电网电磁场能够储存大量能量，但仅在数十毫秒内可用。超过该时间，如果电力需求仍持续发生变化，其频率将发生偏差。这意味着将从发电系统的旋转部分中提取或向其输送能量，即电力系统发挥飞轮储能设备的作用。但是，电力系统的性能会受到允许频率偏差的限制，因此旋转机械中仅小部分积聚能量可用。由于存在多台发电机，电网的储能容量将足够满足几秒内的负荷需求变化。

串联至电力系统的储能装置类型的主要特征是，如果发生负荷需求变化，储能装置会立即反应并提供足够的功率响应。

如果频率偏差超出电力系统调节极限，蒸汽调速器将打开或关闭阀门并从火力发电站锅炉蒸汽焓中提取或向其提供额外能量。锅炉中储存的热能足够满足几分钟内的负荷需求变化。因此电力系统也可以作为热能储存装置。

为了对上文进行总结，有必要提出，电力系统作为电容器、电磁、飞轮或热能储存装置的能力已包含在系统中，是其固有属性：发电机作为功率变换系统，热能设备、旋转机械设备以及输电线路将作为中央储能装置。然而此类装置的储能容量有限，因此电力系统的内置储能容量将仅能够应付短时间内的负荷需求波动。尽管如此，该属性能够确保开发利用间歇式可再生能源（风能、波浪能、潮汐能和太阳能）不会对大型互联电力系统造成任何特殊的技术性问题。因此，此类能源可以与同等条件的常规能源（如煤、石油和核能）竞争，前提是运转备用容量拥有足够的装机容量——在电力传输网络可以传输此类能源生成的能量的情况下，将调峰燃气轮机应用于电力传输网络。间歇式能源所占比例超过一定限度（最高达电力系统装机容量的 20%）时，可变性就会变成一个问题。该问题的最佳解决方案是组合使用不同的储能技术或方法。

如果采用所谓的经度效应，情况可能会发生很大变化。众所周知，经线上每间隔 1000km 即会产生 1h 的时差。日负荷曲线的形状说明，为了实现负荷调平，储能装置储能阶段必须比释能开始提前 2~8h。如果电力系统覆盖两个区域，其中一个区域主要采用核能或火力发电，而另一个主要采用水力发电，且这两个由输电线路连接的区域间的距离至少为 2000km，则互联系统可以使用内置抽水蓄能装置进行负荷调平。

这种内置抽水蓄能方案中，输电线路将发挥实际抽水蓄能方案中的水道的作用，火力发电站或核电站将发挥泵的作用，水力发电站自身将发挥发电机的作用，而其水库则发挥中央储能装置的作用。

需要解决的主要技术问题是大量电力的远距离输送问题。最适用于解决该问题的输电线路为高压直流（HVDC）输电线路，目前正由美国、加拿大和俄罗斯开发。

对于每日平滑所需的储能装置数量存在一定限制。显然，储能装置容量在发电容量中所占比例越高，安装更多储能容量装置的便利性越差。首先是因为需要采用这些装置来提供更长的工作时间，但由于需要更大的储能容量成本也变得更高，其次是由于现有方法已提供这些服务，能够从动态服务获得的优点变得越来越不重要。

另一个重要方面是最适合储能装置特征的选择问题。首先是选择装置的额定功率和储能容量，可储存能量与装置额定功率之比代表了单位装置成本（随着单位储能容量的增加而明显增加）与可提供服务的数量和质量之间的折衷值。随着单位储能容量的增加，这些特征也同时改善。

通常，对于最高峰值服务，最方便的做法是特定成本随着储能容量增加而快速升高的方法，并使用其他方法获得更长持续时间。

由于缺少指导公共电网和投资者的规范，储能技术的应用受到了限制。目前尚未制定出关于将储能技术和方法引入电力系统的整体策略，尤其是输电和发电分开的电力系统。储能技术能够为发电和输电公司带来利益，而这又会立即在储能技术控制问题上造成混乱。这种情况使得公共电网和投资者在应该如何对待储能技术投资以及如何回收成本的问题上无所适从，从而导致无人愿意投资。应该为这些技术提供更多的资金和制度支持——类似可再生能源技术，以鼓励建造更多的储能装置。

提高电网中的可再生能源水平可能会进一步降低传统发电能源的容量因数。因此，电力系统所用的间歇式可再生能源越多，储能装置的经济可行性就越强。即使储能装置处于储能模式时需要使用常规发电装置所提供的电力，但使用储能装置可以减少温室气体的排放量且拥有合格的碳信用额，因为该装置可以使电力系统中的所有发电装置以最佳设置运行。储能是一种"绿色"科技，它可以增强现有可再生能源装置性能且允许对整个电力系统进行优化。

选择储能参数的问题看起来是第一个需要解决的问题。为了确定储能装置要求，需要进行有关以下主题的电力系统分析：

- 在电力公共电网扩展规划的供给侧设计阶段处于运行中的不同类型储能方法。
- 在安装储能装置的电力系统中的操作经验及标准。

应该把本书看作是对这一多学科问题的介绍，而解决这一问题则需要业界和学术界各个科研团队的不懈努力。

目前在电力公共电网供给侧结构中引入储能技术这一课题面临诸多亟待解决的问题，有必要立即着手开展研究工作。

只有这样做，才有希望在未来开发出由"绿色"能源构成并合理分配的环保电力公共电网。

参 考 文 献

1. Haydock, J.L.: 'Energy storage and its role in electric power systems'. *Proceedings of World Energy Conference*, Detroit, MI, USA, 1974, pp. 1–28
2. Astahov, YU.N., Venikov, V.A. and Ter-Gazarian, A.G.: 'Energy storage role in power systems'. *Proceedings of Moscow Power Engineering Institute (Moscow)*, 1980, **486**, pp. 65–73
3. Davidson, B.J., *et al.*: 'Large scale electrical energy storage'. *IEE Proceedings (IEEE), Part A*, 1980, **127**(6), pp. 345–385
4. Wood, A.J. and Wollenberg, B.F.: *Power Generation, Operation and Control* (John Wiley & Sons, New York, 1984)
5. Sullivan, R.L.: *Power System Planning* (McGraw-Hill Book Company, New York, 1977)
6. *Electric Generation Expansion Analysis System*, EPRI report EL-2561, vols. 1 and 2, August 1982
7. Kerr, R.H., *et al.*: 'Unit commitment', *IEEE Transactions (IEEE)*, 1966, **PAS-85**, pp. 417–421
8. Ter-Gazarian, A.G. and Zjebit, V.A.: 'Tendencies of power system development in Japan and energy accumulation'. *Enewrgochozyastvo za rubezhom (Moscow)*, 1986, **1** (in Russian)
9. Astahov, YU.N., Venikov, V.A., Ter-Gazarian, A.G., Rebrov, G.N. and Sumin, A.G.: 'Energy storage electrodynamic model'. Author's Certificate No. 1 401 506 USSR, Priority from 26 December 1986
10. Jenkin, F.P.: 'Pumped storage is the cheapest way of meeting peak demand'. *Electrical Review*, 1974, **195**
11. Haydock, J.L. and McCraig, I.W.: *Energy Storage Opportunities in Canadian Electric Utilities Systems* (Acres Consulting Services Ltd., Niagara Falls, ON, Canada, 1979)
12. Astahov, YU.N., Venikov, V.A., Ter-Gazarian, A.G. and Lidorenko, N.S.: 'Energy storage usage in power systems'. *Proceedings of Moscow Power Engineering Institute (Moscow)*, 1984, **41**, pp. 122–128 (in Russian)
13. Astahov, YU.N., Ter-Gazarian, A.G., Boyarintsev, A.F. and Kudinov, YU.A.: 'Electrical power supply system for nuclear plant main pumps'. Author's Certificate No. 1 540 572 USSR, Priority from 9 March 1987
14. Margen, P.H.: 'Thermal energy storage in rock chambers—A complement of nuclear power'. *Proceedings of UN/IAEA International Conference on Peaceful Uses of Atomic Energy*, vol. 4, Geneva, Switzerland, 1971, pp. 177–194
15. Meyer, C.P. and Todd, D.K.: 'Conserving energy with heat storage wells'. *Environmental Science and Technology*, 1973, **7**(6), pp. 512–516

16. Telkes, M.: 'Thermal energy storage', *Proceedings of the 10th IECEC*, Newark, DE, USA, 1975, pp. 111–115

17. Barnstaple, A.G. and Kirby, J.E.: *Underground Thermal Energy Storage*, Final draft report, Ontario Hydro, Toronto, Canada, 1976

18. Collins, R.E. and Davis, K.E.: 'Geothermal storage of solar energy for electric power generation'. *Proceedings of the International Conference on Solar Heating and Cooling*, Miami, FL, USA, 1976

19. Gilli, P.V., Beckmann, G. and Schilling, F.E.: *Thermal Energy Storage Using Prestressed Cast Iron Vessels (PCIV), Final Report*, COO-2886-2, prepared for EDRA, Institution of Thermal Power and Nuclear Engineering, Graz University of Technology, Graz, Austria, 1977

20. Selz, A.: *Variation in Sulphur TES Cost and Performance with Change in TES Temperature Swing* (Energy Conversion Engineering Company, Pittsburgh, PA, USA, 1978)

21. Williams, V.A.: 'Thermal energy storage: Engineering and integrated system'. *Strategies for Reducing Natural Gas, Electric and Oil Costs*, Atlanta, GA, USA, 1990, pp. 277–281

22. Tomlinson, J.J. and Kannberg, L.D.: 'Thermal energy storage'. *Mechanical Engineering (USA)*, 1990, **112**(9), pp. 68–74

23. Mori, S.: 'Electric power storage and energy storage system: Pumped storage power generation, heat storage and batteries'. *Sho-Enerugi (Japan)*, 1990, **42**(10), pp. 42–45 (in Japanese)

24. Abdel-Salam, M.S., Aly, S.L., El-Sharkawy, A.I. and Abdel-Rehim, Z.: 'Thermal characteristics of packed bed storage system'. *International Journal of Energy Research (UK)*, 1991, **15**(1), pp. 19–29

25. Drost, M.K., Somasundaram, S., Brown, D.R. and Antoniak, Z.I.: *Opportunities for Thermal Energy Storage in Electric Utility Applications* (Pacific Northwest Lab., Richland, WA, USA, January 1991)

26. Post, R.F. and Post, S.F.: 'Flywheels'. *Scientific American*, 1973, **229**(6), p. 17

27. 'Economic and technical feasibility study for energy storage'. *Flywheel Technology Symposium Proceedings*, US Department of Energy, Washington, DC, USA, 1978

28. Russel, F.M. and Chew, S.H.: *Kinetic Energy Storage System*, SERC Rutherford Laboratory report RL-80-092, 1980

29. Jayaraman, C.P., Krik, J.A., Anand, D.K. and Anjanappa, M.: 'Rotor dynamics of flywheel energy storage systems'. *Journal of Solar Energy Engineering (USA)*, 1991, **113**(1), pp. 11–18

30. Johnson, B.G., Adler, K.P., Anastas, G.V., Downer, J.R., Eisenhaure, D.B., Goldie, J.H. and Hockney, R.L.: 'Design of a torpedo inertial power storage unit (TIPSU)'. *Proceedings of the 25th Intersociety Energy Conversion Engineering Conference*, New York, NY, USA, 1990, pp. 199–204

31. Thomann, G.: 'The Ronkhausen pumped storage project'. *Water Power*, August 1969, **21**, pp. 289–296

32. Armbruster, T.F.: 'Raccoon Mountain generator-motors'. *Allis-Chalmers Engineering Review*, 1971

33. Baumann, K.M.J.: 'Design concept of the single-shaft three-unit set of Waldeek I pumped storage power station'. *Escher Wyss News*, 1971/72

34. Headland, H.: 'Blaenhau Ffestiniog and other medium-head pumped storage schemes in Great Britain'. *Proceedings of the Institution of the Mechanical Engineers (IME)*, 1971, p. 175

35. Yoshimotoi, T.: 'The Atashika sea water pumped storage project'. *Water Power*, February 1972, **24**, pp. 57–63

36. EPRI Planning Study AF-182, 'Underground pumped storage research priorities', April 1976

37. Mawer, W.T., Buchanan, R.W. and Queen, B.B.: 'Dinorwig pumped storage project—pressure surge investigations'. 2nd International Conference on Pressure Surges, London, 1976

38. Longman, D.: 'Special factors affecting coastal pumped storage schemes'. Far East Conference on Electric Power Supply Industry (CEPSI), Hong Kong, 1978

39. Williams, E.: *Dinorwig: The Electric Mountain* (Pegasus Print and Display Ltd., Leicester, UK)

40. Glendenning, I.: *Compressed Air Storage*, CEGB report R/M/N783, 1975

41. Katz, D.L. and Lady, E.R.: *Compressed Air Storage* (Ulrich's Books, Inc., Ann Arbor, MI, USA, 1976)

42. Herbst, G.E., Hoffeins, H. and Stys, Z.S.: 'Huntorf 290 MW air storage system energy transfer (ASSET) plant design, construction and commissioning'. *Proceedings of the Compressed Air Energy Storage Symposium*, NTIS, Alexandria, VA, USA, 1978

43. Gill, J.D. and Hobson, M.J.: 'Water compensated CAES cavern design'. *Proceedings of the Compressed Air Energy Storage Symposium*, NTIS, Alexandria, VA, USA, 1978

44. Glendenning, I.: *Technical and Economic Assessment of Advanced Compressed Air Storage (ACAS) Concepts*, Electric Power Research Institute report, Project RP1083–1, 1979

45. Stys, Z.S.: 'Air storage system energy transfer plants'. *Proceedings of the IEEE*, 1983, **71**, pp. 1079–1086

46. 'Compressed air energy storage'. *Compressed Air (USA)*, 1990, **95**(9), pp. 24–31

47. Kimura, H.: 'Compressed air energy storage (CAES) plant', *Kagaku Kogaku (Chemical Engineering) (Japan)*, 1990, **54**(10), pp. 713–716 (in Japanese)

48. Lamarre, L.: 'Alabama Cooperative generates power from air'. *EPRI Journal*, December 1991, pp. 12–19

49. Buchner, H.I., Schmidt-Ihn, E., Kliem, E., Lang, U. and Scheer, U.: *Hydride Storage Devices for Load Leveling in Electrical Power Systems*, CEC report,

EUR-7314, 1983

50. Winter, C.J. and Nitsch, J. (eds.): *Hydrogen as an Energy Carrier* (Springer-Verlag, Berlin, Germany, 1988)

51. Salzano, F.J. (ed.): *Hydrogen Energy Assessment*, Brookhaven National Laboratory report BNL 50807, 1977

52. Gretz, J., Baselt, J.P., Ullmann, O. and Wendt, H.: 'The 100 MW Euro-Quebec hydro-hydrogen pilot project'. *International Journal of Hydrogen Energy*, 1990, **15**(6), p. 419

53. Paynter, R.I.H., Lipman, N.H. and Foster, I.E.: *The Potential of Hydrogen and Electricity Production from Wind Energy*, Energy Research Unit report, SERC Rutherford Appleton Laboratory, UK, September 1991

54. Hart, A.B. and Webb, A.H.: *Electrical Batteries for Bulk Energy Storage*, Central Electricity Research Laboratories report RD/L/R 1902, 1975

55. Fischer, W., Hoar, B., Hartmann, B., Meinhold, H. and Weddigen, G.: 'Sodium/sulphur batteries for peak power generation'. *Proceedings of the 14th Intersociety Energy Conference*, Boston, MA, USA, August 1979

56. Talbot, J.R.W.: 'The potential of electrochemical batteries for bulk energy storage in the CEGB system'. *Proceedings of the International Conference on Energy Storage*, Brighton, BHRA, Bedford, 1981

57. Haskins, H.J. and Halbach, C.R.: 'Sodium-sulfur load levelling battery system'. 15th Intersociety Energy Conversion Engineering Conference, Seattle, WA, USA, 18–22 August 1980

58. Bridges, D.W. and Minck, R.W.: 'Evaluation of small sodium-sulfur batteries for load-levelling'. 16th Intersociety Energy Conversion Engineering Conference, Atlanta, GA, USA, 9–14 August 1981

59. Vissers, D.R., Bloom, I.D., Hash, M.C., Redery, L., Hammer, C.L., Dees, D.W., *et al.*: *Development of High Performance Sodium/Metal Chloride Cells* (Argonne National Lab., Argonne, IL, USA, 1990)

60. Tortora, C.: 'New technology for lead-acid batteries'. *Proceedings of 11th IEEE International Telecommunications Energy Conference*, Piscataway, NJ, USA, 1989, p. 66

61. O'Callaghan, W.B., Fitzpatrick, N.P. and Peters, K.: 'The aluminium-air reserve battery: A power supply for prolonged emergencies'. *Proceedings of the 11th IEEE International Telecommunications Energy Conference, IEEE*, Piscataway, NJ, USA, 1989, p. 18.3

62. Abraham, K.M.: 'Rechargeable lithium batteries: An overview', Electrochemical Society 1989 Fall Meeting (Abstracts), The Electrochemical Society, Pennington, NJ, USA, 1989, pp. 58–59

63. Bronoel, G., Millot, A., Rouget, R. and Tassin, N.: 'Ni-Zn battery for electric vehicle applications', Electrochemical Society 1989 Fall Meeting (Abstracts), The Electrochemical Society, Pennington, NJ, USA, 1990, p. 1

64. Jono, M.: 'Characteristics of specialist accumulator batteries for electricity

generating systems using sunlight (PS-TL type and CSL type) and some practical examples'. *International Journal of Solar Energy (UK)*, 1990, **8**(3), pp. 161–172

65. Anderman, M., Benczur-Urmossy, G. and Haschka, F.: 'Prismatic scaled Ni-Cd battery for aircraft power'. *Proceedings of the 25th Intersociety Energy Conversion Engineering Conference*, USA, 1990, pp. 143–148

66. Takashima, K., Ishimaru, F., Kunimoto, A., Kagawa, H., Matsui, K., Nomura, E., *et al.*: 'A plan for a 1 MW/8 MWh sodium-sulfur battery energy storage plant'. *Proceedings of the 25th Intersociety Energy Conversion Engineering Conference*, USA, 1990, pp. 367–371

67. Akhil, A. and Landgrebe, A.: *Advanced Lead-Acid Batteries for Utility Application* (Sandia National Labs., Albuquerque, NM, USA, 1991)

68. Olivier, D. and Andrews, S.: *Energy Storage Systems* (Maclean Hunter Business Studies, Barnet, UK, 1989)

69. Gonsalves, V.C.: *Studies on the Sodium-Sulphur Battery* (Southampton University, UK, September 1988)

70. Hart, A.B. and Webb, A.H.: *Electrochemical Batteries for Bulk Energy Storage*, CEGB report RD/L/R 1902, 1975

71. *Engineering Study of a 20 MW Lead-Acid Battery Energy Storage Demonstration Plant*, Bechtel Corporation report CONS/1205–1, San Francisco, CA, USA, 1976

72. Derive, C., Godin, P. and Saumon, D.: 'The possibilities for the development of electrochemical energy storage in the French electricity system'. Commision Economique pour l'Europe Comite de l'Energie Electrique, Rome, Italy, October 1977

73. Bucci, G.D. and Montalesti, P.: 'Ni-Zn battery application to the hybrid vehicle'. *Proceedings of the 12th International Power Sources Symposium*, Brighton, UK, September 1980, Paper 23

74. Godin, P.: 'Batteries for storage in utility networks'. *Proceedings of the CIGRE International Conference on Large High Voltage Electric Systems*, Paris, France, August 1980, Paper 41–06

75. *Development of the Zinc-Chloride Battery for Utility Applications*, Energy Development Associates, EPRI report EM-1417, Palo Alto, CA, USA, 1980

76. Mitaff, S.P.: *Development of Advanced Batteries for Utility Application*, EPRI report EM-1341, Palo Alto, CA, USA, 1980

77. Askew, B.A., Dand, P.V., Eaton, L.W., Obszanski, T.W. and Chaney, E.J.: 'The development of the lithium-metal sulphide battery system for electric vehicle applications'. *Proceedings of the 12th International Power Sources Symposium*, Brighton, UK, September 1980, Paper 22

78. *Sodium-Sulfur Battery Development: Commercialization Planning*, EPRI report GS-7184, Palo Alto, CA, USA, March 1991

79. Soileau, R.D.: 'Testing large storage battery banks'. *Proceedings of the 1990 23rd Annual Frontiers of Power Conference*, Stillwater, OK, USA, 1990, pp. 5.1–5.4

80. Cook, G.M., Spindler, W.C. and Grete, G.: 'Overview of battery power regulation and storage'. *IEEE Transactions on Energy Conversion (USA)*, 1991, **6**(1), pp. 204–211

81. Guk, I.P., Silkov, A.A. and Korolkov, V.L.: 'Extraction of energy from molecular storage'. *Electrichestvo*, 1991, **12**, pp. 53–55

82. Antoniuk, O.A., Baltashov, A.M. and Bobikov, V.E.: 'Calculation of the inductance of the flat buses in capacitance energy storage'. *Electrichestvo*, 1991, **9**, pp. 69–74

83. Ivanov, A.M. and Gerasimov, A.F.: 'Molecular storage of electric energy based on the double electric layer'. *Electrichestvo*, 1991, **8**, pp. 16–19

84. Boom, R.W., Hilal, M.A., Moses, R.W., McIntosh, G.E., Peterson, H.A. and Hassenzahl, W.V.: 'Will superconducting magnetic energy storage be used on electric utility systems?' *IEEE Transactions*, 1975, **MAG-11**, pp. 482–488

85. Peterson, H.A., Mohan, N. and Boom, R.W.: 'Superconductive energy storage inductor-converter units for power systems', *IEEE Transactions*, 1975, **PAS-94**, pp. 1337–1348

86. *Wisconsin Superconductive Energy Storage Project* (University of Wisconsin, Madison, WI, USA, vol. 1, 1974; vol. 2, 1976)

87. Hassenzahl, W.V. and Boenig, H.J.: 'Superconducting magnetic energy storage'. World Electrotechnical Congress, Moscow, 1977, Paper 88

88. Rogers, J.D., Boenig, H.J., Bronson, J.C., Colyer, D.B., Hasselzahl, W.V., Turner, R.D. and Schermer, R.I.: '30 MJ superconducting magnetic energy storage (SMES) unit for stabilising an electric transmission system'. *Proceedings of the Applied Superconductivity Conference*, Pittsburgh, PA, USA, 1978, Paper MB-1

89. Boom, R.W.: 'Superconducting diurnal energy storage studies'. *Proceedings of the 1978 Mechanical and Magnetic Energy Storage Contractors, Review Meeting*, Luray, VA, USA, 1978

90. van Sciver, S.W. and Boom, R.W.: 'Component development for large magnetic storage units'. *Proceedings of the 1979 Mechanical and Magnetic Energy Storage Contractors, Review Meeting*, Washington, DC, USA, 1979

91. Shintomi, T., Masuda, M., Ishikawa, T., Akita, S., Tanaka, T. and Kaminosono, H.: 'Experimental study of power system stabilisation by superconducting magnetic energy storage', *IEEE Transactions*, 1983, **MAG-19**, p. 350

92. Boenig, H.J. and Hauer, J.F.: 'Commissioning tests of the Bonneville Power Administration 30 MJ superconducting magnetic energy storage unit', *IEEE Transactions*, 1985, **PAS-104**, p. 302

93. Mitani, Y., Murakami, Y. and Tsuji, K.L.: 'Experimental study on stabilisa-

tion of model power transmission system using four quadrants active and reactive power control by SMES'. 1986 Applied Superconductivity Conference (ASC 86), Baltimore, MD, USA, 1986

94. Masuda, M.: 'The conceptual design and economic evaluation of utility scale SMES'. *Proceedings of the 21st Intersociety Energy Conversion Engineering Conference*, San Diego, CA, USA, 1986, pp. 908–914

95. Shoenung, S.M. and Hassenzahl, W.V.: 'US program to develop superconducting magnetic energy storage', *Proceedings of the 23rd IECEC*, Denver, CO, USA, August 1988, p. 537

96. Andrianov, V.V., *et al.*: 'An experimental 100 MJ SMES facility (SEN-E)', *Cryogenics (UK)*, 1990, **30**(Suppl.), pp. 794–798

97. Hull, J.R., Schoenung, S.M., Palmer, D.H. and Davis, M.K.: *Design and Fabrication Issues for Small-Scale SMES* (Argonne National Lab., Argonne, IL, USA, 1991)

98. Hassenzahl, W.V., Schainker, R.B. and Peterson, T.M.: 'Superconducting energy storage'. *Modem Power Systems (UK)*, 1991, **11**(3), pp. 27, 29, 31

99. Ter-Gazarian, A.G. and Zjebit, V.A.: 'Underground SMES construction particulars'. *Electricheskie Stantcii*, 1987, **9**, pp. 67–69

100. Tam, K.S. and Kumar, P.: 'Impact of superconductive magnetic energy storage on electric power transmission'. *IEEE Transactions on Energy Conversion*, 1990, **5**(3), pp. 501–511

101. Andrianov, V.V., Bashkirov, YU.A. and Ter-Gazarian, A.G.: 'Superconductor devices for the transmission, conversion and storage of energy in electric system'. *International Journal of High Temperature Superconductivity (Moscow)*, 1991, **2**

102. Astahov, YU.N., Venikov, V.A., Ter-Gazarian, A.G., Zhimerin, D.G. and Mohov, V.B.: 'Superconductive cable transmission line'. Author's Certificate No. 986 220, USSR, Priority from 17 July 1978

103. Astahov, YU.N., Venikov, V.A., Ter-Gazarian, A.G. and Zhimerin, D.G.: 'Superconductive cable line'. Author's Certificate No. 986 221, USSR, Priority from 17 July 1978

104. Astahov, YU.N., Venikov, V.A., Ter-Gazarian, A.G. and Zhimerin, D.G.: 'Superconductive DC transmission line'. Author's Certificate No. 743 465, USSR, Priority from 12 January 1979

105. Astahov, YU.N., Venikov, V.A., Ter-Gazarian, A.G. and Neporozjny, P.S.: 'Hydroaccumulator'. Author's Certificate No. 810 884, USSR, Priority from 31 August 1979

106. Astahov, YU.N., Venikov, V.A., Ter-Gazarian, A.G. and Sumin, A.G.: 'Power transmission line'. Author's Certificate No. 1 243 580, USSR, Priority from 9 December 1983

107. Astahov, YU.N., Venikov, V.A., Ter-Gazarian, A.G., Buhavtseva, N.A., Chigirev, A.I. and Yarnyh, L.V.: 'Means for nonsynchronous controllable

connection between power systems'. Author's Certificate No. 1 305 173, USSR, Priority from 1 April 1985

108. Rosati, R.W., Peterson, J.L. and Vivirto, J.R.: *AC/DC Power Convertor for Batteries and Fuel Cells*, EPRI report EM-1286, Palo Alto, CA, USA, 1979

109. Shepherd, W. and Zand, P.: *Energy Flow and Power Factor in Non-sinusoidal Circuits* (Cambridge University Press, Cambridge, UK, 1979)

110. Ter-Gazarian, A.G. and Martynov, I.B.: 'Reactive power compensation and harmonics in power system with energy storage'. *Proceedings of Novosibirsk Electrotechnical Institute (Novosibirsk)*, 1985 (in Russian)

111. Ter-Gazarian, A.G. and Milyh, V.I.: 'AC/DC/AC control with the aim of energy losses decrease in power system'. *Proceedings of the Moscow Power Engineering Institute (Moscow)*, 1987, **104** (in Russian)

112. *An Assessment of Energy Storage Systems Suitable for Use by Electric Utilities*, EPRI/ERDA report EM-264, vol. 1, 1976

113. Barinov, V.A., Gurov, A.A., Korchak, V.U., Maneviteh, A.S. and Mitin, U. V.: 'Supply of consumers having a sharply varying load from power system'. *Electrichestvo*, 1990, **1**, pp. 1–5

114. Astahov, YU.N., Venikov, V.A. and Ter-Gazarian, A.G.: *Energy Storage in Power Systems* (Higher School, Moscow, 1989) (in Russian)

115. Infield, D.G.: *A Study of Electricity Storage and Central Electricity Generation.* SERC Rutherford Appleton Laboratory report RAL-84-045, 1984

116. Astahov, YU.N., Venikov, V.A., Ter-Gazarian, A.G., Kolobaev, P.B. and Sumin, A.G.: 'Energy storage parameters for nuclear power plants'. *Proceedings of the Moscow Power Engineering Institute (Moscow)*, 1983, **609**, pp. 77–81 (in Russian)

117. Astahov, YU.N., Venikov, V.A., Ter-Gazarian, A.G. and Sumin, A.G.: 'Energy storage influence on power system efficiency'. *Proceedings of the Novosibirsk Electrotechnical Institute (Novosibirsk)*, 1984 (in Russian)

118. Astahov, YU.N., Ter-Gazarian, A.G. and Cheremisin, I.M.: 'Pareto-optimisation in the conditions of uncertainty in some power system problems'. *Proceedings of the Moscow Agricultural Production Institute (Moscow)*, 1984 (in Russian)

119. Astahov, YU.N., Ter-Gazarian, A.G. and Sumin, A.G.: 'Structure optimisation for power system including energy storage'. *Proceedings of the Moscow Power Engineering Institute (Moscow)*, 1985, **65** (in Russian)

120. Astahov, YU.N., Ter-Gazarian, A.G. and Burkovsky, A.E.: 'Energy storage and discrete power engineering'. *Electrichestvo*, 1988, **1**

121. Ter-Gazarian, A.G. and Kagan, N.: 'Design model for electrical distribution systems considering renewable, conventional and energy storage sources'. *IEEE Proceedings (IEEE)*, 1992, **C-139**(6)

122. Astahov, YU.N., Venikov, V.A., Ter-Gazarian, A.G., Lidorenko, N.S., Muchnik, G.F., Ivanov, A.M., *et al.*: 'Energy storage functional capabilities

in power system'. *Electrichestvo*, 1983, **4**, pp. 1–8

123. Astahov, YU.N. and Ter-Gazarian, A.G.: 'Throughput increase efficiency for transmission lines with the help of energy storage' in *Controllable Power Lines* (Shteentsa Publisher, Kishinev, 1986) (in Russian)

124. Kapoor, S.C.: 'Dynamic stability of long transmission systems with static compensators and synchronous machines'. *IEEE Transactions*, January/February 1979, **PAS-98**

125. Byerly, R.T., Poznaniak, E.R. and Taylor, E.R.: 'Static reactive compensation for power transmission systems'. *IEEE Transactions*, 1983, **PAS-102**, p. 3997

126. Aboytes, F., Arroyo, G. and Villa, G.: 'Application of static var-icompensators in longitudinal power systems'. *IEEE Transactions*, 1983, **PAS-102**, p. 3460

127. Rodgers, J.D., Schermer, R.I., Miller, B.L. and Hauer, J.I.: '30 MW SMES system for electric utility transmission stabilisation'. *Proceedings of IEEE*, 1983, **71**, pp. 1099–1108

128. McDanil, H.G. and Gabrielle, F.A.: 'Dispatching pumped storage generation'. *IEEE Transactions*, 1966, **PAS-85**, pp. 465–471

129. Farghal, S.A. and Shebble, K.M.: 'Management of power system generation applied to pumped storage plant', *Proceedings of the IEEE Canadian Communications and Energy Conference*, Montreal, Canada, October 1982, pp. 99–102

130. Lukic, V.P.: 'Optimal operating policy for energy storage'. *IEEE Transactions*, **PAS-101**, pp. 3295–3302

131. Ter-Gazarian, A.G. and Gladkov, V.G.: 'Criteria of optimal regimes for energy storage units'. *Proceedings of the Moscow Power Engineering Institute*, vol. 345, 1989, pp. 45–56

132. Laughton, M.A. (ed.): *Renewable Energy Sources*, Watt Committee on Energy report 22, 1990

133. Freris, L.L. (ed.): *Wind Energy Conversion Systems* (Prentice-Hall, Hertfordshire, UK, 1990)

134. Whittle, G.E.: 'Effects of wind power and pumped storage in an electricity generating system'. *Proceedings of the 3rd BWEA Conference (BWEA)*, 1981

135. Ter-Gazarian, A.G. and Watson, S.J.: 'The optimisation of renewable energy sources in an electrical power system by use of simulation and deterministic planning models'. *International Transactions in Operational Research*, October 1996, **3**(4), pp. 255–259

136. Ter-Gazarian, A.G. and Watson, S.J.: 'The operational and economic impact of renewable energy sources on three European Power Systems'. *Proceedings of the European Union Wind Energy Conference*, Göteburg, Sweden, May 1996

137. Ter-Gazarian, A.G., Watson, S.J., Halliday, J.A. and Davis, S.C.: 'Assessing the impact of grid integrated renewable energy sources on the economics of

an expanding power system'. *Proceedings of the 15th British Wind Energy Association Conference*, York University, MEP Publications Ltd, London, 6–8 October 1993, pp. 139–145

138. Leicester, R.J., Newman, V.G. and Wright, L.K.: 'Renewable energy sources and storage'. *Nature*, 1978, **272**, pp. 518–521

139. Swift-Hook, D.T.: 'Firm power from the wind' in Galt J.M. (ed.), *Wind Energy Conversion* (MEP, London, 1987), p. 33

140. Swift-Hook, D.T.: 'How wind statistics affect the economic development of wind power' in H. K. Stephens (ed.),' *Proceedings of the ECWEC* (Herning, Bedford, UK, 1988), pp. 1022–1026

141. Ter-Gazarian, A.G. and Swift-Hook, D.T.: 'The value of storage on power systems with intermittent energy sources'. *Renewable Energy*, 1994, **5**(II), pp. 1479–1482

142. Swift-Hook, D.T.: 'Electricity from nuclear energy'. *Energy World*, April 1994, **217**, pp. 6–11

143. Swift-Hook, D.T.: 'Why renewable energy?' World Renewable Energy Congress X, WREC, Glasgow, 19–25 July 2008

144. Swift-Hook, D.T.: 'Intermittent generation as negative load'. (with D. J. Milborrow) World Renewable Energy Congress IX, WREC, Florence, 2006